森林組織計画

今田盛生［編著］

九州大学出版会

はしがき

今や森林問題は，地球規模での環境問題にまで深刻化し，過ぎ去った20世紀の最終盤に至って，「持続可能な森林経営」が国際的に提唱される状況を迎えた。このような国際的動向の中で，時代は21世紀に変わったが，「保続可能な森林経営」の重要性は，実質上不変であり，むしろ国際的に高まったとも言える。したがって，「保続可能な森林経営」の基盤をなす森林経理学もますます重要視されることになろう。

その森林経理学は，元来，個々の林業経営体が保有する森林に，一つまたは適当数設定される独立した技術的生産単位体としての「事業区」(製造工業における「工場」に相当）を実質的対象として発展してきた。「持続可能な森林経営」が地球規模で問題視される現状に至っても，千里の道も一歩からのごとく，世界各国の森林に設定されるこの「事業区の保続経営」を通じて，地球規模での森林問題が地に足を着けながら解決の道を辿るべきであることに変わりはない。地球規模での森林問題解決の第一歩にあたる事業区を実質的対象とした森林経理学には，生産経営の一つである林業経営の物的組織計画（基本構造計画に相当）と，その計画された物的組織への誘導計画(実施過程計画に相当）の両者が密接に結合した状態で包括されているとみなせる。このような見解に基づき，森林経理学に包括されている前者の物的組織計画部分を摘出・補完しながら体系化したのがこの著書「森林組織計画」である。したがって，ここで明らかにする森林組織計画の内容は，森林経理学の一部分論として位置づけられるものであり，森林経理学そのものと対等の位置を占めるものではなく，いわんや森林経理学を包摂しようとするものでもない。

「森林組織」という用語は，従来から森林経理学の分野で用いられてきたが，「森林組織学」ないしは「森林組織論」として一貫した理論体系を構築し，その内容を詳述したものはない。かつて，松下規矩氏が「森林組織」の基本的内容についてふれられたことがあるが，これも一貫した理論体系を本格的に提起されたものではなく，その理論体系構築の可能性を示唆されるとともに，その必要性を提起された段階にとどまるものである。この著書名を「森林組織学」あるいは「森林組織論」としなかった理由は，執筆者代表としての私が浅学非才の故に，「――学」あるいは「――論」を付するに足る理論体系化能力をもちあわせていないからである。

この著書は，九州大学の森林経理学研究室（現森林計画学研究室）において，私とともに研究活動を展開してきた研究者のうちの 10 名，吉田茂二郎・寺岡行雄・山本一清・溝上展也・國崎貴嗣・村上拓彦・井上昭夫・光田靖・西園朋広・近藤洋史と私の共著である。その分担執筆を進めるにあたり，諸般の事情から，この著書の全体構成について十分な検討を重ねるだけの時間的余裕をもち得なかった。したがって，この著書の全体構成は執筆者代表である私が担当し，11 名の研究者がそれぞれの専門領域に関連する部分を分担執筆する体制をとった。このような体制下での分担執筆内容については，森林組織計画に関連する各専門領域での新しい研究成果を，森林計画実務に携わっておられるフォレスター（あるいはフォレスター志望者）へ実用性を考慮して解説する，という基本方針をとった。このような執筆内容から判断して，この著書名を「森林組織計画」とした。

「森林組織計画」という著書は，国内では前例がなく，しかも全体構成の検討も不十分な状況下で執筆されたものであり，しかも執筆者代表としての私はもとより浅学非才の身である。本来なら，この著書の発刊は時期尚早であったかも知れない。それにもかかわらず，その発刊に踏み切ったのには次のような事情がある。数年前に，九州大学の森林経理学研究室（現森林計画学研究室）のかつての大学院生諸君が手分けして，私の講義ノートをワープロ文書化し，私の机の上に整然と並べてくれていた。私は 2003 年 3 月をもって定年退職の身であり，その日が約 4 ヵ月後に迫り，身辺整理に着手した。ワープロ文書化された講義ノートが机のすぐ横の棚に積まれていた。その講義ノートをいかに処分すべきか迷った。悪筆のノートを判読に苦しみながら，夜遅くまでパソコンの前に座っていた大学院生諸君の悪戦苦闘の面々を想えば，そのワープロ文書化された講義ノートを何らかの著書の原稿に変換した後に処分するのが私に与えられた責務である，との結論に達した。大学院生諸君の悪戦苦闘がなかったら，この「森林組織計画」はフォレスター（あるいはフォレスター志望者）の目にとまることはなかった。11名の分担執筆者を代表し，ここに記して，当時の大学院生諸君に深甚なる感謝の意を表する。

2005年3月吉日

執筆者代表 今田盛生

目　　次

第1章

森林組織計画に関する見解

森林組織計画は，森林経理学に包括されている林業経営の物的組織計画部分を摘出・補完しながら体系化したものである。したがって，森林組織計画の体系を明らかにするに先立ち，それと森林経理学との関連性をより明確化しておく必要がある。

さらに，森林組織計画と密接に関連する森林誘導・森林施業・森林経営についても，本書では，それら相互間の関連性をどのように理解しているかを，当初において明確化しておく必要がある。さもなくば，本書に接したフォレスター（あるいはフォレスター志望者）に，種々の側面で混乱を惹起するからである。

以上のような関連性を前提として，森林組織計画の体系を明らかにする。その体系は，実用性を考慮し，実際に森林組織計画を策定する場合の手順として明らかにする。なお，本書は，この計画策定手順に基づき，順次分担執筆することを原則とするが，実務経験のあるフォレスターを主対象とした解説書である点を考慮して，一部は省略されている場合がある。

1.1　森林組織計画

「森林組織」という用語は，「森林組織化」あるいは「森林生産組織」とともに，従来から森林経理学の分野で用いられてきた。しかし，「森林組織学」ないしは「森林組織論」として一貫した理論体系を構築し，その内容を詳述したものはない。かつて，野村進行氏（1959），松下規矩氏（1969），栗村哲象氏（1975），佐藤敬二氏（1979）らが「森林組織」の基本的内容についてふれられたことがあるが，これらも一貫した理論体系を本格的に提起されたものではなく，その理論体系構築の可能性を示唆されるとともに，その必要性を提起された段階にとどまるものである。それらの提起に基づいて，「森林組織論」の基本体系について考察したが（今田 1986），これも具体的内容に踏み込んではいない。したがって，「森林組織計画」として，「──学」あるいは「──論」を付すに足る理論体系化には至っていないが，実用性を考慮しながら「森林組織」の具体的内容に立ち入るのは，わが国では本書が初めてである。したがって，「森林組織」の内容について，当初に説明をしておく必要がある。

森林組織は，森林経理学に包括されている林業経営の物的組織計画部分を摘出・補完しながら体系化したものであるのは前述のとおりである。一般に，生産経営には，管理組織（人）・財務組織（金）のほかに，物的組織（物）が必要である。この物的組織は，工業経営では「工場配置」（高宮 1975），農業経営では「耕地組織」（山崎 1987）という分野で計画設計され，林業経営では「森林組織（forest organization）」（今田 1986）と称すべき分野で計画設計する，と考えるのが妥当である。その基本的内容は，事業区－作業級－生産林分－付帯設備の基本的な有機的相互関係を考慮しながら，それらの構成単位となる表１－１に示した個々の設備を合理的に配置するものである。

なお，ここにいう生産林分は，林業生産本体である木材（主産物）生産用の林木蓄積を形成する林分を意味し，表１－１の付帯設備に属する保護樹帯・予備林・特用林産園等に生立する林分を除外したものである。また，「設備」という表現からは，工場の無機的な機械･装置を連想するが，林業分野においても，運材設備（林道・索道等），造林設備（苗畑・採種林等），森林保護設備（防火線・見張所），治山設備（砂防設備・災害防止林）等として「設備」と称されたことがある（藤島 1960）。

1.2　森林組織計画と森林経理学

前述のような基本的内容をもつ森林組織の計画設計，すなわちここにいう森林組織計画（forest organization plan）と，それを包括する森林経理学と

表１－１　事業区内の必要設備

使用目的	設備の種類
主要生産設備	生産林分集合体（各林分の空間配置状態を含む）
付帯設備	
運搬設備	林道・索道・ヘリポート・林業用モノレール等
貯蔵設備	山土場・林内貯木場等
保全設備	保護樹帯・渓流工・山腹工・排土場・防火線等
原材料設備	移動苗畑・林内苗畑・採種林・採穂林等
補助生産設備	移動予備林・固定予備林・特用林産園等
研究設備	適応樹種（品種）試験地・植栽密度試験地等
管理設備	林内仮設格納庫・作業員休息所・ゲート等

注：１）保護樹帯－固定予備林，山土場－排土場などのように重複する設備も含まれている。
２）林内貯木場・林内苗畑は，市街地周辺部に設置不可能などの事由により，事業区内にそれぞれ設置された場合である。
３）“設備”という用語からは，工場内の無機的な機械・装置を連想するが，事業区内設備には林分等の有機物も含まれており，両者間には素材・形態等の点で大差がある。それは林業と製造工業の純技術（固有技術）に大差があるからである。すなわち，林業の生産工程（育林プロセス）が自然に順応した有機的工程なのに対し，製造工業の生産工程（製造工程）は人工的制御が大幅に可能な無機的工程だからである。しかし，両産業の設備が果たす技術上の機能には本質的な差異はないはずである。

の関連性を明らかにして，本書の解説内容を理解する上での混乱を避けたい。

まず，森林経理学を歴史的発展過程からみると，当初は「森林収穫規整」を目的として発生した。その後，その的確を期するにはその前提的手段として，自然物としての森林を林業の生産手段として合理的に組織化する必要性が認識され，「森林組織化」が付加された。したがって，森林経理学は，森林組織化と森林収穫規整とを包括するものであり，しかもこの両者は密接に結合されているとみなせる。森林組織計画は，主として前者に着目したものである。

次に，森林経理学は，林業経営における空間的組織化と時間的組織化との両面を対象とする，といわれているのは周知のとおりである。しかし，この両者を分離するのは妥当ではない（吉田 1952），という見解もある。林分単位の育林方式（森林作業種）を採用した作業級の森林組織計画を策定する場合，その本体をなす生産林分（表1‐1参照）の静的な空間配置計画は，究極的には各生産林分が主伐－植栽後の時間経過により配置されるのが実態であるから，主伐順序という動的な時間順序計画に変換される結果となる（今田1983）。また，単木単位の育林方式である択伐方式を採用した作業級の場合でも，径級というサイズ要素に着目したとしても，それに対応した樹齢という時間的要素を全く無視することは現実にはできないであろう。そのため，森林経理学上の空間的組織化と時間的組織化とを確然と分離することは，林業経営の生産本体である主要生産設備の設置の特殊性ゆえに，現実問題としては不可能と判断される。したがって，森林経理学に包括されている空間的組織化と時間的組織化とは，密接に関連していることから分離すべきではなく，いずれに重点をおくかという相対的な問題となる。森林組織計画は，森林経理学の空間的組織化に重点をおいた分野といえる。

さらに，森林経理学は，基本構造計画とそれを前提とした実施過程計画とにより，しかもその両者が密接に結合した状態で構成されているとみなされる。前者が目標とすべき森林の物的組織計画であり，後者がその目標組織への誘導実施計画である。このような考え方をとった場合，森林組織計画が前者の計画を対象とするのは明らかである。

以上のような森林組織計画と森林経理学との関連性を総括すると，森林経理学は異なった2分野が密接に結合し構成されているとみなせる。しかも，その結合した2分野は1対だけではなく，別の観点からの3対が考えられる。すなわち，森林経理学は，「森林組織化－森林収穫規整」，「空間的組織化－時間的組織化」，「基本構造計画－実施過程計画」のように2分野が3対に結合して構成されているとみなせる。

森林組織計画は，前述の各結合分野の前者すなわち森林組織化，空間的組織化，基本構造計画に相当するものである。森林組織化は森林経理学の発展過程からみて森林収穫規整の前提をなすのは明らかであり，基本構造計画もその性格からして実施過程計画の前提となるのは当然である。さらに，森林の目標状態への誘導過程に着目すると，物的設備の静的な空間的組織計画に対して，時間的要素を加味することにより，動的な時間的順序計画が策定されるのが実態であるから，基本的には空間的組織化が時間的組織化の前提になるとみなせる。したがって，森林組織計画は森林経理学に包括された一分野であるが，より具体的には森林経理学の前段論に相当する分野に位置づけられる（今田 1986）。

1.3　森林組織計画と森林誘導・森林施業

前述のように森林経理学に包括された各結合分野の前者は，森林組織計画として位置づけられるが，一方の後者すなわち森林収穫規整，時間的組織化，実施過程計画に相当する分野をどのように位置づけるか，これが次の問題である。この後者の分野は，森林経理学の後段論に相当する分野に位置づけるべきであるのは，前述の考え方からすれば妥当と判断される。その分野を「森林施業計画（forest operation plan）」とせず「森林誘導計画（forest conversion plan）」とする，というのが本書の見解である。

このような見解をとる理由を説明するには，林業経営の事業区と工業経営の工場を比較するのが得策である。なお，事業区と工場は，両経営における独立した技術的生産単位体（吉田 1961）であるという共通点がある。この両者を比較したのが図１－１であり，「森林組織計画」は「工場配置計画」に，「森林誘導」は「工場建設」に，「森林施業」は「工場操業」に相当する，という見解をとっている（今田 1989）。操業とは，生産設備の生産能力を利用する活動とされており，「工場建設」と「工場操業」が全く異質な実施過程にあることに多言を要しない。一方，「森林誘導」と「森林施業」は混同され，前者から後者への移行段階は図１－１に示すように不明確であり，実際には前者の過程は独立分化されておらず，後者に包括されているのが通例である。その理由の詳細については参考文献（今田 1989）にゆずるが，要約すると次のとおりである。

①「森林誘導」と「森林施業」過程ともに，伐出技術と育林技術が基本的技術であって同質であり，「森林誘導」過程独自の特殊技術が実在しないこと。

②「森林誘導」過程における事業区の必要設備（表１－１参照）の一部が

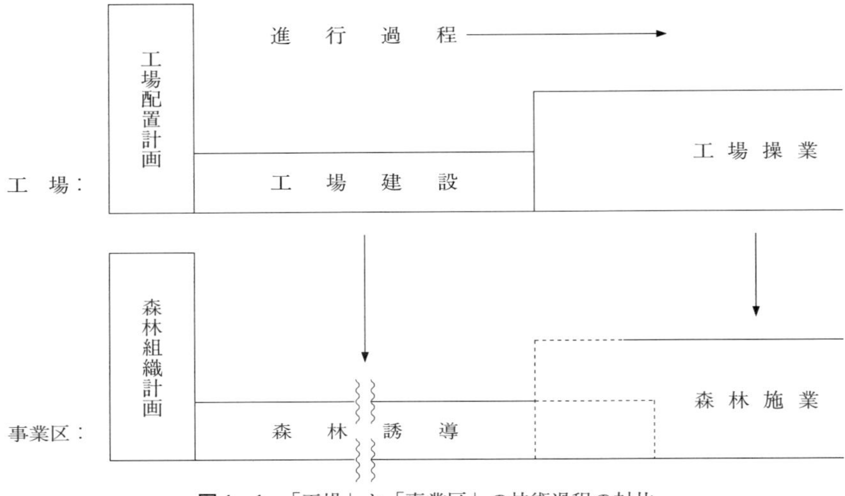

図 1－1　「工場」と「事業区」の技術過程の対比
注：図中の点線部分は，移行過程の不明確性を意味する。

未配置状態であっても，原材料（苗木あるいは種子）が配置設備内を移動しないため，「森林施業」を開始できる場合があること。

③「森林誘導」過程においても前生樹木が生立しているため，「森林施業」過程と同様に，目標主産物ではないとしても販売可能な立木あるいは丸太が産出されること。

④「森林誘導」過程は既存の低性能設備（林分）を高性能設備（生産林分）へ改良する過程とみなされるが，「森林施業」過程に移行した以降においても引き続き改良が長期にわたって継続されること。

これらの理由から，「森林誘導」と「森林施業」が混同され，両者間に明確な境界線を引くのが困難ではある。それにもかかわらず，「森林誘導」過程の必要性は認められるべきである。その必要性は，諸戸民和氏（1967），脇元裕嗣氏（1972），槇重博氏（1973），真下育久氏ら（1967），佐藤敬二氏（1972），平田種男氏（1983）など，多数の林業経営に関わる経営者・技術者・研究者から提唱されている。

ここで「誘導」と表現したのは，次のような考え方からである。ある林業経営体が，前生の樹木が皆無に等しい裸地を取得してそれを1事業区とし，そこへ早生樹種（伐期齢10～20年）を植栽して，生産手段としての森林を「造成」する海外林業等は例外とみなし，生産手段としては不完全状態にある森林を，前述の森林組織計画に基づく目標林状態へ「誘導」するのが実態である。このような実態に即して，「森林誘導」と称するのが妥当と考えた。この「誘導」という用語は，従来から森林経理学の分野で，とくにそれに包括されている森林収穫規整というサブ分野において多用されてきたことからも，「森林誘導」は実態に即した用語であり，決して新奇をてらうものではない。

森林経営における要長期性は，この森林誘導の過程において認められるものであり，工場操業に相当する森林施業の過程にではない。森林誘導は，その要長期性のゆえに，5年あるいは10年を1期とする期間計画に基づいて実施されるのが本来である。わが国の森林計画制度上の森林施業計画は5年を1期とする期間計画として策定されているが，その多くがここにいう森林誘導計画に相当しているとみなされる。本来の森林施業計画は，「工場建設」終了後の「工場操業計画」に相当するものであり，期間計画ではなく，もちろん月間計画でもなく，1年間の果実に相当する年輪の形成実態に即して，文字どおり単年度計画であるべきである。

以上要するに，森林組織計画は森林経理学の前段論分野に位置づけられ，計画対象となった事業区の目標林状態を計画設計する基本構造計画であるのに対して，森林誘導計画は森林経理学の後段論分野に位置づけられ，前述の目標林状態へ長期にわたって誘導する実施過程計画である。その森林誘導が進展し，ほぼ正常な生産活動が可能な段階に達した以降の当該事業区内における単年度単位の総合的生産活動が森林施業である，というのが本書における見解である。この「森林施業」が「工場操業」に相当するのは先述のとおりであるが，「森林操業」という用語も見られ（松尾 1967），事業区における操業度が論じられる場合もある（吉田 1961；Speidel 1967；松島 1970，など）。

なお，森林経理学の後段論分野に位置づけられる「森林誘導」の計画と実施，これに後続する「森林施業」の計画と実施双方の細部については，本書ではこれ以上立ち入らないことにする。

1.4　森林施業と森林経営

前述の森林施業についての説明では，その基本的内実を十分に明らかにしたとはいえない。さらに本書では，従来から重視されてきた「保続可能な森林経営」，最近提唱されている「持続可能な森林経営」における「森林経営」をどのように理解しているか，これを説明する過程で森林施業の基本的内実に立ち入ってみたい。森林施業と森林経営の関連性を当初において明らかにしておくことは，本書の解説内容理解に際しての混乱を回避する方策の一つになるはずである。

本書においては，森林施業と森林経営の関連性を図１－２のように理解している。林業経営体は，一つあるいは適当数の事業区を独立した技術的生産単位体として保有している。その事業区内における単年度単位の総合的「生産」活動が森林施業であることは先述のとおりである。その森林施業の基本的内実を示したのが表１－２であり，育林部門・伐出部門のみならず，林道部門・治山部門（生産林地保全）・副産物部門も包括し，それらを総合調整した単年度単位の活動である。しかし，その活動の根本をなすのは，林業経

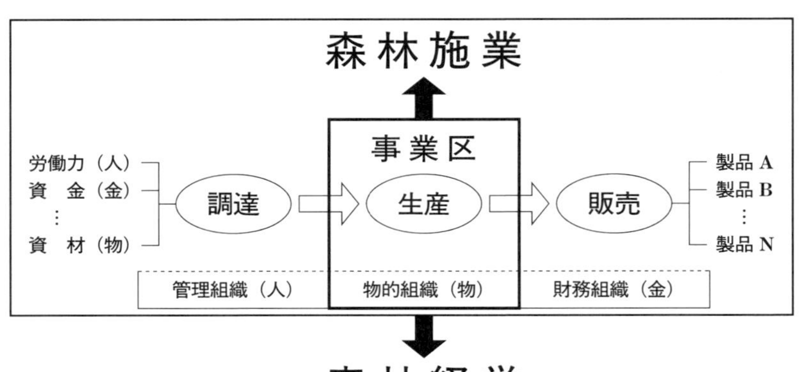

図１－２　森林施業と森林経営の関係

表１－２　事業区における森林施業

時期	部門（管理部門・研究部門等省略）				
（月）	育林	伐出	林道	治山	特用林産
4	新植・補植				緑化樹採取
5			補修		山菜採取
6	下刈				
7	下刈				
8	除・間伐木調査			排土場作設	
9	主伐林分調査				
10	択伐木調査	索道作設	補修		
11		除・間・択伐		渓流工施工	キノコ採取
12		主伐（皆伐）		山腹工施工	
1	地拵	山土場作設			
2	枝打		歩道作設		
3	苗畑作業		開設		キノコ採取

注：１）ある林業経営体が九州地方に保有している事業区（面積5,000 ha前後）を想定し，さらにその事業区内にスギ皆伐作業級と針広混交択伐作業級という２作業級が分画されている場合を想定した森林施業を例示している。
　２）１生産年度（施業年度）を４月から翌年３月までとした場合を想定し，各部門の主要作業のみを例示している。なお，１年先行作業も含めて想定していることなどから，各作業の実施時期の適否については，ここでは問わないものとする。

営の独立した技術的生産単位体へ誘導し終わった事業区に対して，生産技術を投入し，主産物としての立木あるいは丸太，副産物としてのキノコ等を産出する１年単位の定常的な生産活動である。このような事業区内における総合的「生産」活動を中核として，事業区外における「調達」活動が先行するとともに，同じく「販売」活動が後続する。これらの事業区を中核とする「調達」→「生産」→「販売」活動には，物的技術的組織（物）のほかに，「管理組織（人）」と「財務組織（金）」が必須である。これらの事業区内における総合的「生産」活動すなわち「森林施業」を内包した図１－２の総体が「森林経営」である，という見解を本書ではとっている。

　このような見解をとれば，「森林経営」は，実質上事業区を対象とした経営であることを意味し，林業経営における「事業区経営」と具体的に換言できる。これは，製造工業経営における「工場経営」，農業経営における「農場経営」に相当し，「部分経営」（吉田 1961）と呼ばれるものである。なお，林業経営体が一つの事業区のみを保有している場合においては，「森林経営」（部分経営）が「林業経営」（全体経営）と同一視されるか否かの議論はここでは差し控えたい。さらに，「森林経営」あるいは「林業経営」と，それらの集合体としての「地域林業」，ひいてはその「地域林業」の集合体としての「流域林業」等との関係についても，ここではふれないことにする。

本書では，対象の不明確さを含む「森林経営」を「部分経営」としての「事業区経営」と具体的に規定して，解説内容の混乱を回避するものとする。以下，前置きなしに「森林経営」を用いた場合には，「事業区経営」を意味する。このような規定に関連して，これまでに用いてきた森林組織計画・森林誘導・森林施業における「森林」についても，より明確化すると「事業区内森林」といえる。以下，前置きなしに「森林組織計画」等を用いた場合には，「事業区内森林組織計画」等を意味する。

1.5　森林組織計画の策定手順

以上のような森林組織計画に関する考え方に基づいて，その計画策定手順を明らかにする。その計画策定手順を明らかにするに先立ち，その手順設定上の前提条件を明示しておく必要がある。

1.5.1　計画策定手順設定上の前提条件

1）未開発林

森林組織計画が個々の林業経営体が保有する事業区の基本構造計画に相当するのは先述のとおりであるが，それが実際に策定されるのは次のような場合である。

①　まず，個々の林業経営体が，国内外を問わず，既往において全く経営（あるいは管理）の対象とされてこなかった未開発林，あるいはその対象とされた形跡はあるがその後放置されたためにほとんど未開発林状態にある森

林を取得し，それを事業区として創設した場合である。この場合には，林班界はなく，もちろん林道等もなく，計画策定を進める上での手掛かりが全くない場合に相当する。

② 次には，既設事業区の経営方針を根本的に転換した場合である。たとえば，樹種転換・林種転換・伐期齢転換・育林方式（森林作業種）転換，あるいは山火・暴風等による大被害発生に伴い，既往の森林組織を根本的に変更せざるを得ない場合等である。この場合には，既開発林が計画対象になることから，既設の森林区画等の一部が利用可能な条件下にある。

前述の策定機会のうち，森林組織計画が基本構造計画として本質的に必要とされるのは①の未開発林あるいは未開発林状態にある森林に事業区が創設された場合である。ここでは，このような場合を前提として森林組織計画の策定手順を設定する。

なお，このような前提に基づけば，個々の林業経営体が事業区を創設するのが不定期であるのに伴って，その事業区の森林組織計画の策定機会も不定期となる。その森林組織計画に基づいた森林誘導計画は，その要長期性のために，５年あるいは10年を１期とする期間計画として定期的に策定される。この策定機会の相違点は，森林組織計画が基本構造計画に，森林誘導計画が長期を要する実施過程計画に相当することに起因している。

２）大面積規模事業区

事業区の面積規模の大小はあくまでも相対的なものではあるが，ここでは所与の事業区に２個以上の作業級を分画するのが妥当な程度の大面積規模の事業区を前提とする。もちろん，１事業区－１作業級で十分な程度の小面積規模事業区の場合には，大面積規模事業区に必要とする計画策定手順の一部を省略することになる。

事業区の面積規模に関する見解については，国内外を問わず様々であるが，ここでの一応の大面積規模事業区の基準的面積は想定しておく必要があろう。国内では，1,000～1,500 ha（槇 1973），2,000～3,000 ha（井上 1974）等の具体的面積が挙げられている例があり，ドイツでは約5,000 ha（Speidel 1971），6,000～8,000 ha（三井 1973）等の例もある。これらの見解を考慮し，さらに九州大学北海道演習林（約3,700 ha，１団地），同宮崎演習林（約 3,000 ha，３団地）に勤務した経験等から判断して，5,000 ha 前後（１団地）を大面積規模事業区の基準的面積と想定する。

1.5.2 計画策定手順

前述のような未開発林あるいは未開発林状態の森林に設定された 5,000 ha 前後（１団地）の大面積規模事業区を対象とした森林組織計画の策定手順を示したのが図１－３である。

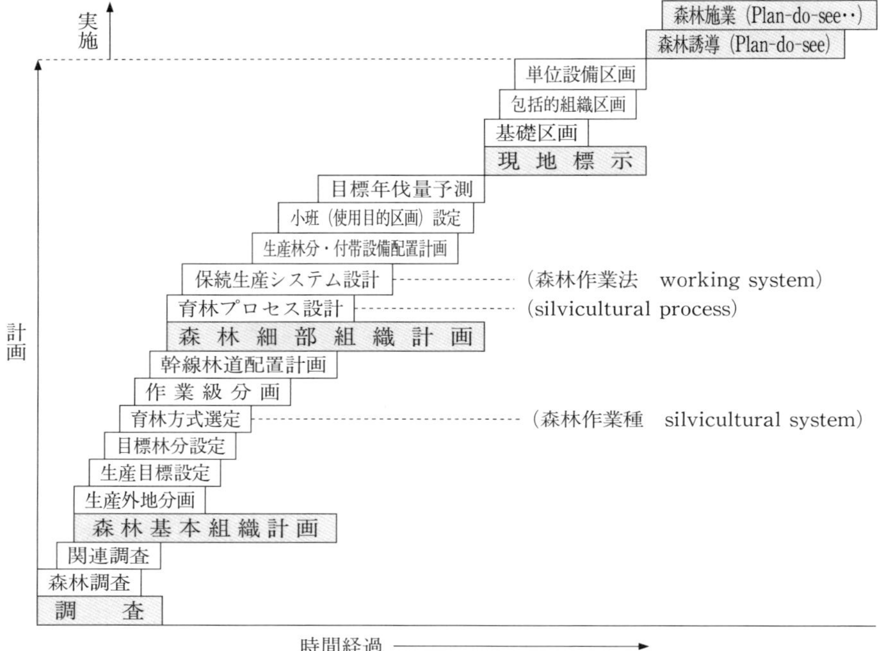

図１－３ 事業区を対象とした計画過程と実施過程

注：１）調査・森林基本組織計画・森林細部組織計画の各段階においては，図面・簿冊の調製が必要であるが，それらの表示はこの図中には省略されている。

２）後述するように，従来用いられてきた森林作業種と森林作業法とは異質な概念であるという見解をとり，図中に示すように「森林作業種（silvicultural system）」は「育林方式」と別称し，「森林作業法（working system）」は「保続生産システム」と別称している。

この図から明らかなように，基本的には，「調査」→「森林基本組織計画」→「森林細部組織計画」→「現地標示」の4段階手順となっており，前3段階までは相互にフィードバックを繰り返しながら計画策定が進められ，さらに基本的な4段階手順に含まれる具体的計画項目の策定もフィードバックが繰り返されることを示している。

このようなフィードバックによる計画策定を的確に進めるには，当該計画チームのリーダーは，「調査」から「現地標示」まで終始同一計画技術者であることが必要であり，さらにチームメンバーも同様であることが望ましい。

（今田盛生）

参考文献

Gerhart Speidel（1967）：林業経営経済学，有賀美彦・中村省三訳，地球出版，東京。

井上由扶（1974）：森林経理学，地球社，東京。

今田盛生（1983）：林分の空間配置計画の主伐順序計画への変換，94回日本林学会大会論文集，121-122頁。

今田盛生（1986）：森林組織論の本質とその基本体系，日本林学会誌，68，215-225頁。

今田盛生（1989）：森林誘導と森林施業の分化，森林文化研究，10，67-72頁。

栗村哲象（1975）：林業経営学の本質とその主要内容，林業経済，325，1-10頁。

佐藤敬二（1972）：林業経営におもう――永続性と安定性の追求，山林，1055，4-10頁。

佐藤敬二（1979）：民有林経営をめぐる諸問題，日本林学会九州支部研究論文集，32，1－8頁。

高宮　晋（1975）：新版　体系経営学辞典，ダイヤモンド社，東京。

野村進行（1959）：林業経済計画総論，朝倉書店，東京。

平田種男（1983）：林業経営原論，地球社，東京。

藤島信太郎（1960）：森林経理精義．養賢堂，東京。

槇　重博（1973）：林業の企業性，森林科学調査会，東京。

真下育久ら（1967）：育林の新技術を探る，全国林業改良普及協会，東京。

松尾兎洋（1967）：のびゆく技術53，北欧の林業［4］――デンマーク――，国際食糧農業協会，東京。

松下規矩（1969）：「森林組織（整備）」について，80回日本林学会大会論文集，102-103頁。

松島良雄（1970）：林業経済，農林出版，東京。

三井鼎三（1973）：ドイツ連邦共和国の林業に関する若干の考察，林業技術，371，36-37頁。

諸戸民和（1967）：座談会　これからの林業経営のために，林業技術，300，19-23頁。

山崎不二夫（1987）：農地工学（上），東京大学出版会。
吉田正男（1952）：改訂　理論森林経理学，地球出版，東京。
吉田正男（1961）：林業経営学通論，地球出版，東京。
脇元裕嗣（1972）：林業普及指導事業管見，林野時報，18（10），65-71頁。

第２章

森林調査

図１－３のように，森林組織計画の基本的手順の第１段階は，「調査」であり，「森林調査」と「関連調査」に２大別され，森林調査がある程度進行した段階からは，関連調査にも着手し，両者がフィードバックを繰り返しながら進められることが示されている。

関連調査は，次のように２大別される。一方はいわゆる内部調査に相当するもので，事業区内部の法令制限地・貸付契約地の有無と位置，当該事業区あるいはそれを所有（保有）する経営体の技術水準・機械装備状況・資本水準等の調査であり，他方はいわゆる外部調査に相当し，当該事業区の所属地方自治体，制度上の所属森林計画区等，さらに当該事業区の所在地一帯における交通網・経済圏・関連産業・労務事情等が調査される。このような関連調査の内容解説は，本書の主対象であるフォレスターへの“釈迦に説法”に等しい。

したがって，前述のような関連調査については省略し，本章では森林調査のみについて新しい手法を交えながら解説する。ここで念頭におくべきは，国の内外を問わず，計画対象林が過去に経営（あるいは管理）の対象とされたことのない5,000 ha規模の未開発林状態にあることを基本的前提としている点である。

2.1　林班調査分区の設定と森林実態調査簿の調製

ある林業株式会社の経営トップ層から，Ａ計画チームリーダーに次のような指令があった。「このたび，わが社は，Ｂ国のＣ地方に，5,000 haの１団地からなる未開発林を取得した。この森林をわが社の新しいＤ事業区としたい。ついては，君のA計画チーム 10 名を動員して，E年F月までに，D事業区の森林組織計画を策定してほしい」。

当計画チームは，以前にも森林組織計画を策定した経験のあるフォレスターチームであり，どのような準備が必要であるかは熟知している。幸いにも，この未開発林取得段階において外周の境界線は確定されており，外周測量図・内部地形図・空中写真・オルソフォト（近藤ら 2001）・衛星写真も当会社の本社に完備されていた。それらの計画に必要な資材等を準備して，当計画チーム 11 名はただちにB国のC地方に赴き，早速計画作業に着手した。

その計画対象林が複雑な地形を呈する奥地山岳林であることは，地形図・空中写真・衛星写真等で事前に把握されていた。また，当然のことながら，その対象林内には林班・小班，林道・歩道等の森林調査の手掛かりになるものは一切既存していないことも分かっていた。そこで，当計画チームは，地形図・写真等から対象林の全貌を把握し，その内部の地形を解析しながら，適当な面積規模を基準とした林班設定に取りかかった。チーム全員で手分けしながら，対象林を大流域→中流域→小流域に逐次分割し，その分割過程で流域面積が 100～200 ha の間でなるべく均等化するそれぞれの流域を 1 つの林班とした。その結果，平均面積約 100 ha の 50 個の林班が地形図上で設定された。

林班が設定されたら，それに基づいて森林調査に移るのが順序である。わが国における森林計画制度上の森林施業計画を策定する過程では，現状では小班がすでに設定されており，その小班が森林調査の単位になり得る。ところが，当計画チームの眼前にある対象林には，その小班は設定されておらず，かといって平均面積約 100 ha の 50 個の林班を単位として森林調査を進めるにはあまりにも過大である。したがって，森林調査が的確に進められ得る程度の面積に林班を細分する必要がある。その細分に当たっては，林班設定段階と同様の要領で，50 個の林班内部をそれぞれ流域単位で逐次細分化し，その細分化過程で流域面積が 5 ～10 ha の間でなるべく均等化するそれぞれの流域を 1 つの「林班調査分区」（今田 1985）とした。その結果，平均面積約 5 ha の 1,000 個の林班調査分区が地形図上で設定され，「林班調査分区図」が作成された。

この林班調査分区は，林班を細分した区画という点では従来の小班と変わりはないが，第4章で後述する「森林細部組織計画」上の本質的な組織的単位区画（大金 1970）ではなく，その森林細部組織計画，もちろんそれに先行する「森林基本組織計画」（第3章）策定のための「調査」段階のみにおける一時的な調査区画という性格をもつ。

このようにして作成された林班調査分区図に基づいて，林班調査分区ごとに順次その内部の森林実態調査が進められた。なお，その森林実態調査の要素（地況：標高・傾斜度・土壌型等，林況：樹種・林相・林型・齢級・材積等），方法（標準地・サンプリング・写真判読等），さらに精度等は，その対象林を所有（保有）する経営体の当該森林調査に対する方針によって選択される。

その調査結果は，当然のことながら図面（データベース化）・簿冊（データベース化）として取りまとめる必要がある。その図面は林相分布図・林型分布図・齢級分布図等のいわば森林実態調査図であり，簿冊は対象林各部分の実態を通覧するためのもので，わが国の森林計画制度における森林施業計画を策定する場合の森林簿あるいは森林調査簿に相当するとも考えられる。

この森林簿あるいは森林調査簿は，後述する組織的単位区画としての小班ごとに，調査事項，さらには計画事項も記載されている。この記載内容は，事業区内の林地各部分の使用目的（表1-1に示した配置すべき各種設備）が決定された後に，はじめて森林簿あるいは森林調査簿の調製が完了することを意味する。したがってまた，森林簿あるいは森林調査簿は，森林施業計画の初期段階における森林実態の調査結果のみを単に記載した簿冊ではなく，その計画の後期段階における各種設備（表1-1）配置の計画結果を具体的数量として記載した簿冊とも考えられる。それゆえ，森林簿あるいは森林調査簿は，その実質的内容に即して「森林組織計画簿」あるいは「森林組織区画簿」とも称し得る。

当計画チームとしては，対象林の森林実態調査に着手したばかりであり小班は未設定であるから，前述のような実質的内容をもつ森林簿あるいは森林調査簿は調製できない。しかし，調査結果を通覧し得る簿冊に取りまとめる必要があるのは前述のとおりである。そこで，先述の1,000個の林班調査分

森林実態調査簿（仮様式）

林班	林班調査分区	面積（ha）	林相	齢級
1	1	4.50	広	X
		0.50	針	X
		5.00	—	—
	2			

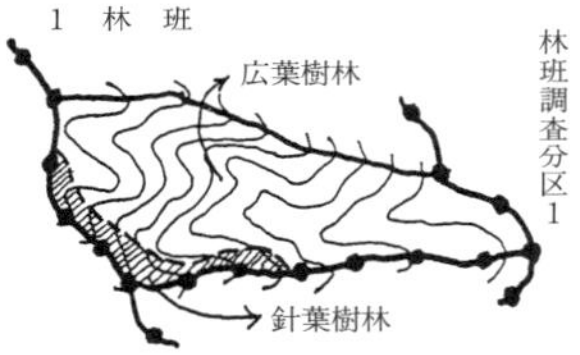

森林組織区画簿（仮様式）

林班	小班	組織区画	面積（ha）	林相	齢級
1	い1	主要生産設備用地	3.00	広	X
	い2	保護樹帯	1.40	針広	X
	い3	保護樹帯	0.50	広	X
	い4	林道	0.05	広	X
	い5	山土場	0.05	広	X
	ろ				

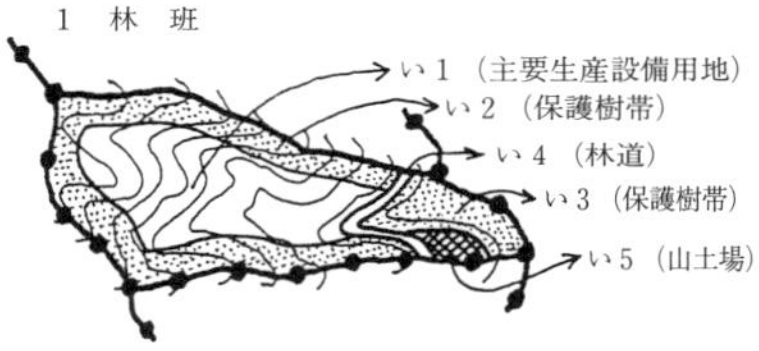

図２－１　森林調査段階における林班調査分区

図２－２　森林細部組織計画段階における組織区画

区ごとに調査結果をデータベース化した上で簿冊を調製することにした。この簿冊の方が「森林調査簿」の名にふさわしいが，わが国の森林計画制度上における従来の「森林簿」との混同をさけるために，「森林実態調査簿」と呼ぶことになった。この森林組織計画における森林実態調査簿は，先述の林班調査分区の場合と同様に，「調査」段階のみにおける一時的な簿冊である。もちろん，後続の計画過程において活用される場合がある。

以上のように，未開発林を対象として森林組織計画を策定する場合には，図１－３に示した「森林誘導」さらに「森林施業」の計画策定の場合とは異なった森林調査方法が必要になる。すなわち，林地各部分の使用目的を考慮せず，森林調査の的確容易性のみに着目して林班調査分区を設定し，その区画に基づいて森林実態そのものを記載した森林実態調査簿・森林実態調査図を調製する必要がある。以上のような森林組織計画における「調査」（基本的手順における第１段階）での林班調査分区と森林実態調査簿，さらに後述の「森林細部組織計画」（基本的手順における第３段階）での小班と森林組織区画簿の四者の対応関係を一括して示すと図2－1，図2－2のとおりである。

（今田盛生）

参考文献

今田盛生（1985）：森林調査に対応した「林班調査分区」の区画と「森林実態調査簿」の調製，日本林学会九州支部研究論文集，38，25-26頁。

大金永治（1970）：林業経営論，日本林業調査会，東京。

近藤洋史・今田盛生・吉田茂二郎（2001）：森林組合における森林情報整備，森林計画学会誌，35（2），87-91頁。

2.2　地況調査

平均面積5haの1,000個の林班調査分区が示されている林班調査分区図（携行可能程度の切図として調製）を携行して，A計画チームは分担指定された計画対象林区域へ分け入り，林班調査分区ごとの地況調査と，それに並行して林況調査にも着手した。

2.2.1　GPS

GPSとは「Global Positioning System」の頭文字を取ったもので，汎地球測位システムと訳されている。約20,000km上空に存在する6つの軌道に合計24個の衛星が配置され，受信機さえあれば地球上のどの場所においても現在位置を確認することが出来るようになっている。目標物の極めて少ない森林内においては（ましてや本対象林のように林道もない状態では），現在地の確認，林小班界の確定等においてGPSに期待される役割は大きい。

GPSの測位法には，大別して，単独測位法と相対測位法がある。単独測位は1台の受信機だけで現在位置を測位しようとするものであり，最も手軽な方法である。一般に単独測位の精度は低いとされているが，SA[1)]が解除された現在，森林を対象とした実用レベルでは十分な精度を達成しているといえる。一般に現在の単独測位の精度は10mとされているが，これは1：5,000地形図において2mmに相当する。この程度であれば林班界の測量などではほぼ十分といえる。これについては後ほど詳しく述べることとする。

一方，相対測位法は複数の受信機を用いる方法であり，１台を既知の点に設置し，もう１台を測位したい場所に設置して，２台の受信機の観測結果を基に２台の受信機の相対的な位置関係を求めて測位する方法である。一般に，この測位法はディファレンシャル方式とも呼ばれ，DGPS（Differential GPS）と称されることも多い。相対測位法にもいくつかの方法が存在するが，主なものとしてトランスロケーション方式（２～10 m 程度の精度）と干渉測位方式（数cmの精度）がある。ここでは，普及型DGPSでもあるトランスロケーション方式について日本国内での例を説明したい。

トランスロケーション方式では，既知の固定点に設置したGPSの受信内容を電波で送信する。このサービスを利用しようとするユーザは１台のGPS受信機と送信されてくる電波用の受信機を持ち歩くだけでよい。現在，このサービスを国内で実施しているのは海上保安庁と㈱衛星測位情報センターである。海上保安庁のシステムは，日本周辺海域を航行する船舶の安全航行を支援するためのものであり，中波無線標識（ラジオビーコン）の電波を使ってDGPSに関する補正情報を全国27ヵ所のDGPS局から送信している。電波のカバー範囲は200 km以内の海上となっているが，陸上においても電波の届く範囲であれば補正情報を利用可能である。もうひとつの（株）衛星測位情報センターが提供しているサービスは，全国７ヵ所の基準局で解析したDGPS位置補正データをJFN（Japan FM Network）系列放送局他のFM多重放送により提供するものである。主たる目的はカーナビゲーションシステムの高精度化であるが，対象地が該当FM放送の受信範囲内であれば森林調査への応用が可能である。

DGPSは元々SAの影響を排除するために考案されたものであるが，SA解除の現在その優位性はどうであろうか？　SA解除後，いくつかの林内で行われたGPS測位の結果によると，単独測位と比較してDGPS測位（海上保安庁ビーコン使用）の方が依然有意に精度が高かったと報告されている（小林 2002）。しかし，その精度向上は地図化作業を考えた場合，それほど大きく寄与するものではなく，単独測位でもおおむね十分な精度が達成できているようである。これはDGPSサービスの範囲外である地域を考えた場合，単独測位での林内測量でも十分な精度を実現できることを意味する。また，単独測位の方が受信機のみの購入で済まされ，経費の削減にも役立つ。ちなみに小林（2002）で使用されているGPS受信機は一般向けの安価なものであり，その点でもこの報告は意義深いといえる。

さて，森林内でのGPS信号受信に関する深刻な問題は林冠や樹幹による信号の遮断である。さらに，谷底部のように地形による開空部分の減少が受信可能な衛星の数を制限する。また，日本では，全般的に衛星が南方向に集中していることから，北側斜面は信号を受信しにくいという問題がある。そのため，場合によっては尾根筋や皆伐跡地など電波の受信状態の良好な場所の座標をGPSで確定し，そこからレーザー測距儀などの測量機器を使って，目標地点の位置を確定することも考えられる。一方，林内での受信レベル向上には，Trimble社のPathfinderのように林内における電波の乱反射（マルチパス）を軽減できる機能（マルチパス除去機能）が大変有用である。最近では，機器の小型化も進んでおり，Trimble社のGeoExplorer CEシリーズのように，ポケットPC端末とアンテナが一体となった製品も存在する（Geo XTにはマルチパス除去機能もある）。

最後になるが，そもそもGPS測位の良否は衛星の配置に左右される。特に仰角マスクの大きい地点（谷底部）での測位においてこれは深刻な問題となる。そのため，あらかじめ衛星の配置状況とそこから計算される測位精度の程度について把握しておけば，ある程度の対処は可能である。これにはTrimble社のPlanningなどがフリーで使用可能である（http://trimble.com/planningsoftware_ts.asp）。この種のソフトにおいて任意の地点（座標）での，特定の日時における衛星の配置状況などを把握することが可能である。また，林冠下における信号劣化に対しては，GPSアンテナの高さを上げることで対処できることが報告されており，例えば，6 mのポールを用いて測位精度が向上した事例がある（弓場 2000）。ただし，現場ではGPSだけに頼るのではなく，もしその位置が地形図上や衛星画像もしくは空中写真上で直ちに確認できるならば，周囲の地形の状態や土地被覆の状態から判断して，GPS測位に明らかな誤りがないかチェックする習慣を，フォレスターならば身に付けておく必要があろう。

（村上拓彦）

注

1）Selective Availability（利用可能性）の略。以前は，測位精度を意図的に劣化させる情報（SA）がGPS信号に含まれていた。SAによる誤差は最大100 m程度であるが，民生用受信機ではこれを解除することは不可能である。しかし，2000年5月に米国国防総省によりSAは停止，解除されている。これにより単独測位の精度は劇的に向上し，その精度はおよそ10 mと報告されている。

参考文献

木平勇吉・西川匡英・田中和博・龍原　哲（1998）：森林GIS入門，日本林業技術協会，東京。
小林裕之（2002）：SA解除後の森林内外での単独測位とDGPSの比較試験，日本林学会誌，84，276-279頁。
衛星測位システム協議会編（1993）：GPS導入ガイド，日刊工業新聞社，東京。
弓場憲生（2000）：安価なGPSも，結構やります！，森林航測，191，11-15頁。

2.2.2　地位指数

地位指数は林地生産力の指標として用いられている。なぜ，林地生産力を知りたいかといえば，植栽した樹木の成長がどのようになるか，あるいは適地適木を科学的に明らかにしたい，それが林業技術者の期待であり夢だからである（渡辺ら 1966）。本来，林地の生産力は材積量といった収穫量で表されるべきであるが，収穫量は土壌因子や環境因子の総合された潜在的な林地の地位と，自然枯死を含め除伐・間伐といった人間がコントロール可能な本数密度の関数である（西沢・真下 1966）。したがって，密度効果がほとんど影響しない地位すなわち上層木（優勢木）の平均樹高で表されることが多い。

樹高で表される地位には，相対的樹高地位と絶対的樹高地位の2通りの区分がある。相対的樹高地位は，林齢の関数として平均樹高を表し，これを何階級かに分けて上中下のように区分をするもので，日本の収穫表の多くはこの方式によっている。一方，絶対的樹高地位は一定の基準林齢（伐期相当年齢の40年など）における上層木の平均樹高により地位区分をする方法である。この際の基準齢での樹高を地位指数とよんでいる（西沢・真下 1966）。収穫表の硬直性を打破するために提案されている数学モデルによる成長予測やシステム収穫表の利用において，地位指数は利用価値の高い情報源となる。経営対象地の地位指数を評価することは，生産力を把握・予測し，経営上の意志決定をする上で重要である。しかし，本書で想定している未開発林を対象とする場合には，①対象（目標）樹種の決定，②基準齢の決定（伐期齢の設定）および③地位指数曲線の設定の3点が必要となる。対象樹種が決定されたら，当該樹種の生育データをできるだけ多く集めてこなければならない。

既に当該樹種の伐期以上の林分が多く存在している場合は，現地で樹高の直接測定を行うことにより地位指数を知ることは簡単であるが，拡大造林あるいは樹種転換を行う場合には地位指数を事前に知ることは困難である。そのような場合，立地的因子から地位指数を推定するための方法が2つ開発されてきた。

一つは土壌，地形といった多くの立地因子から地位指数を数量化理論によって推定する方法（西沢・真下 1966；渡辺ら 1966）であり，広く日本全国を対象として地域森林計画及び国有林の地域別の森林計画のなかでの立地級（区分）調査として推進されてきた方法である。これは定量化が大変困難と考えられてきた土壌型といった定性的データから地位指数を推定できる点や，全国規模での適地適木の判断を可能とした画期的な方法であった。

もう一つは，林地生産力の違いは利用可能水分量の多寡によるものであり，その利用可能水分量が地形因子から推定可能であるとする方法（竹下 1964）である。水の第一次の供給源は降水である。経営対象地内に大きな標高差がある場合には標高での補正が必要となるが，ある地域内で降水量に大きな差はない。水の移動は上空からだけではなく，地中での動きが重要である。斜面の下部では上中部からの地中水として水が供給され利用可能水分量が増加すると推察される。また，蒸発散としての水の損失は風の当たり具合すなわち，その地点がどの程度開放空間に露出しているか（斜面に遮断されない開放空間の割合）によって指標することができる。また，傾斜角・斜面形を同じくする単位斜面では同じ堆積様式を持つことから，土壌中に貯留できる水分量もほぼ同じと考えることができる。以上のような立地因子から地位指数を重回帰分析によって推定可能であることが明らかとなっている（吉田 1985）。単位斜面の範囲内では同じ地位指数を持つ範囲内であると考えて差し支えない。

本書で想定しているような5,000 haといった対象範囲内でも，地位指数（林地生産力）の推定を行うことは可能であろう。しかし，5,000 ha全域で地形測量を行うことは大変な労力を要するため，できるだけ簡易な方法が望まれる。そこで，地位指数推定に必要な立地因子を地形図上から判読する方法が有効であることが示されている（寺岡ら 1991）。また，日本全国で整備されているDEM（Digital Elevation Model）の一種である50 m数値標高地図から，地位指数推定に必要となる立地因子を計算することができ，広域での地位指数推定の可能性（村上ら 2000）も示されている。

ところで，林地生産力が利用可能水分量を指標することは，林地の局所的な水分環境が異なることを意味している。林地生産力の指標である地位指数を把握することは，単に木材生産機能だけではなく，種の多様性といった植生支持力の空間的分布の違いをも評価する。つまり地形を主とした立地要因から，林地生産力および植生支持力を基準とした経営目的に沿ったゾーニングへと展開可能である。

（寺岡行雄）

参考文献

竹下敬司（1964）：山地地形の林業的意義，福岡県林業試験場時報，17，1-109頁。

寺岡行雄・増谷利博・今田盛生（1991）：森林経営のための地位指数推定方法――地形図上で判読可能な地形因子による樹高の推定――，九州大学農学部学芸雑誌，45（3，4），125-133頁。

西沢正久・真下育久（1966）：地位指数による林地生産力の測り方，林業科学技術振興所，東京。

村上拓彦・寺岡行雄・今田盛生（2000）：国土地理院数値地図50 mメッシュによる地形因子の算出とその精度の評価，森林計画学会誌，34，13-26頁。

吉田茂二郎（1985）：地形による立地区分と林分構造との関係解析に関する基礎的研究，鹿児島大学農学部演習林報告，13，1-66頁。

渡辺定元・田中正則・若月　勇（1966）：地位指数調査の実際，日本林業調査会，東京。

2.3 林況調査

2.3.1 地上調査

(1) サンプリング調査

サンプリング調査というと，あまり馴染みのないことばであるが，森林調査を考えるとき非常に日常的なものである。この典型的な例として，1999年度からはじまった全国レベルの森林調査，すなわち「森林資源モニタリング調査」を思い浮かべる人もいるであろう。「サンプリング」の本来の意味は，対象となる森林全体（母集団）を測定する全林毎木調査のように，時間と費用をかけてすべてを測るのではなく，調査費用，調査目的の精度等を考慮し，対象の一部（サンプルあるいは標本単位）を測って，その一部の値から全体を推定することである。したがって通常の林分調査で，胸高直径は全林毎木を行うが，樹高は10本に1本とか，直径階別に数本ずつとか，あるルールにしたがって測定する木を選んで調査を行うことが多いが，これも立派なサンプリングである。したがって我々は，日常の多くの場面でもサンプリングをしていることになる。ちなみに，森林調査の場合に関して，西澤(1972)はサンプリングの方法とサンプルによって，以下の表2－1のように調査法を分類している。

有意抽出は，調査者が実際に測定する木（単木）あるいは場所（プロット）を自分の意志によって選ぶもので，無作為あるいは組織抽出は調査者の意志に寄らない方法である。統計的な確からしさが評価できるのは後者の場合であるが，前者は熟練者が行えば効率的に良い推定値が得られるという利点がある。時と場合によって使い分ければよいが，現在は普遍性を問われる

表2－1　調査法の分類

サンプリングの方法	サンプル（標本単位）	調査法
有意抽出	単　木	標準木法
	プロット	標準地法
無作為抽出	単　木	標本木法
または組織抽出	プロット	標本地法

傾向が強いので後者を行う場合が多い。よってここでは，後者の無作為あるいは組織的なサンプリング調査について話を進めよう。

サンプリング法には，いくつかの方法がある。ここでは，全国レベルのようにかなり広い地域の森林調査を想定して，そのときに行われる代表的なものを以下に紹介する。

① 単純無作為法（ランダムサンプリング）

この方法はすべてのサンプリング調査の基礎となる。対象全体（母集団）をある広さのサンプル（標本単位）N 個から構成されるものと見なし，その中から n 個のサンプルを抽出する場合を考える。このときの組み合わせは $_NC_n$ 通りあるが，どの組み合わせもすべて同じチャンスで抽出されることが無作為抽出法の基本的な考え方である。具体的には，1～N までの番号を同じ大きさのカードに書いて外から見えない袋に入れ，よくかき混ぜてから１つずつ n 枚になるまでカードを抽出する。このとき，一度選ばれたものを元に戻さず行う方法（非復元抽出）と毎回戻して行う方法（復元抽出）とがある。しかし，元に戻さない非復元抽出の場合，標本の抽出率（n／N）が 0.05 以下であれば，復元抽出と同じように考えてもよいとされている。

しかし，この方法を現場で実施すると調査地があちこちにそれこそランダムにでてくるので，そこに到達するのは非常に困難なのでこのランダムサンプリングをそのまま利用することは稀である。

② 組織的抽出法（システマティクサンプリング）

上で述べたように，真のランダムサンプリングでは調査地があちこちに分散することになり煩雑なので，実際の調査では始点（基準点）を決めてそれから等間隔に調査地を設定していく方法が採られている。各国で行われている国家レベルの森林調査ではほとんどこの方法で調査地が設定されている。厳密に言えば，ランダムサンプリングではないが，ランダムサンプリングと同じように取り扱われている。

③ 層化無作為抽出法（ストラティファイド・ランダムサンプリング）

これまでの２つのサンプリング法は，母集団全体をあくまでもひとつと考えているが，実際には色々なものの寄せ集まりの場合が多い。したがって，調査前に母集団の中で違うものが混じっていることがわかっていれば，それをまず似通った集団にわけて（層化），その集団（層）毎にサンプリング調査を行うことが得策である。おそらく森林調査では，人工林と天然林があればそれは言われなくても区別して別々に調査をするが，この区別が層化にあたる。空中写真や衛星写真などを利用すれば，広い範囲でも簡単に層化することができる。

以上が非常に基本的なサンプリング方法である。身の回りの調査がどのようなサンプリング法で実施されているかを考えるとサンプリング法に対する嫌悪感もなくなるであろう。

最後，ここまでサンプリングでは N 個のサンプルからなる母集団から n 個のサンプルを抽出すると書いてきたが，この n 個の数はどのようにしてきまるのであろうか。この文の冒頭に書いたように，サンプリングは調査費用，調査目的の精度等を考慮し行うものであり，抽出するサンプル数（n）は調査の計画者が調査目的の精度によって本来は決めなければならないものである。その基準となるものは，いわゆるサンプリング理論につきものの信頼限界（下式）である。ここで信頼限界とは，標本の平均値と標本から得られたバラツキ具合を考慮して，知りたい値がどの範囲にあるかを 95 %の確率で示したもの（復元抽出で母分散が未知の場合）である。

$$\bar{x} \pm t \cdot s_{\bar{x}} \qquad \text{あるいは} \qquad [\bar{x} - t \cdot s_{\bar{x}},\ \bar{x} + t \cdot s_{\bar{x}}]$$

ただし，$\bar{x}$ は標本平均，t は自由度 $(n-1)$ の t 表の 0.05 の値，$s_{\bar{x}}$ は推定標準誤差である。

この信頼限界の半分（$t \cdot s_{\bar{x}}$）が，サンプリングでの抽出誤差限界（E）を表している。したがって，この誤差限界をどの程度に抑えるかを考えれば，以下の式から標本数 n が求まることになる。

$$\begin{aligned} E &= t \cdot s_{\bar{x}} \\ &= t \cdot (s/\sqrt{n}) \end{aligned}$$

ここで両辺を $\bar{x}^2$ で割って

$$\therefore \quad n = \left(\frac{t \cdot c}{P}\right)^2$$

ただし，E は抽出誤差限界，c（$= s/\bar{x}$）は変動係数，P（$= E/\bar{x}$）は目標

精度である。

ちなみに，過去1961年と1966年に行われたサンプリングによる全国森林資源調査の時にはhaあたりの蓄積の3％としたので，下式のように全国10,000点調査となった。なお，式中の変動係数（c）は，過去の調査結果（1.5）を利用している。

$$
\begin{aligned}
n &= \left(\frac{t \cdot c}{P}\right)^2 \\
&= \left(\frac{2 \times 1.5}{0.03}\right)^2 \\
&= 10,000
\end{aligned}
$$

冒頭に述べた，全国森林資源モニタリング調査の全国15,400点（4キロメッシュ）も同様の方法によって決められている。

（吉田茂二郎）

参考文献

大隅真一（1987）：森林計測学講義，養賢堂，東京。
南雲秀次郎・箕輪光博（1990）：側樹学，現代林業講義，10，地球社，東京。
西澤正久（1972）：森林測定，実戦林業大学，XI，農林出版，東京。

⑵ 樹高曲線

森林組織計画を策定するにあたっては，計画の対象となる森林を調査することにより，その主要な諸量（林分密度，平均樹高，平均直径，胸高断面積合計，林分材積など）を把握しておくことが重要である。これらの中でも林分材積は最も主要な諸量の一つだといえる。しかし，一般に，調査の対象となる面積が広ければ広いほど，林分材積の調査に要する時間と労力は多大なものとなる。ここで議論の対象としている「1,000個の平均面積約5haの林班調査分区における林分材積の調査」は，その典型的な例だといえよう。さらに，11人のメンバーでＥ年Ｆ月までに森林組織計画を策定するという人数的・時間的な制約があることから，各林班調査分区における林分材積を効率的に調査することが望まれる。

林分材積は，林内に生存している立木の樹高と胸高直径の測定値から，二変数材積式を介して求められる場合が多い。二変数材積式として最も広く用いられているのは，［1］式に示すSchumacher-Hall式（Schumacher and Hall 1933）である。

$$v=\alpha d^{\beta}h^{\gamma} \qquad [1]$$

ここで，vは幹材積，dは胸高直径，hは樹高，α，βおよびγは係数である。一方，一変数材積式を利用するならば，胸高直径のみの測定結果から林分材積を求められる。一変数材積式としては，[2]式のような相対成長式が用いられる場合が多い。

$$v=\alpha d^{\beta} \qquad [2]$$

しかし，同じ胸高直径の立木がすべて等しい樹高をもっているわけではない。また，このような樹高の違いが幹材積の値に影響を与えていることは明らかである。すなわち，胸高直径が同じであっても，樹高が異なれば，幹材積も異なってくるのである。したがって，一変数材積式を介して求められた林分材積の値は，しばしば不安定なものとならざるを得ず，二変数材積式を介して林分材積を求める方が望ましいと考えられる。最も確実な林分材積の調査方法は，林内のすべての立木について，胸高直径と樹高を毎木測定することであろう。胸高直径については，たとえ毎木測定であっても比較的容易かつ迅速に行える。しかし，樹高の毎木測定は煩雑である。林分材積の調査に要する時間と労力を多大なものとしている原因は，胸高直径の測定よりも，むしろ樹高の測定にある。樹高の測定に要する時間と労力を軽減できれば，林分材積の調査に要する時間と労力は大幅に軽減できる。

それでは，ここで，二変数材積表を用いた林分材積の調査において要求される樹高の括約について検討してみよう（南雲・箕輪 1990)。いま，二変数材積式として［1］に示すようなSchumacher-Hall式を用いるものとし，胸高直径dと樹高hに，それぞれΔdとΔhの誤差が存在するとしよう。このとき，幹材積vの相対誤差$\Delta v/v$は，［1］式を全微分して整理すると，次のように与えられる。

$$\Delta v/v=\beta\Delta d/d+\gamma\Delta h/h \qquad [3]$$

［3］式より，胸高直径の相対誤差と樹高の相対誤差は，それぞれβとγの重みがつけられて，相互に独立に幹材積の相対誤差に影響していることがわ

かる。したがって，胸高直径をどれだけ正確に測っても，樹高の測定が不正確であれば幹材積の誤差は大きくなり，逆に，樹高をどれだけ正確に測っても，胸高直径の測定が不正確であれば同様に幹材積の誤差は大きくなる。ここで，測定の能率をあげるには，胸高直径と樹高の双方がバランスのとれた誤差管理の下で測定されることが望ましい。この基準の一つとして，［3］式における2つの重み付け誤差率の項を等しくすることである。

$$\beta \Delta d / d = \gamma \Delta h / h \qquad [4]$$

ここで，胸高直径が2㎝括約で測定されるものとすると（$\Delta d = 2$ ㎝），大半の樹種において $\beta \fallingdotseq 2$ かつ $\gamma \fallingdotseq 1$ であるから，

$$\Delta h = 2h / d \qquad [5]$$

となる。［5］式より，樹高の測定において容認される誤差は樹高と胸高直径の値に依存して変化することがわかる。しかるに，立木の形状比（h/d）が0.5以下の値をとることは，あまり起こらないと考えられるので，樹高の括約は1 m 以上としてもよいことになる。

樹高測定における括約が1 m 以上でよいとなると，林分材積の調査における樹高測定を省力化するために，樹高曲線（height-diameter curve）を用いることができる。樹高曲線とは，ある林分のある時点における樹高と胸高直径の平均的な関係を示す曲線であり，通常，横軸に胸高直径を㎝単位で，縦軸に樹高を m 単位でとって表される。樹高曲線は以下の手順により決定される（大隅ら 1987；南雲・箕輪 1990）。

①　標本木の選定

まず，調査地内に生存する立木の中から，各直径階にわたって偏りなく標本木を選定する。傾斜地では，斜面傾度に沿って樹高が変化するので，谷筋から尾根筋にかけて帯状の調査地を設定し，その中で標本木を選定するとよい。

②　標本木の測定

次いで，選定された各標本木について，それらの胸高直径と樹高を測定する。胸高直径の測定には，一般に輪尺あるいは直径割巻尺が用いられる。林分材積の調査のみを目的とするなら，2㎝括約の測定で充分だと考えられるので，直径割巻尺よりも輪尺の方が効率的な測定が可能であろう。一方，

樹高については，数多くの測定器具が開発されている。最も単純な器具は，伸縮式の測高用ポール（測高竿）であろう。しかし，測高用ポールで測定できる高さには限界があり，樹高の低い立木の測定においては有効な道具となりうるが，樹高の高い立木の測定には適さない。その他の器具としては，ワイゼ式測高器，クリステン測高器，ブルーメライス，シュピーゲル・レラスコープ，デンドロメーターなどがある。これらはいずれも三角法を応用したものである。すなわち，測定対象木までの水平距離，測定対象木の梢端を見上げる仰角および根元を見下ろす俯角を測定し，それらの値から測定対象木の樹高を求めようとするものである。また，最近では，ノンプリズム型のレーザー測高器や音波を利用したバーテックス測高器が市販されている。これらの測高器では，測定対象木までの水平距離を測る際に，巻尺ではなくレーザーや音波を用いるため，測定の簡略化が期待できるが，やや高価であることが難点である。

③　樹高曲線の決定

樹高曲線の決定方法としては，以下の3つの方法がある。

(a)　フリーハンドによる方法

横軸に胸高直径を，縦軸に樹高をとった直交座標上に標本木の測定結果をプロットし，それらの点の間を通るような中心線をフリーハンドで描く。

(b)　直径階別平均樹高による方法

直径階ごとに標本木の平均樹高を求め，横軸に胸高直径を，縦軸に樹高をとった直交座標上にプロットする。そして，これらの点を結ぶような滑らかな曲線として樹高曲線を定める。もし，これらの点が滑らかな曲線にのらない場合には，3点あるいは5点の移動平均をとることにより，なめらかな曲線を描く。

(c)　樹高曲線式による方法

フリーハンドによる方法は簡単である反面，常に調査者の主観が入るという問題がある。また，直径階別平均樹高による方法では，直径階ごとの測定資料が充分に揃っていることが重要であるが，必ずしも充分なだけの資料が得られるわけではないので，一般的な方法とはいえない。このため，最近では，樹高曲線式による方法が最も広く用いられている。樹高曲線式としては，古くから多くの式が提案されている。主なものは以下のとおりである。

$$h=\alpha d^{\beta} \quad \text{(相対成長式)} \quad [6]$$

$$h=\alpha+d/(\beta+\gamma d) \quad \text{(逆数式)} \quad [7]$$

$$h=\alpha+\beta\log d \quad \text{(Henricksen 式)} \quad [8]$$

$$h=\alpha+d^2/(\beta+\gamma d)^2 \quad \text{(Naslund 式)} \quad [9]$$

$$h=\alpha+\beta d^{\gamma} \quad \text{(Stoffels 式)} \quad [10]$$

$$h=\alpha+\beta d+\gamma d^2 \quad \text{(Tischendorf 式)} \quad [11]$$

$$h=\alpha+\beta d-\gamma d^2 \quad \text{(Trorey 式)} \quad [12]$$

ここで，h は樹高，d は胸高直径，α，β および γ は係数であり，通常，最小自乗法により決定される。特に，近年では，コンピュータの表計算ソフトなどによって，これらの曲線式の係数が簡単に決められるようになっている。実際に樹高曲線式を決める場合，これらの中で最も誤差分散の小さいものを選ぶとよい。

樹高曲線が決まると，樹高の毎木測定という煩雑な作業は，樹高曲線によって直径階ごとの平均樹高を推定する作業へと置きかえられる。そして，直径階ごとの平均幹材積が［1］式に示す二変数材積式より求められ，その平均幹材積に直径階別の本数を乗ずると直径階ごとの幹材積が得られ，それらを合計することによって林分材積が得られるのである。

樹高曲線は，一般に，上方にやや凸な単調増加曲線となる。同齢林の場合，林齢が高まるにつれて樹高曲線は右上方へと転位していくことが知られている（大隅ら 1987；南雲・箕輪 1990；Schreuder *et al*. 1993）。したがって，同齢林の樹高曲線については，林分材積を調査するごとに求める必要がある。一方，天然林や択伐林のような異齢林の場合，このような傾向は認められず，ほとんど経時的変化をしないとされる。このため，異齢林の樹高曲線については，一旦決定されると，林分材積を調査するごとに求め直す必要はなく，最初に決定した樹高曲線をそのまま転用できるであろう。

(3) 階層構造解析

林分は様々な樹木サイズのいくつかの垂直的な層により構成される。一般に，このような林分の層状構造は「階層構造」と呼ばれる。階層構造は，競争，枯死，進階および成長といった要因により，林分の発達に伴って変化する（Latham *et al*. 1998）。また，上層木の階層構造パターンは，下層木の受ける日射や降雨の分布（Anderson *et al*. 1969；Cannell and Grace 1993；Komiyama *et al*. 2001）だけでなく，下層木の構造と組成（Harcombe and Marks 1977；Alaback and Juday 1989；Inoue and Yoshida 2001；Komiyama *et al*. 2001）にも影響を及ぼす。したがって，階層構造は，林分を構成する樹種の更新，生存および成長パターンのような生物学的な特性を反映しているといえる。また，階層構造の解析は，林分の動態を明らかにしたり（Ninomiya and Ogino 1986；Inoue and Yoshida 2001），育林プロセス設計の基礎となる成長モデルを構築したり（井上 2000；Mitsuda *et al*. 2002）する上での手助けとなりうる。これらの特徴は，未開発状態にある森林の組織計画を策定する上で，階層構造が有用な情報を提供しうる可能性を示唆している。ここでは，これまでに提案されてきた階層構造の解析方法を概観し，それらの得失について議論する。

これまでに提案されている解析方法を概観するに先立ち，まず，階層構造という用語の定義について整理しておきたい。階層構造という用語が，互いに関連している2つの異なる定義（個体の階層と種の階層）で用いられていることを最初に指摘したのはGrubb *et al*.（1963）であった。個体の階層とは，林木の垂直的な分布に基づく階層として，種の階層とは，各樹種の成熟時に達成される平均的な樹高に基づく階層としてそれぞれ定義される。これらの現象に加えて，Smith（1973）は葉群の階層という定義を新たに示した。これは，林分の樹冠あるいは葉群の特定の地上高における集中に基づく階層として定義される。階層構造の概念をこれら3つの定義に区分することは，先に述べたような階層に関する混乱を避けたり，既存の研究を区分するための規準を与えたりする上で有効かつ重要である（Yamakura 1987；Baker and Wilson 2000）。

それでは，これらの定義に関連して提案されている階層構造の様々な解析方法を概観してみよう。最も古くそして広く用いられている方法は，森林断面図（Davis and Richards 1933；Richards 1996）である。これは文字通り，森林の断面を描いた図であり，①プロットの設定，②全立木の樹高，位置，樹冠長および樹冠幅の測定，③測定結果の図化という手順を経て作成される。この図より，林分に階層が存在するか否かを視覚的に評価できる。また，断面図と同時に樹高ヒストグラムも補助として示されている場合もあり（例えば，Grubb *et al*. 1963；Ashton and Hall 1992），これによって階層の存在を視覚的かつ主観的に再確認できる。この方法によって解析される階層は，個体の階層の定義に基づいているといってよい。

Monsi and Saeki（1953）は，光環境との関連から葉群の階層を解析するための生産構造図という方法を開発した。この方法では，群落内のすべての個体を伐倒し，それらを一定の地上高ごとに同化部と非同化部とに区分し，それらの重量（一般には乾燥重量）を測定することによって作成される。

Ogawa *et al*.（1965）は，樹高と枝下高の分布から階層構造を解析するための樹冠深度図という方法を提案した。この方法は，林内のすべての個体における樹高と枝下高との関係を直交座標上にプロットし，その関係から視覚的に階層の数を推定しようとする一種の図解法である。樹高と枝下高の両方を考慮していることから判断すると，この方法は個体の階層と葉群の階層の両方の定義に基づいているものと思われる。

個体の階層を解析するための図解法としては，Hozumi（1975）によって考案された M-w 図がある。この M-w 図では，個体重の累積頻度分布に基づいて，階層の数や階層の分離している高さを視覚的かつ定性的に判断できる。実際の林分において，林木の個体重を測定することは困難であることに加え，個体重と幹材積は比例関係にあると考えてよいので（White 1981），通常，個体重の累積頻度分布の代替として幹材積の累積頻度分布が用いられることが多い。岡野・荒上（1999）は，M-w 図の考え方を樹高の累積頻度分布に応用した H-h 図を考案した。また，Yamakura（1987）は Hozumi（1975）の M-w 図が林分の垂直的な構造を直接に表現していないと主張し，樹高の頻度分布から得られる対称型差分図（二階の定差図）に基づく解析方法を提案した。

佐野（1982）は，各個体の樹高差を距離としたクラスター分析による，個体の階層の解析方法を考案した。この方法の利点は，階層の分離している部分を樹状図から読みとれることと，併合値という指標によって階層の分離度

（階層化の程度）を定量できる点にある。

佐野（1982）と同様に，Ashton and Hall（1992）は，階層の分離度を定量する測度を提案した。Stratification index と呼ばれるこの測度は，地上高クラスごとに測定された樹冠の空間占有率の最大値と最小値の比として与えられる。したがって，この方法は，特定の地上高における樹冠の集中に基づいているという点において，葉群の階層を解析していることになる。しかし，解析の手順において樹高と枝下高の分布が重要な役割を果たす点に注目すると，個体の階層の定義も陰に含んでいると考えられる。また，得られる測度は規格化された値となるので，異なる林分間での階層の分離度を比較できる。

Kurachi *et al*.（1986）は，樹冠をサイノメ状に切って，葉群の階層を解析するサイノメ切りという方法を示した。また，Koike（1985）と Sumida（1993）は，葉量密度の二次元的分布と葉群の三次元的配置を解析する方法をそれぞれ考案した。これらの方法は，群落レベルでの葉群の階層を光環境との関連から解析する上で有効な手段となりうる。

Latham *et al*.（1998）は，樹高と枝下高の測定値から階層の数を推定する TSTRAT という方法を提案した。この方法では，枝下高の頻度分布から「競争域」が決定される。そして，その競争域に樹高が達しているか否かによって，各個体の属する階層が決定される。したがって，この方法も個体の階層と葉群の階層の２つの定義を含んでいることになるであろう。しかし，TSTRAT は各階層での最大個体における樹冠長に強く依存するため，Baker and Wilson（2000）は競争域の決定において，枝下高の移動平均を用いる改良法を提案している。

Inoue *et al*.（1998）は，主として画像解析に用いられる Otsu（1979）の判別分析を応用した DAM という，個体の階層を解析する方法を発案した。この方法は，樹高ヒストグラム上に必要数だけの「しきい値」を決定することによって，林分を複数の階層に層化しようとするものである。例えば，林分を２つの階層に層化する場合，樹高ヒストグラム上に１つのしきい値を，３つの階層に層化する場合には，２つのしきい値をそれぞれ決定すればよい。このしきい値は，各階層間での樹高の級間分散を最大とする，すなわち最も良い分離を与えるように決定される。この方法の特徴としては，林分を客観的に複数の階層に層化できるだけでなく，解析の目的に応じて層化する階層の数を任意に選択できたり，層化するのに最適な階層の数を推定できたり，さらには階層の分離度を定量できたりするといった点が挙げられる。

これまでに提案されてきた階層構造の解析方法を概観してきたが，次に，これらの得失について論議したい。まず，Monsi and Saeki（1953）の生産構造図は，群落レベルでの葉群の階層を光環境との関連から解析するには優れた手段であるが，林分レベルでの階層構造を解析するには，時間と労力の観点からみて適切ではない。特に，本章で対象としているような5,000 ha規模の森林組織計画を目的とする場合，解析に要する時間と労力の問題は重要である。このことはKoike（1985）やKurachi *et al.*（1986）の方法およびSumida（1993）のPCMについても同様であろう。また，Davis and Richards（1933）とRichards（1996）の森林断面図，Ogawa *et al.*（1965）の樹冠深度図，Ashton and Hall（1992）のstratification index，Latham *et al.*（1998）のTSTRATおよびBaker and Wilson（2000）の方法は，樹高や胸高直径だけでなく，枝下高（あるいは樹冠長）や樹冠幅も測定しなくてはならず煩雑である。これに対し，Hozumi（1975）のM-w図，佐野（1982）の方法，Yamakura（1987）の対称型差分図，岡野・荒上（1999）のH-h図およびInoue *et al.*（1998）のDAMでは，樹高のみ，あるいは樹高と胸高直径の測定結果から階層構造を解析できる。さらに，樹高と胸高直径との間には樹高曲線という関係があるので，樹高の頻度分布の代替として，胸高直径の頻度分布を解析に用いることも考えられる。対象とするスケールと解析の目的に応じて，適切な方法を選択することは重要である。

解析方法が定量的・客観的であるか否かといった点も重要であろう。階層の存在と解析に関しては多くの議論がある（Smith 1973；Richards 1996）。調査した林分に階層が存在すると主張する研究者もいれば（例えば，Davis and Richards 1933；Hozumi 1975；佐野 1982；Ninomiya and Ogino 1986；Yamakura 1987；Yamakura *et al.* 1989；Ashton and Hall 1992；Sumida 1993；Richards 1996；Inoue *et al.* 1998；岡野・荒上 1999；井上 2000；Inoue and Yoshida 2001；Komiyama *et al.* 2001；Baker and Wilson 2002；Mitsuda *et al*. 2002)，存在しないとする者もいる（例えば，Paijmans 1970；Richards 1996)。このような混乱の最も重要な原因の一つとして，Baker and Wilson（2000）は，階層構造の解析において古くから定性的かつ主観的な方法が採られてきたことを指摘している。また，Grubb *et al*.（1963）は，林分の階層数は客観的な規準に基づいて評価されるべきだと主張している。先に概観した解析方法の中で，定量的・客観的という規準を満足する方法は，Ashton and Hall（1992）の stratification index，Latham *et al*.（1998）の TSTRAT，Baker and Wilson（2000）の方法および Inoue *et al*.（1998）の DAM の 4 つであろう。Ogawa *et al*.（1965）の樹冠深度図，Hozumi（1975）の M-w 図，佐野（1982）の方法，Yamakura（1987）の対称型差分図および岡野・荒上（1999）の H-h 図も定量的な方法ではあるが，図から階層の数を解釈する段階において主観の入る余地があるので，客観性の規準を満足していないといえる。

さらに，これまでの解析方法を概観すると，階層の分離度を定量できる方法の少ないことがわかる。階層の分離度を定量できる方法は，佐野（1982）の方法，Ashton and Hall（1992）の stratification index および Inoue *et al*.（1998）の DAM の 3 つだけしか見当たらない。階層構造の解析においては，階層の数だけでなく，階層の分離度も重要だと考えられる。例えば，2 つの階層により構成される林分を想定してあったとしても，上層の平均樹高が 20 m，下層の平均樹高が 3 m の林分と，上層の平均樹高が 20 m，下層の平均樹高が 15 m の林分とでは，階層構造が明らかに異なることがわかる。階層の数は同じであっても，階層の分離度が大きく異なっている。このような階層の分離度の違いは，上層木と下層木との間での一方向的競争（Cannell and Grace 1993）の強さに違いを生じさせ，その結果として下層木の生存や成長に影響を及ぼすであろう。したがって，階層構造の解析方法としては，階層の数と階層の分離度の双方を解析できる方法が望ましいといえる。しかし，Ashton and Hall（1992）の方法では，階層の分離度は定量できるが，階層の数は解析できない。また，佐野（1982）の方法は，階層の分離度を示す測度（併合値）が規格化されていないため，解析の対象とする林分の樹高サイズに分離度が左右されることが予想され，林分間での比較には適していないといえる。

以上3つのことより，階層構造を解析する上で，Inoue *et al*.（1998）のDAMは最も有効な方法の一つだと考えられる。しかし，解析の対象とする林分の構造と面積スケールに対して注意を払うことは重要である（Baker and Wilson 2000）。対象とする林分の中に異質な構造を持った部分が含まれると，階層構造の解析結果に大きな誤りを生じさせる危険性があり，また，林分の面積スケールが大きくなるにつれて異質な部分が含まれる可能性は高まるからである。異質な構造を含まないように設定されたプロットにおいて樹高を測定し，その結果に対してのみDAMは適用されるべきであろう。

（井上昭夫）

参考文献

Alaback, P.B. and Juday, G.P. (1989) : Structure and composition of low elevation old-growth forest in research natural area of Southeast Alaska, *Natural Areas J*., 9, 27-39.

Anderson, R.C., Loucks, O.L. and Swain, A.M. (1969) : Herbaceous response to canopy cover, light intensity, and throughfall precipitation in coniferous forests, *Ecology*, 50, 255-263.

Ashton, P.S. and Hall, P. (1992) : Comparisons of structure among mixed dipterocarp forests of north-western Borneo, *J. Ecol*., 80, 459-481.

Baker, P.J. and Wilson, J.S. (2000) : A quantitative technique for the identification of canopy stratification in tropical and temperate forests, *For. Ecol. Manage*., 127, 77-86.

Cannell, M.G.R. and Grace, J. (1993) : Competition for light : detection, measurement, and quantification, *Can. J. For. Res*., 23, 1969-1979.

Davis, T.A.W. and Richards, P.W. (1933) : The vegetation of Moraballi Creek, British Guiana—an ecological study of a limited area of tropical rain forest, Part Ⅰ, *J. Ecol*., 21, 350-384.

Grubb, P.J., Lloyd, J.R., Pennington, T.D. and Whitmore, T.C. (1963) : A comparison of montane and lowland rain forest in Ecuador, Ⅰ, The forest structure, physiognomy, and floristics, *J. Ecol*., 51, 567-601.

Harcombe, P.A. and Mark, P.J. (1977) : Understory structure of a mesic forest in southeast Texas, *Ecology*, 58, 1144-1151.

Hozumi, K. (1975) : Studies on the frequency distribution of the weight of individual trees in a forest stand (V) The M-w diagram for various types of forest stands, *Jpn. J. Ecol*., 25, 123-131.

Inoue, A. and Yoshida, S. (2001) : Forest stratification and species diversity of

Cryptomeria japonica natural forests on Yakushima, *J. For. Plann.*, 7, 1-9.

Inoue, A., Mizoue, N., Yoshida, S. and Imada, M. (1998) : A new method for analyzing forest stratification based on discriminant criteria, *J. For. Plann.*, 4, 35-38.

Koike, F. (1985) : Reconstruction of two-dimensional tree and forest canopy profiles using photographs, *J. Appl. Ecol.*, 22, 921-929.

Komiyama, A., Kato, S. and Teranishi, M. (2001) : Differential overstory leaf flushing contributes to the formation of a patchy understory, *J. For. Res.*, 6, 163-171.

Kurachi, N., Hagihara, A. and Hozumi, K. (1986) : Distribution of leaf-and branch-biomass density within a crown of Japanese larch and its relationship to primary production : analysis by sainome-cutting, In *Crown and canopy structure in relation to productivity*, Fujimori, T and Whitehead, D. (eds.), Forestry and Forest Products Research Institute, Ibaraki, 308-322.

Latham, P.A., Zuuring, H.R. and Coble, D.W. (1998) : A method for quantifying vertical forest structure, *For. Ecol. Manage.*, 104, 157-170.

Mitsuda, Y., Ito, S. and Takata, K. (2002) : Effects of competitive interaction among neighboring trees on tree growth in a naturally regenerated even-aged *Larix sibirica* stand in considering height, *J. For. Res.*, 7, 185-191.

Monsi, M. and Saeki, T. (1953) : Über den lichtfaktor in den pflanzengesellschaften und seine bedeutung für stoff-production, *Jpn. J. Bot.*, 14, 22-52.

Ninomiya, I. and Ogino, K. (1986) : Size structure analysis by *M-w* diagram. In *Diversity and dynamics of plant life in Sumatra*, Hotta, M. (eds.), Kyoto University, Kyoto, 17-27.

Ogawa, H., Yoda, K., Kira, T., Ogino, K., Shidei, T., Ratanawongase, R. and Apasutaya, C. (1965) : Comparative ecological studies on three main types of forest vegetation in Thailand（I）Structure and floristic composition, *Nat. Life SE Asia*, 4, 13-48.

Otsu, N. (1979) : A threshold selection method from gray-level histograms, *IEEE Trans. Syst. Man Cybernet.*, 9, 62-66.

Paijmans, K. (1970) : An analysis of four tropical rain forest sites in New Guiana, *J. Ecol.*, 58, 77-101.

Richards, P.W. (1966) : *The tropical rain forest*, Cambridge University Press, Cambridge, U.K.

Schreuder, H.T., Gregoire, T.G. and Wood, G.B. (1993) : *Sampling method for multiresource forest inventory*, 446pp, Wiley, New York.

Schumacher, F.X. and Hall, F.S. (1933) : Logarithmic expression of timber-tree volume, *J. Agric. Res.*, 47, 719-734.

Smith, A.P. (1973) : Stratification of temperate and tropical forests, *Am. Nat.*, 107, 671-683.

Sumida, A. (1993) : Growth of tree species in a broadleaved secondary forest as related to the light environments of crowns, *J. Jpn. For. Soc.*, 75, 278-286.

White, J. (1981) : The allometric interpretation of the self-thinning rule, *J. Theor. Biol.*, 89, 475-500.

Yamakura, T. (1987) : An empirical approach to the analysis of forest stratification Ⅰ. Proposed graphical method derived by using an empirical distribution function, *Bot. Mag. Tokyo*, 100, 109-128.

Yamakura, T., Sahunalu, P. and Karyono (1989) : A preliminary study of changes in forest stratification along environmental gradients in southeast Asia, *Ecol. Res.*, 4, 99-116.

井上昭夫（2000）：相対成長式によるスギ同齢単純林における樹高曲線の解析――係数の簡単な推定方法――，日本林学会誌，82，355-359 頁。

大隅眞一編著（1987）：森林計測学講義，養賢堂，東京。

岡野哲郎・荒上和利（1999）：九州山地のモミ・ツガ天然林における 12 年間の林分構造の変化，日本林学会誌，81，1－9 頁。

佐野淳之（1982）：森林の階層構造を数量的に把握する試み，日本林学会論文集，93，329-330 頁。

南雲秀次郎・箕輪光博（1990）：測樹学，地球社，東京。

(4)　樹幹解析

樹幹解析（Stem analysis）とは，樹木を伐倒し，幹についていくつかの位置で円板を採取し，それらにおける年輪を測定することによって樹幹の成長経過を精密に知る方法である（大隅 1995）。樹幹解析の主目的は林分の成長量の推定や予測のための資料として利用することにある。例えば，地位指数曲線（2.2.2 参照）や林分成長モデル（4.1.2 参照）を作成するとき，あるいは目標年伐量算定（4.6 参照）のために林分の成長量を推定するときに使われる。

樹幹解析の具体的な方法については専門書（大隅 1995；南雲・箕輪 1990）に譲るが，年輪幅の計測や計測後の計算等において細密かつ煩雑な作業を必要とするため，より作業を円滑に行うことのできる樹幹解析支援ソフトウェアが幾つか開発されている（今村ら 2001）。例えば，Windows 上で動作可能でフリーで入手できる今村ら（2001）が開発したソフトウェアでは，スキャナ等でコンピュータ上に取り込んだ円板の画像データをマウスでポイントしながら年輪を計測することが可能であり（図 2－3），直径原表，材積計算

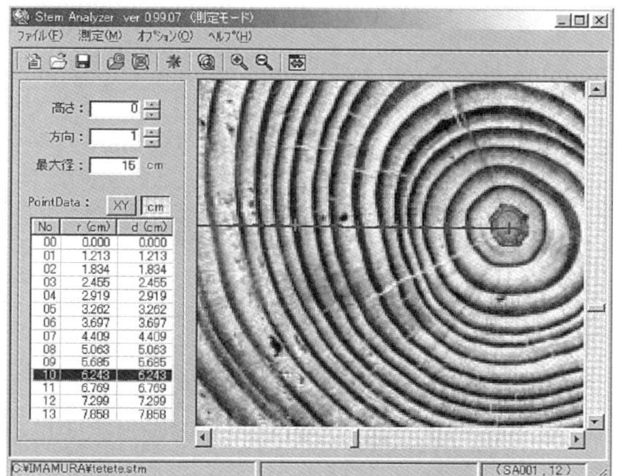

図 2－3　樹幹解析支援ソフトウェアの測定モード画面（今村ら 2001）

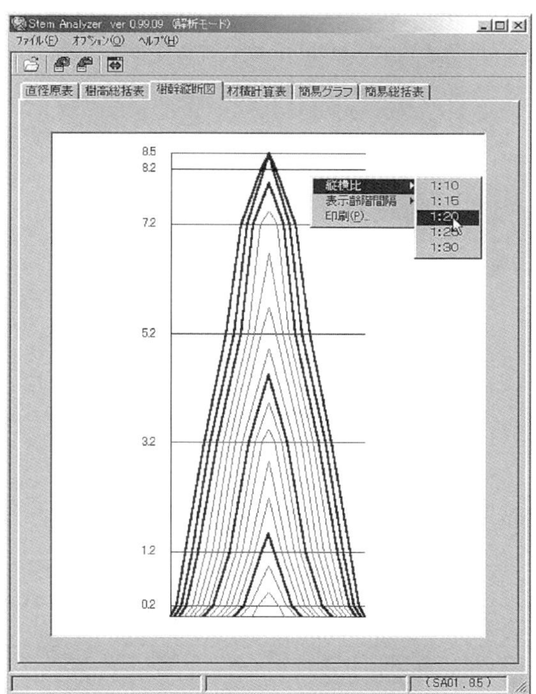

図 2－4　樹幹解析支援ソフトウェアの樹幹解析図（今村ら 2001）

表，樹幹解析図（図2-4）等の作成が，ボタン一つで可能となっている。

（溝上展也）

参考文献

今村光晴・光田　靖・吉田茂二郎・今田盛生（2001）：樹幹解析支援ソフトウェアの作成，日本林学会九州支部研究論文集，54，15-16頁。

大隅眞一編著（1995）：森林計測学講義，養賢堂，東京。

南雲秀次郎・箕輪光博（1990）：測樹学，地球社，東京。

2.3.2　航空写真（空中写真）による調査

空中写真は，宇宙空間から地上を撮影した写真の総称である。航空写真という呼び名は，この種の写真が撮影され始めた当時は，主に航空機を利用して撮影が行われていたことに由来する。その後，ランドサット（LANDSAT）に代表される資源探査衛星が打ち上げられ，地上数百キロの位置から得られた情報が，大型計算機で処理され，主に紙に出力された画像（写真）として広く公表されるようになり，まさに宇宙空間から得られた写真が出現し，これまでの航空写真を含めて「空中写真」という言葉が生まれた。しかし，最近のコンピュータの発達によって，大型コンピュータでしか衛星情報が処理できなかった環境から，パソコンで自由に処理できる環境となり，写真という媒体からディスプレー上の画像へと変化を遂げた。その意味では，航空機によって撮影されたものを，再度，「航空写真」と呼ぶ方がよい時期になっている。よって，ここではあえて航空写真として話を進める。

ちなみに，日本で航空写真を計画的に撮影しているのは，表2-2に示すように国土地理院と林野庁である。国土地理院は主に市街地を，林野庁は山間部を中心に，お互いに調整を行い撮影漏れがないように計画的に撮影が行

表2-2　写真諸元の比較

撮影機関	国土地理院	林野庁
色　等	カラー	モノクロ
焦　点	広角（150㎜）	普通角（210㎜）
ネガサイズ	23㎝×23㎝	18㎝×18㎝

われている。簡単に各写真の特徴を述べると，以下のようになる。最も大きな違いは，撮影を行っているカメラの焦点距離と最近ではカラーと白黒写真の違いであろう。焦点距離が短いと，一回の撮影でカバーできる範囲は広くなる反面，写真像のひずみが大きくなってくる。その意味で，林野庁は山間部を担当しているので国土地理院よりもひずみの少ない焦点距離を持つカメラを利用している。

さて，本題の航空写真による調査であるが，次の2.3.3の衛星による森林調査で述べるように，近年，高解像度の衛星が出現し解像度では航空写真とほとんど遜色がなくなりつつある。そこで改めて航空写真の特徴を挙げると，以下のようになるであろう。

①　日本全土について，第二次大戦直後から7～10年の間隔で航空写真の撮影が行われ，その写真を誰でも自由に利用できる。

②　航空写真は，本来，地図作製に利用する目的で撮影されているため，連続する写真は互いに重なるように撮影されており（図2-5），その重なりを利用して，立体視が可能である（図2-6）。

③　補助情報のなかで，最も大縮尺で身近な存在であり，誰もが気軽に利用することのできる媒体である。

この3つの特徴は，完全に航空写真の特徴であるかといえば，①については，各衛星が打ち上げられ，それぞれの観測目的と同仕様を持っており，

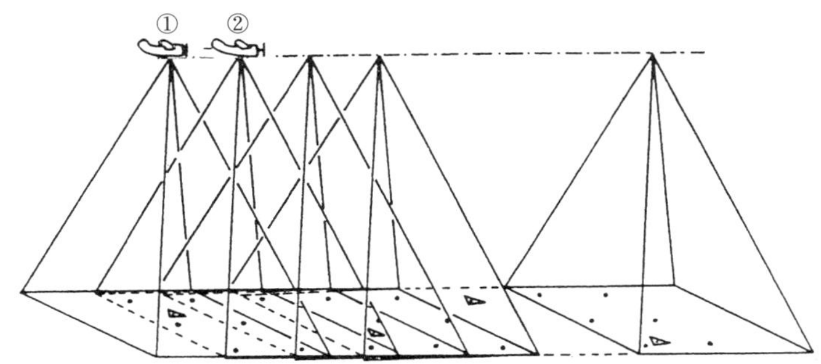

図2-5　航空写真の撮影
出典：渡辺宏，森林航測テキストブック，日本林業技術協会，1974年。

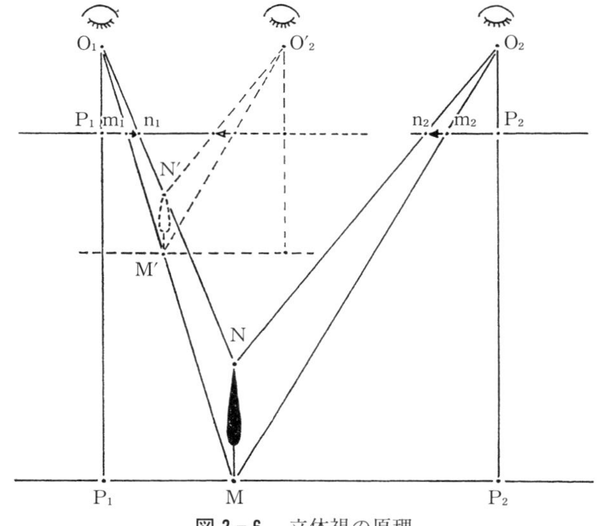

図 2 − 6　立体視の原理
出典：渡辺宏，森林航測テキストブック，日本林業技術協会，1974 年。

運用した期間のデータは存在するが，航空写真に比べるとその期間は短い。同様に②についても，近年の衛星では立体画像が可能な仕様のものもあるが，その用途は限られている。

1）航空写真による調査

航空写真を用いて調査を行う場合には，大きく 2 つの利用法が考えられる。一つは，調査前の室内での利用であり，もう一つは屋外の調査時での利用である。

調査前の利用に関しては，調査する対象が広くなればなるほど，事前の下準備が必要である。理想的には，最も新しい写真を収集し，森林簿等の情報，あるいは GIS 情報を参考に，調査対象地域を森林の状態などによって層化することが望ましい。その層化には，単に写真を見ることでもよいが，できれば実体鏡で連続する写真を立体視して，林種，樹種，樹冠の大きさ，樹高の高さ，本数密度などを参考に層化を行えば一層効果的である。

層化をするほど広い範囲の調査でなければ，入手した写真をできれば立体視して見ておけば，周囲の状況が手にとるようにわかり，調査の効率が一段とアップするであろう。先に述べたように，航空写真だけではなく，他の情報と併せて総合的に見ておくことが，大前提である。近年，航空写真はGISにおける画像情報として，ひずみを補正したオルソフォト（正射写真図）が比較的簡単に利用できるようになってきたが，事前調査には航空写真を立体視して利用することを再度お勧めする。立体視することで得られる情報量は，他のものでは代替できない。

野外調査で航空写真を利用する場合は，おもに広域に調査を行うときであろう。基本的には場所確定のためのツールとしての利用がもっとも重要である。特に土地利用の変化が激しい場所での市販の地形図では現地確認は困難であり，最新の状態がそのまま写し込まれている航空写真の力は絶大である。特に，近年，GPSが急速に安価になり森林調査にも導入されるようになり，この基礎画面としては1/5,000の計画図や基本図，1/25,000の地形図でもかまわないが，航空写真をオルソ化したものであれば，地図と写真の情報を兼ね備えており，最適である。将来は調査の必須アイテムとなろう。

2）航空写真の持つ情報

調査を行う場合，現状のみを調査することが多いと思われる。しかし，今後は，森林管理にこれまで以上にいろいろな要素が加味されたかたちで調査対象地あるいは同地域を考える必要が出てくると思われる。そのとき，森林簿や森林計画図等は，10年経過すれば行政的には廃棄されており，現在利用中の資料以外，少しの例外を除いてはほとんど存在しない状態である。

そのとき，航空写真は特徴②で述べたように，第二次大戦後からではあるが，日本国全域，航空写真が撮られており，それは同じような精度で森林に関する基礎情報が存在することを意味する。特に，画像としての質的情報に加えて，写真測量技術から得られる量的な情報も同時に得られることはもっと評価してもよいと常々考えている。読者の積極的な利用を期待したい。

3）航空写真の利用にあたって

読者に航空写真の利用を促進するために，最後に航空写真の入手方法に簡単に触れておこう。

はじめにすべきは，自分がどの地域の，いつ撮られた写真が必要かを確定することである。それが決まれば，下記に示している航空写真を取り扱っている機関のホームページからか，直接連絡して自分が希望しているものに関連している評定図を入手する。評定図は，１／50,000の地形図に航空機で撮影された写真の位置が大まかに示されたもので，自分が欲しいと思っているところの写真を見つけて選び出せばよい。細かな空中写真測量を行う以外は，通常写真の「ベタ焼き」に相当する，「密着」が適切であろう。精密な測定を行いたいのであれば，「引き伸ばし写真」を購入すればよい。拡大率は撮影した機関によって多少違いがあるが，大した問題ではない。

欲しい写真の詳細がわかれば，あとはホームページ上にある申込用紙に記入して注文を行えば，それで希望の写真を購入することができる。詳細については，各ホームページを参照のこと。

航空写真に関する連絡先

森林地域については㈶日本森林技術協会　http://www.jafta.or.jp/index-j.html

都市地域に関しては，日本地図センター　http://www.jmc.or.jp/

４）その他の航空写真

これまでは，計画的に撮影されてきた航空写真について述べてきたが，現在はこれ以外にも航空写真が存在する。その一つは，災害などの突発的な事象を記録する意味で撮影された写真である。すべてが公にされているわけではないが，特に行政に関わるものであれば色々な部署がそれぞれの目的で撮影を行っていることがあり，それが利用できると思われる。

このほかに，航空写真が色々なことに利用できることを見越して，近年では中小の航空会社や地図会社が独自に撮影を行っている。ただし，この写真の場合，利益目的で撮影されているため注文が多いところ，つまり大都市圏に限定されている。しかし，反対に毎年撮影するなどされており，別の意味での価値は高い。

最後に，航空測量用にもデジタルカメラが導入され，航空機に搭載したGPSで同時に撮影位置・姿勢を計測し直接カメラの外部標定要素を計測解析することで，データのInputレベルからOutputレベルまで一貫したデジタル処理ができるデジタル航空写真システムが登場している。近い将来，このシステムがこれまでのカメラシステムに置き換わり，一段と衛星データとの垣根が低くなり，また「航空写真」よりは「空中写真」と呼ぶ方がよい時期になりつつある。

（吉田茂二郎）

参考文献

朝日航洋株式会社（2004）：http://www.aeroasahi.co.jp/spatial/gizyutu/　デジタル航空写真システム

日本写真測量学会（1980）：空中写真の判読と利用，鹿島出版会，東京。

渡辺　宏（1974）：森林航測テキストブック，日本林業技術協会，東京。

渡辺　宏（2000）：最新 森林航測テキストブック，日本林業技術協会，東京。

2.3.3　衛星画像による調査

人工衛星による地表面の観測は一般にリモートセンシングと呼ばれている。リモートセンシングには次のような利点がある。①広域の観測が可能である，②複数の波長帯を観測したマルチスペクトルのデータである，③データがデジタル画像である，④ほぼ定期的に同一地点が観測される。いまや地球観測衛星に搭載されるセンサは多数存在し，1㎞クラスの低分解能から，30～20 m クラスの中分解能，そして数 m クラスの高分解能のものまで実に多様なラインナップとなっている。森林を対象としたリモートセンシングデータの利用法は様々存在するが，ここでは「衛星画像」としての利用法，つまり判読に関する話題に絞って説明を行うこととする。以下では，中分解能，高分解能センサに分けて紹介する。

まず，中分解能センサであるが，この代表はLANDSAT/TM，SPOT/HRVである。この両者は利用実績が多く，過去のデータの蓄積量も多い。LANDSAT/TMは空間分解能が30 m（熱赤外バンドは120 m），SPOT/HRVは20 m（パンクロマチックモードは10 m）である。ただし，現在運用されているLANDSAT 7号に搭載されているセンサETM+には15 mのバンド（パンクロマチック）が追加されている。また，SPOTの場合も現在運用されている4号には中間赤外域のバンド（20 m）が追加され，さ

表 2－3　林相の判読に有効とされるバンドの組み合わせ（フォールスカラー合成のひとつ）

割り当て色	LANDSAT/TM	SPOT 4,5
赤（R）	バンド 5	バンド 4
緑（G）	バンド 4	バンド 3
青（B）	バンド 3	バンド 2

表 2－4　現在利用可能な高分解能衛星データの比較

スペック項目	IKONOS	QuickBird	Orbview3
打ち上げ時期	1999 年 9 月	2001 年 10 月	2003 年 6 月
軌道高度	680 km	450 km	470 km
ポインティング機構	±45°	±25°	±50°
パンクロセンサ分解能（直下）	0.82 m	0.61 m	1 m
パンクロバンド帯域	450～900 nm	450～900 nm	450～900 nm
カラーセンサ分解能（直下）	3.3 m	2.44 m	4 m
カラーバンド帯域			
青色	450～520 nm	450～520 nm	450～520 nm
緑色	520～600 nm	520～600 nm	520～600 nm
赤色	630～690 nm	630～690 nm	630～690 nm
近赤外	760～900 nm	760～900 nm	760～900 nm
観測幅	11 km	16.5 km	8 km

らに 5 号では可視域から近赤外域のバンドの分解能が 20 m から 10 m に向上し，パンクロマチックモードでは最高で 2.5 m の分解能を達成している。林相を視覚的に判断するには，分解能が高いに越したことはないが，ある特定の波長帯を観測していることも判読に大きく寄与する。なかでも，中間赤外域の存在は森林地域の画像判読に大きく貢献する。具体的には，LANDSAT/TM のバンド 5，SPOT 4 号，5 号のバンド 4 を使って画像表示を行うとよい。例えば，表 2－3 に示すようなバンド組み合わせによる画像合成は広く用いられている。また，カラー表示向けの各バンドに解像度の一段高いパンクロマチックのバンドを合成するのも有効な方法である。これにはパンシャープンという処理が必要である。

次に，高分解能衛星である。1999 年に米国スペースイメージング社が

IKONOSを打ち上げてから現在までに3つの高分解能衛星が運用されている。いずれも商用衛星であり，表2-4にそれぞれのスペックを示す。パンクロ，カラー共に全く同じバンド数，波長帯であるが，観測幅に若干の違いがみられる。高分解能衛星データの場合，特徴は何といってもその分解能の高さであるが，先に紹介したパンシャープン画像が標準プロダクトとして用意されており，カラー情報とより鮮明な輪郭や肌理（きめ，テクスチャ）のパターンからこれまでの衛星データでは得られなかった判読が可能となっている。しかし，森林を対象とした利用実績についてはまだ数が少なく，今後ますます増えていくものと予想される。ちなみにEROS A1という衛星も2000年に打ち上げられている。これも空間分解能は最高で1ｍであるが，バンドがパンクロしかないので，撮影されたものは白黒画像となる。

ところで，一度に衛星が撮影する範囲について観測幅（東西方向の幅）で比較してみると，LANDSAT/TMが最も広くおよそ180㎞である。一方，SPOT/HRVは約60㎞である。上記の高分解能衛星データの場合は8～16.5㎞とさらに狭くなる。一般に，分解能が上がると観測範囲が狭まってしまう。しかし，最新のSPOT5号は観測幅を60㎞に据え置いたまま，分解能を高めているので，その点はここで紹介した他の衛星と異なる特徴と言えるであろう。

ただ観測幅が狭いといわれる高分解能衛星においても，空中写真よりは幅が広く，しかも衛星進行方向（南北方向）には画像はある程度連続しているため，一つの画像として空中写真よりも随分広い範囲を観測することが可能である。ただし，対象とする場所が画像の端にかかり隣の画像を別途必要とする場合，両者の画像の取得時期にずれが生じる。この観測時期のずれによって，植生の季節変動や太陽位置の違いなどによって林相の見え方が変化し，たとえ両者をモザイク合成したとしても，林相の識別度合いが変化してしまうことが予想される。

空中写真がせいぜい10㎞より下の高度で撮影されるのに対し，例えばIKONOSの撮影高度は680㎞であり，地形による歪みは衛星データの方が断然少ない。とはいうものの，衛星データにも中心投影と地形の起伏に起因する撮像の歪みがあるのは確かで，判読結果を正しくマッピングしたり，

GPSの座標と正しく対応付けるためには，正射投影変換，すなわちオルソ化が避けられない。LANDSAT/TMについては，オルソ化したデータの配布はなされていないが，例えばLeica Geosystems社のリモートセンシング画像解析ソフトであるERDAS IMAGINEではDEMを併用して，これらのデータのオルソ化が可能となっている。一方，IKONOSなどの商用衛星データについては，オルソ化を施した高次プロダクトが用意されているが，そのコストは標準プロダクトの3～5倍となっている。なお，先ほどのERDAS IMAGINEの最新のバージョンでは，IKONOSやQuickBirdのオルソ化が実施可能となっている。ただし，その際はRPCファイルというものが必要となるので，データ配布時にその入手方法を確認しておく必要があろう。

最後になるが，衛星画像の利点は空中写真と異なり近赤外～中間赤外の情報を捉えている点と，デジタルデータのためGISとの親和性が極めて高く，特に現場ではGPSとの連携もよくとれるという点にある。ただし，それらがうまく機能するにはある一定の位置精度が保たれることが必須で，特にオルソ化を避けて通ることができないといえる。

（村上拓彦）

参考文献

加藤正人（2002）：高分解能IKONOS画像による単木判読可能性の比較，日本林学会誌，84，221-230頁。

加藤正人編著（2004）：森林リモートセンシング，日本林業調査会，東京。

日本リモートセンシング研究会（2001）：改訂版図解リモートセンシング，日本測量協会，東京。

2.4　GIS・データベース

A計画チームの地況調査ならびに林況調査により，計画対象となる事業区内の森林についての情報が収集された。これらの情報は森林組織計画策定のために収集されたといっても過言でないと思われる。これらの調査終了直後の段階で，情報は簿冊と図面の形式でとりまとめられている。

近年，森林の多面的機能を発揮させる観点から，森林の木材生産機能ばかりではなく公益的機能も考慮して森林を経営・管理することが指摘されている。そのためには，これまで以上に森林に関する情報の解析が必要である。情報を管理・解析する道具としてのコンピュータの利用は不可欠である。

森林の地況ならびに林況，森林区画を示した図面，その航空写真といった森林の管理や経営に関係する情報を森林情報と呼ぶこととする。これまでの調査で，森林情報として森林の地況・林況といった数値や文字で表された情報や森林区画を示した地図等の図面で示された情報が収集されている。数値に関する情報と図面に関する情報とを処理することから，地理情報システム（Geographic Information System：GIS）の技術を応用できると考えられる。

GISとは，地理的位置を手がかりに，位置に関する情報を持ったデータを総合的に管理・加工し，視覚的に表示するとともに高度の分析や迅速な判断を可能にする技術である。このGISを利用するには，簿冊にまとめられている数値情報と図面にまとめられている地理情報とを，それぞれ，コンピュータで利用できるように，データを決まった形で蓄積したデータベースを構築する必要がある。そこで，ここではGIS技術の応用を考慮したデータベースの構築について示した。

なお，森林に関するGISとして「森林GIS」と呼ばれるものがある（田島 1996，1997；伊藤 1997；木平 1997；松村 1997；木平ら 1998等）。伊藤（1997）は狭義の森林GISとして，「森林簿に記載された属性情報と森林経営図に地図として表現されている森林の位置情報についてコンピュータを使って一元的に管理し，それらの情報について検索や分析を行いさまざまな地図（主題図）を出力するために用いられる情報システムのこと」としている。さらに広義の森林GISとして「森林に関する空間データをとりあつかうGISはすべて森林GISである」と述べている。ここでは，森林の調査から計画に至るような広い意味での情報を取り扱う。そこで，伊藤（1997）の広義の森林GISを，単に「森林GIS」と表した。

ここでは未開発状態の森林に対して森林組織計画を実施することを基本的前提としている。このような森林における情報のデータベース構築を行うには，現在，森林管理・森林経営の最前線にある林業事業体・林業サービス事業体で利用されているものを応用できると思われる。そこで，林業事業体等で利用されているデータベースの構築方法を応用した。したがって，図1-3における森林誘導・森林施業段階の内容が含まれるので，便宜上一括してここで明らかにする。

2.4.1 数値・文字情報のデータベース化

森林組織計画および森林施業計画を策定するには，地況調査・林況調査で収集された数値・文字で示された森林情報が利用される。そこで，わが国における制度上の森林施業計画策定に必要なデータベースをもとに数値・文字情報のデータベースを検討した。

森林施業計画を策定するには，森林施業計画書に添付する書類である森林の現況並びに伐採・造林計画をまとめなければならない。森林の現況並びに伐採・造林計画をとりまとめるには，森林の地況・林況の情報に加えて施業履歴情報が必要である（近藤 1999，2003)。施業履歴情報とは，どの森林区画で，いつ，どのような施業を行ったかという情報である。

以上のような情報のデータベースの概念は図2-7のようにまとめることができる。このデータベースは「現況テーブル」（図2-8)，「伐採計画テーブル」（図2-9)，「造林計画テーブル」（図2-10)，「施業履歴テーブル」（図2-11）から構成されている（近藤 1999，2003)。各テーブルには具体的な項目を示したが，これらの項目は森林の現況並びに伐採・造林計画の項目を基

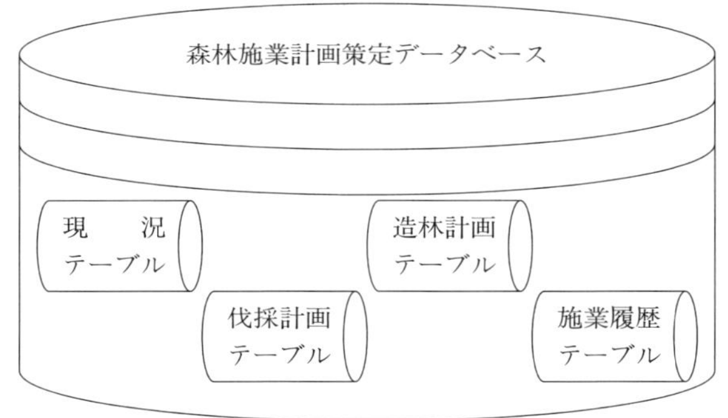

図2-7　森林施業計画策定データベースの概要

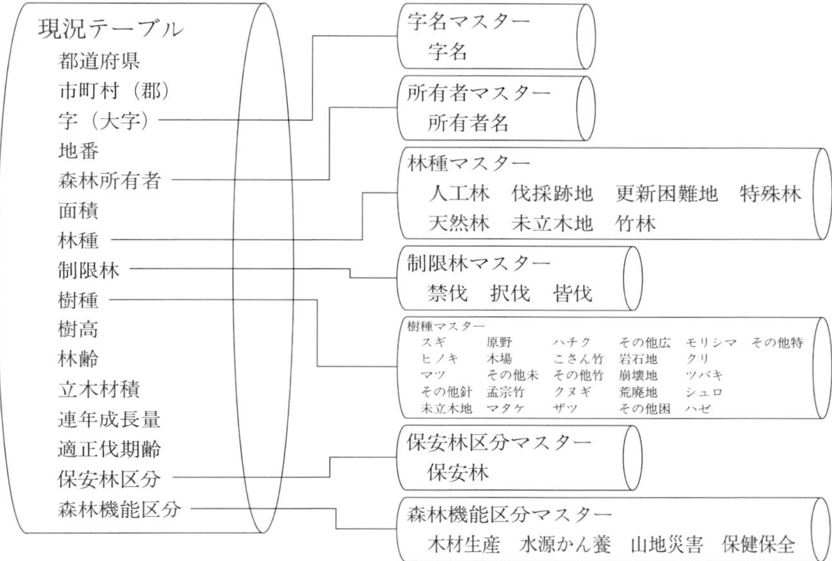
現況テーブル
都道府県
市町村（郡）
字（大字）
地番
森林所有者
面積
林種
制限林
樹種
樹高
林齢
立木材積
連年成長量
適正伐期齢
保安林区分
森林機能区分
字名マスター
字名
所有者マスター
所有者名
林種マスター
人工林　伐採跡地　更新困難地　特殊林
天然林　未立木地　竹林
制限林マスター
禁伐　択伐　皆伐
樹種マスター
スギ　原野　ハチク　その他広　モリシマ　その他特
ヒノキ　木場　こさん竹　岩石地　クリ
マツ　その他未　その他竹　崩壊地　ツバキ
その他針　孟宗竹　クヌギ　荒廃地　シュロ
未立木地　マタケ　ザツ　その他困　ハゼ
保安林区分マスター
保安林
森林機能区分マスター
木材生産　水源かん養　山地災害　保健保全

図2－8　現況テーブルの項目

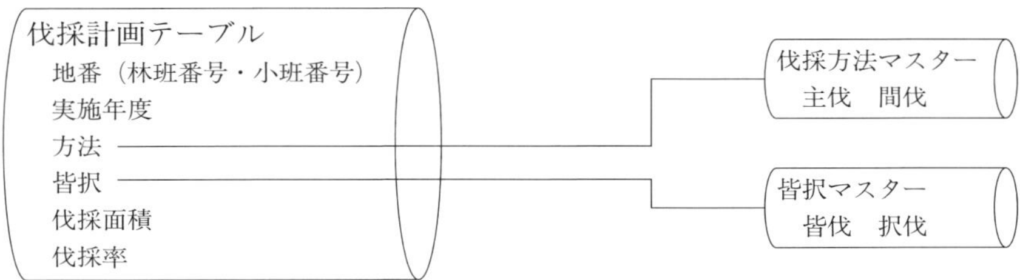
伐採計画テーブル
地番（林班番号・小班番号）
実施年度
方法
皆択
伐採面積
伐採率
伐採方法マスター
主伐　間伐
皆択マスター
皆伐　択伐

図2－9　伐採計画テーブルの項目

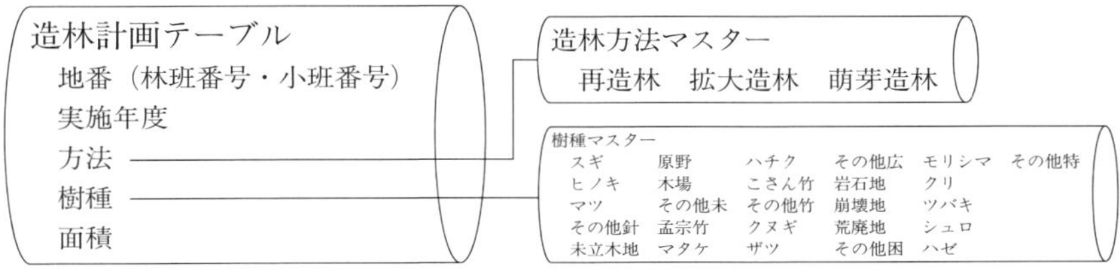
造林計画テーブル
地番（林班番号・小班番号）
実施年度
方法
樹種
面積
造林方法マスター
再造林　拡大造林　萌芽造林
樹種マスター
スギ　原野　ハチク　その他広　モリシマ　その他特
ヒノキ　木場　こさん竹　岩石地　クリ
マツ　その他未　その他竹　崩壊地　ツバキ
その他針　孟宗竹　クヌギ　荒廃地　シュロ
未立木地　マタケ　ザツ　その他困　ハゼ

図2－10　造林計画テーブルの項目

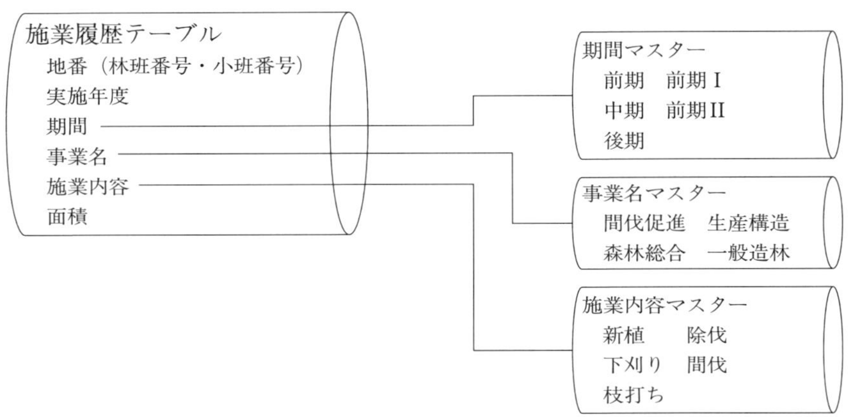

図 2 − 11　施業履歴テーブルの項目

本として森林施業計画策定に必要と思われるもので構成されている。これらのテーブルで，文字型の項目はコードではなく日本語で入力できるように構築した。また，字名や所有者名，樹種名などあらかじめ入力されるデータの明らかなものについては字名マスターというようなマスターファイルを作成し，データの入力・更新の簡素化を図った。これらのテーブルは，森林の所在を示す地番というデータに含まれる林班番号・小班番号といった森林区画を示す項目をもとにリンクできるようにした。これらの項目をキーとしてリレーショナルなデータベースの構築が可能である。以下に，それぞれのテーブルについての概要を示す。

1）現況テーブル

現況テーブル（図 2 - 8）には，森林区画の位置・所有者名・樹齢・林齢などの地況調査・林況調査で得られた情報の項目が含まれている。「制限林」という項目は，当該森林区画が保安林や公園の指定などで森林の施業に制限がかかっているかどうかを示すものである。森林機能ゾーニングのもとになる森林機能区分という項目も設定されている。

2）伐採計画テーブル

伐採計画テーブル（図 2 - 9）には，当該森林区画における間伐や主伐などの伐採施業計画についてとりまとめたものである。森林の所在を示す地番には林班番号・小班番号が用いられている。また伐採方法には主伐，間伐といった情報が入力される。皆択とは，伐採方法が主伐の時，皆伐か択伐かを示す情報を入力する項目である。伐採方法ならびに皆択の情報では，あらかじめ入力されるデータが定まることになると考えられるので，マスターファイルを作成してデータ入力の簡素化を図ることとした。

3）造林計画テーブル

造林計画テーブル（図2－10）には造林施業の実施予定年度などを管理する。具体的には造林を計画している実施年度や造林方法，樹種，面積である。伐採方法や樹種に関する情報も，あらかじめ入力されるデータが決まっているので，マスターファイルを構築してデータ入力の簡素化を図った。

4）施業履歴テーブル

図2－11に示した施業履歴テーブルは，間伐などの補助金申請に関する資料をもとに構築した。このテーブルには施業の実施された時期，事業名，施業内容等がまとめられる。事業の期間，事業名，施業内容については，マスターファイルを作成した。

2.4.2　図面情報のデータベース化

地況調査および林況調査で調べられた対象森林の位置や森林区画，地形，林道・作業道など林業生産基盤整備についての現状および今後の整備予定など必要事項を記載した図面が森林施業計画の作成に利用される。この図面の情報は，対象物や現象を点・線・面に分け，それぞれＸＹ座標値と長さの組み合わせで表現される。このようなデータはベクターデータと呼ばれる。

また，航空写真・オルソフォトなどの画像データなども森林施業計画策定に利用される。オルソフォトなど航空写真の最大の特徴は，地表の状況をありのままに写しており，用途に応じてさまざまに解析ができることである。つまり無限の情報量を持っていると考えられる。航空写真を処理することで，これまで入手できなかった情報を得ることができるようになる（渡辺 1987）。航空写真の中でも，地物の高低・起伏による像の位置のズレと縮尺の変化が修正されたオルソフォト（正射写真）を利用することで，すでに整備されている図面情報との重ね合わせ（オーバーレイ）が可能になる。図面となっている2次元の地図では，直接位置を求めたり，距離を測定したり，等高線によって標高を求めたりすることが可能である。しかし，地図の利用目的によって地形・地物を整理選択しており，建物などは様式化された記号として表されているため，情報量では航空写真に劣る。さらに地図を見ただけでは地表の現況をイメージするのはむずかしい。図面とオルソフォトのオーバーレイにより，オルソフォトマップが作成される。これにより，数値の情報である森林の現況に関する情報や図面だけでは得ることの難しかった林相の把握が視覚的に可能となる。このような画像データはラスターデータとも呼ばれる。

これらの図面やオルソフォトをスキャナやデジタイザーを利用してデジタル化し，コンピュータに入力する。そして図面に関する情報のデータベースを構築する。図面情報データベースの形式は，次項でふれるGISとの関連が深いので，利用するGISのデータベース形式にあわせる必要があろう。

2.4.3　森林管理・森林経営におけるGISの利用

以上のように構築された森林情報のデータベースは，コンピュータで一元管理される。さらに，GISを応用して森林管理や森林経営に利用することができる。本論では，一例として，スギ・ヒノキという建築用材樹種ならびにシイタケ原木として利用されるクヌギという樹種を条件にデータの抽出を行い，その森林区画位置を示した（図2－12）。この図は，森林情報の数値・文字に関する情報のデータベースから，樹種がスギもしくはヒノキ，クヌギである森林区画のデータを抽出し，その抽出結果を図面に反映させたものである。図2－12から建築用材といった有用森林資源の配置状況がビジュアルに把握することができると思われる。

森林GISを用いることで，森林管理・森林経営の担当者が必要なときに必要な情報を迅速かつ正確に入手するとともにその情報の表示や集計といった解析が可能になる。これによって森林管理や森林経営を支援することになると考えられる。

（近藤洋史）

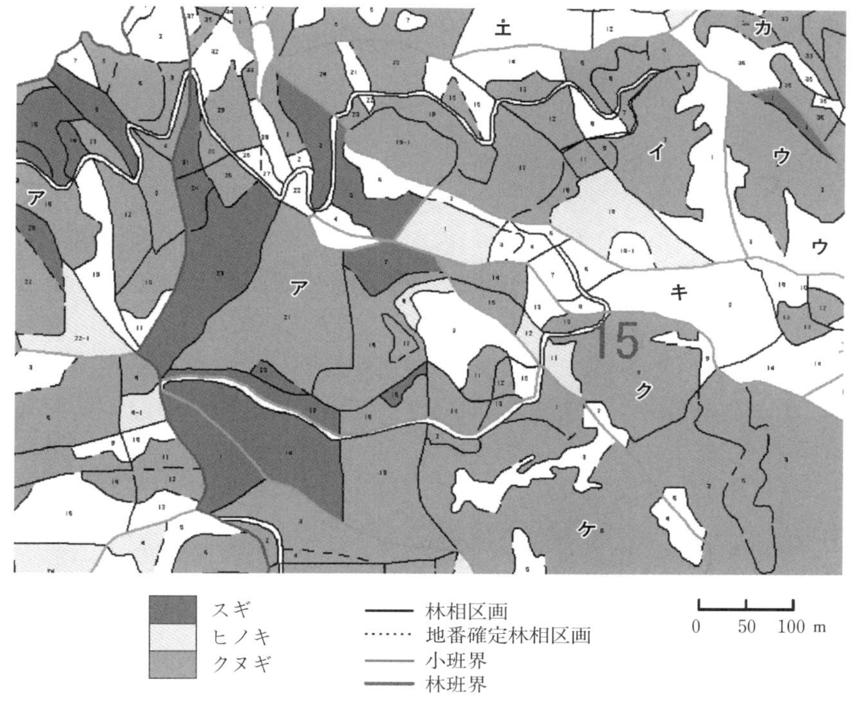

図2－12　森林GISの利用例（樹種分類図）

引用文献

伊藤達夫（1997）：森林GISとはどのようなものか，林業技術，658，6－9頁。

木平勇吉（1997）：これからの森林管理と森林GISの役割，林業技術，658，3－5頁。

木平勇吉・西川匡英・田中和博・龍原　哲（1998）：森林GIS入門——これからの森林管理のために——，日本林業技術協会，120頁。

近藤洋史（1999）：森林施業計画編成のための森林情報の整備，森林計画誌，32，1－6頁。

近藤洋史（2003）：森林組合における森林情報整備と間伐計画への応用，森林総合研究所研究報告，Vol.2，No.1，1－29頁。

田島裕志（1996）：森林地図情報システムの推進と展望——森林計画と森林GISについて——，森林航測，177，1－3頁。

田島裕志（1997）：森林GISに関する都道府県の取り組み状況の概要，林業技術，658，18-24頁。

松村直人（1997）：森林GISの世界，林業技術，658，10-12頁。

渡辺　宏（1987）：新　森林航測テキストブック，日本林業技術協会，253 頁。

第3章

森林基本組織計画

前述のような第1段階の「調査」が進展した一定の過程から，第2段階の「森林基本組織計画」に着手する。本章においては，図1－3に示されている「森林基本組織計画」の手順に従って，具体的な計画項目の策定方法を明らかにする。

実際には，この「森林基本組織計画」に属する各計画項目の策定は，相互にフィードバックを繰り返しながら進められるが，先行段階の「調査」との間でフィードバックが繰り返されると同時に，この「森林基本組織計画」策定が進展した一定の過程からは，後続段階の「森林細部組織計画」に属する計画項目の策定ともフィードバックが繰り返される。ここでは，便宜上，各計画項目ごとに策定方法を明らかにし，必要に応じてそのフィードバックについても言及する。

3.1　生産外地分画

A計画チームの現地作業所の一室に置かれた作業台に，林班が記載され，林班調査分区ごとの調査結果が明示された各種の森林実態調査図（縮尺1：5,000）と森林実態調査簿が並べられた。もちろん，前者の調査図は，一定範囲ごとの切図として並べられている。

この事業区の森林は，A計画チームの所属する林業株式会社の社有林であり，企業性を追求する目的で取得された奥地山岳林である。しかし，この森林の近くに集落があり，さらに中流域には町並みが連なり，下流域には都市もある。この森林は，当社が保有している生産手段ではあるが，その内部での生産活動がこれらの流域社会に悪影響を及ぼすことがあってはならない。

当社の社有林に限らず，①森林には公共財的機能が内在しており，②森林内部の自然的条件は改変困難であることなどの特質があるため，その森林の一部に，外部的および内部的制約条件から，事実上，生産活動の場としては使用できない林地が介在している場合がある。

当社有林の内部には，生産活動の場から除外すべき法令制限地（史跡名勝天然記念物・鳥獣保護区特別保護地区等）や貸付契約地（放牧地・採草地等の農業用地，鉱業用地・電線用地等の工業用地等）等は介在していないことは，現地への出発前に本社で確認済みである。

しかしながら，前述の森林実態調査図には，写真判読・現地踏査結果に基づき，崩壊地・崩壊危険地・岩石地・過湿地・池沼・急峻地・水源地等のいわば局部的特殊地形の点在が示されていた。これらの特殊地形は，法令上の制限がなくても，計画担当者の自発的判断によって生産活動の場としての利用を断念し，環境保全用地に編入するように当社では定められていた。

さらに，当社有林には，以降の計画策定過程において，レクリエーション適地（キャンプ場等）・自然学習適地（法令上無指定の史跡名勝地等）・希少生物生息地等の人間性回復用地が見つかるかも知れない。これらの用地も，生産活動の場から除外するように当社では定められていた。

このような生産活動の場から除外すべき法令制限地・貸付契約地・局部的特殊地形・レクリエーション適地等は，そのものずばり「生産外地」（今田 1983）と称するのが妥当であろう。この「——外地」という用語は，わが国の旧御料林等において「林業外地」（藤島 1943）として用いられた例があるが，その用途を的確に表現し得る利点がある。この「生産外地」を除外した残りの森林部分が生産活動の場となるものであり，それを「生産用地」（今田 1983）と称するのが妥当であろう。ここでは，「生産」の可否に着目して社有林を 2 大別するものとし，しかもそれを明瞭に表現するものとして「生産用地」および「生産外地」と称する。この生産外地分画が，A計画チームの最初の実質的計画作業である。

ここで注意すべきは，法令制限地すべてが「禁伐地」ではなく，その一部には 5 ha 以内（水源涵養保安林等）あるいは 2 ha 以内（国立・国定公園第二種特別地域等）の皆伐（森林計画研究会 1992）という条件付での「伐採許容地」も含まれている。したがって，法令制限地すべてがそのまま「生産外地」になるのではなく，当該経営体の経営方針，技術水準等の諸条件によっては「伐採許容地」の全部あるいは一部が「生産用地」に編入される場合がある点である。

さらに局部的特殊地形は，当該経営体の自発的な技術的判断によって生産外地に編入するものであるが，それらすべてが生産外地となる性質のものではない。その面積規模にもよるが，小面積の場合にはそれらを生産外地として独立化させず，生産用地内の保護樹帯（表１－１の保全設備）に包括する場合もあるからである。したがって，実際の計画策定過程では，第２段階の森林基本組織計画において，一応暫定的にすべての局部的特殊地形を生産外地に編入してもさしつかえないが，最終的な生産外地確定は次の第３段階の森林細部組織計画の結果を待たねばならない点にも注意を要する。

3.2　生産目標設定

生産外地分画が一応終了したら，それ以外の林地は生産用地であり，その生産用地でどのような樹種（群）・材種（用途・径級・長級）を生産すべきかという生産目標を設定するのがＡ計画チームの次の仕事である。

3.2.1　目標樹種選定

まず，目標樹種（群）（以下，目標樹種という）選定に当たっては，熱帯・亜熱帯地域でのユーカリ・アカシア等の早生樹種（10～20年伐期齢）を生産目標とする場合を除き，対象林の所在地域一帯における郷土樹種のなかに生産目標になり得る有用樹種が混生しているか否かをまず検討すべきである。もちろん，そのような樹種があるか否か，さらにはそれらがあったとすればどの程度混生しているかは，第１段階の「調査」作業を通じて，すでにＡ計画チームは把握しており，目標樹種は選定済みのはずである。

その中には，当然広葉樹も包括されているであろう。わが国では，カシ類・クスノキ・タブノキ，ミズメ・ケヤキ，ブナ・ミズナラ・ヤチダモ・ウダイカンバ等が相当量混生しておれば，生産目標に含まれるべきである。しかも，それらの有用広葉樹の混交率をできるだけ大きくすべきでもある。

このような目標樹種選定における郷土樹種重視，広葉樹重視は，森林の有する環境保全機能と人間性回復機能をより高度化することにもつながり，流域社会，地域社会から歓迎されるにちがいない。ただし，これらの樹種育成を可能とする技術開発にある程度の見通しがあることが前提となる。

3.2.2　目標材種設定

前述の目標樹種選定過程と重複して，それらの立木からどのような材種を生産すべきかは，実際には選定済みのはずであり，同時にそれに応ずる伐期齢もほぼ決定されているはずである。これらの目標樹種－目標材種－伐期齢（目標林分設定の一因子）の３者は，実際には相互にフィードバックを繰り返しながら同時決定的に設定される。

目標材種設定にあたっては，まず木材の第１次用途としての構造材・原料材・燃料材の３大別が考慮されるが，最近では後述するように発電用の燃料材が注目されてきた。しかしながら，目標樹種を選定し，それに応ずる用途を検討する過程では，構造材が目標材種となり，原料材・燃料材は構造材生産過程での連産品とみなすのが妥当であろう。

構造材生産が目標とされる場合には，その径級・長級の目標設定まで具体化しておく必要がある。ところが，計画当初におけるその径級・長級の具体的目標が，林木育成に要する長期間を通じて妥当性を維持し得るか否かは予測不可能である。だからといって，その径級・長級の具体的目標なしでは，次の目標林分設定以降の森林組織計画（図１－３参照）を首尾一貫させながら的確に策定することが不可能となる。もちろん，構造材加工技術の進展などの目標材種に関連する諸条件が変転するに応じて，目標径級・長級の変更は必要な場合が予想されるが，計画当初において可能な限り大径級を目標としておけば，後述の保続生産システム（図１－３参照）に混乱を及ぼさずに対応できる場合がある。大径級を生産目標にしておけば，高齢級までの多間伐プロセスを組み込んだ育林プロセス（図１－３参照）への設計変更によって，それ以下の種々の径級材は連産品として収穫可能だからである。

目標とする林木を育成するには１世紀にも及ぶ長期を要する場合がある

が，その要長期性は森林経営における宿命と肝に銘じ，たとえ不確実性を伴うとしても明確な生産目標を設定して，それによる森林組織計画・森林誘導・森林施業（図１－３参照）を通じての首尾一貫性を保持すべきであろう。

（今田盛生）

参考文献

今田盛生（1983）：地種区分に関する一考察，日本林学会九州支部研究論文集，36，23-24 頁。
森林計画制度研究会編（1992）：新版 森林計画の実務，地球社，東京。
藤島信太郎（1943）：森林施業計画（上），秋豊園出版部，東京。

3.2.3　連産品としての木質バイオマス

近年，温暖化抑制のために CO_2 の削減が世界的に叫ばれるようになり，日本でも自然エネルギーに注目が集まっている。その自然エネルギーの中でも最も有望であるのは，地球上で最大のバイオマス量を誇っている森林から得られる木材を利用することである。IPCC（気候変動に関する世界機構）の第２次報告でも，木材を利用することは，鉄，アルミ等に比べて加工時のエネルギー使用が少ないこと，バイオマスエネルギーとして使用することで，それぞれ省エネ効果と代替効果を生みだし，温暖化対策として長期的には極めて潜在力が大きいとしている。このような状況を背景に，我が国でも木質バイオマスに対する期待が大きくなってきている。ここでは，木材の連産品としてのバイオマスについて考えてみたいと思う。

最も木質バイオマスを活用しているのは，北欧のスウェーデンである。ここでは，1970 年代のオイルショック時に，輸入石油からの脱却を目指して，木質バイオマスの燃料利用が始まっている。しかし，この現象はスウェーデンに限ったことではなく，日本でも同様にエネルギーの安全保障として，真剣に木質バイオマスを化石燃料の代替物として利用することが検討され研究が実施された。現存する木質バイオマスの利用に関する基礎技術は，当時高度なレベルにまで達していたが，まもなく安価な石油が再び供給されるようになると，日本では一気に木質バイオマスの利用は萎んでいった。しかしスウェーデンでは，その後も着実に木質バイオマスの利用をのばし，徐々にその地位を高めていった。そして，1990 年代になると温暖化抑制が叫ばれるようになり，炭素フリーの木質バイオマスは，一躍脚光を浴びることになり，その上環境税（炭素税）の制定も手伝って，地域暖房の燃料としての地位を確立した。2002年の統計では，地域暖房の40％のエネルギーが木質バイオマスによって作り出され，全スウェーデンでも約20％にも達している。

連産品という言葉からわかるように，木質バイオマスは主となる製品（木材）があり，それに利用できなかった部分をさらに有効に利用（カスケード利用）しようとすることが大前提である。したがって，スウェーデンのヤナギのようにエネルギー用に植林（エネルギー植林）をしたもの以外は，先の前提にしたがって利用されていく。ここでは，森林での生産現場から，製材工場に至る木材の主ルートをたどりながら，連産品としての木質バイオマスを紹介する。

1）林地残材から得られる木質バイオマス

主に皆伐によって一本の木から直径で7㎝以上のものが丸太として生産されるが，このとき丸太として持ち出されたもの以外（直径が7㎝未満の幹部とそれ以外の枝や葉）は，これまで林地に残されてきた。スウェーデンではこれを，3ｍほどの長さに切り，林内に高さ4ｍの層積みをして半年ほど乾燥させた後，それをチップ化したもの（スウェーデンではグロットと呼んでいる）を燃料として利用している（写真3－1）。主となる木材を生産するかたわら，林地残材の利用を想定している一連の作業工程は，その後の燃料としての供給体制を含めて，多面的角度からの研究の結果，このようなシステムが成り立っている。これは皆伐時の連産品に相応しい。日本では，除間伐材の木質バイオマス利用が考えられているが，主となるものが存在しない単独のエネルギー利用の除間伐材利用には，システム的に無理が存在すると思われる。他の作業と充分な連携をとりながら収穫・利用する日本独自のシステム開発が不可欠である。

2）製材工場等から得られる木質バイオマス

丸太を製品等に製材・加工する段階で色々な木質残材が発生する。伊神ら(2003）や筆者らの研究によれば，製材工場で発生する木質残材の種類と原料に対する発生率が明らかにされている。それを表3－1に示す。

樹種の違いによって発生率に多少の違いがあるが，樹皮，背板そして鋸屑

写真3－1　林地残材をチップ化した燃料（奥）とエネルギー植林したヤナギをチップ化した燃料（手前）

表3－1　木質残材の発生比率　(%)

	樹　皮	背　板	端　材	ベラ板	鋸　屑	プレーナー屑	チップ屑
スギ・ヒノキ	18.0	19.2	4.8	1.0	21.2	5.3	1.0
カラマツ	17.2	21.1	4.1	0.7	19.2	3.6	1.3
エゾマツ・トドマツ	13.2	29.2	4.7	0.3	20.7	2.5	0.2
国産広葉樹	21.3	28.9	5.1	1.2	21.4	3.8	1.2

が高い発生率を示している。先に述べた伊神らは，各木質残廃材の利用法についても報告を行っており，それによればその主な利用は家畜敷料，チップ(製紙用)，堆肥・土壌改良材，燃料そして焼却となっており，なかでも家畜敷料とチップ利用がその大半を占める。残廃材の種類別には，樹皮の約半数は堆肥・土壌改良材に利用され，約１／４が家畜の敷料に利用されている。背板については，そのほとんどがチップに加工されている。鋸屑については，敷料として利用される分が全体の約８割に達し，残廃材の種類によって利用・処理方法が異なっている。

このとき，各木質残廃材はすべて有価物として取引されているわけではない。この中で鋸屑は，残廃材に加工することなくそのままの形でしかも最も高い有価物として利用されている。しかし，背板はチップ用に加工してはじめて有価物としての利用が可能となるものである。樹皮の場合は，鋸屑と背板と異なり廃棄物として処理を依頼するか，無償で提供される場合がほとんどで，有価物として利用されるケースは少ない。

3）連産品としての木質バイオマス

先にも述べたように，あくまでも木質バイオマスの利用は連産品としての利用であり，主産品ではない。しかも，木質バイオマスが注目を浴びている炭素循環は，木材の利用と同時に伐採跡地の植林が行われ森林全体として持続的に資源管理が行われていることが大前提である。したがって，単に除間伐材を木質バイオマスに利用する構想あるいは製材廃材のみを利用する構想は，画餅にすぎない。森林経営の基本原則である保続性の原則，今風にいえば持続的な森林資源管理が実現してはじめてその効力を発揮するし，そのような条件が整わない限り，木質バイオマスの利用推進は考えられない。木質バイオマスはあくまでも「連産品」であることを肝に銘ずる必要がある。

（吉田茂二郎）

参考文献

IPCC（1995）：IPCC 第 2 次報告書，気象庁編，大蔵省印刷局。

井上幹博（1999）：世界温暖化に向けた世界の動向とわが国の対応，林業技術，682，10-16 頁。

今田盛生（2002）：炭素循環と環境保全を実現する森林バイオマス・畜産廃棄物発電による地域振興，平成 11～13 年度科学研究費補助金（地域連携推進経費）研究成果報告書，九州大学。

小島健一郎（1999）：木質バイオマスの利用による CO_2 削減策とその社会的効果，林業技術，682，25-30 頁。

3.3　目標林分設定

前述のようにして生産目標（目標樹種・目標材種）が設定されたら，それらの目標をどのような林分のなかで達成するか，すなわち目標材種を採材し得る立木をどのような林型（林冠構成状態：単層林型・複層林型・連続層林型・複合林型）・伐期齢・林分構造の林分のなかで育成するかを定めるのが

A計画チームの作業順序である。

なお，ここにいう複合林型とは，一定範囲の林面に前3者が錯綜して分布しており，林分として見た場合，いずれか単一の林型の林分としては判定に窮するような複雑な林型を意味する。

3.3.1 林　　型

第1段階の「調査」によって調製された森林実態調査図のなかに，データベース化された林型分布図と林相分布図等が含まれているはずであり，同じくデータベース化された森林実態調査簿から必要な因子別合計面積は容易に求められる条件下にあるはずである。さらに，その林型分布図と林相分布図等の森林実態調査図，森林実態調査簿の調製過程において，A計画チームは生産目標設定と重複して，それに応じた択伐林型（連続層林型）・複層林型・単層林型を呈する林分面積が，それぞれどの程度対象林の中に分布しているかを把握し，その分布状態と面積規模から，択伐林型林分・複層林型林分をそれぞれ目標林分として独立化させるのが妥当か否かをすでに判断しているはずである。もちろん，当社の森林施業技術者の技術レベルや現有の機械装備等の社内事情，さらには対象林所在地域一帯で雇用し得る林業技能者の技能レベル等の外部事情とを勘案した上でである。このような判断は，後続の育林方式選定，さらには作業級分画（図1-3参照）も同時に考慮してなされるのが通例であり，基本的には目標林分設定－育林方式選定－作業級分画が重複して進められ，これら3者が同時決定的に処理されることを意味している。

ここでは，A計画チームが択伐林型林分と複層林型林分を目標林分として独立化させ，それに応じた作業級も分画するのが妥当と判断したと想定する。したがって，この両林型林分育成を目標とした作業級以外の生産用地は単層林型を目標林分とする結果となる。この単層林型を目標林分とする未開発状態の天然林には，目標樹種となり得る相当量の前生樹が生育しておらず，人工造林方式による樹種転換，したがって林種転換が妥当と判断したと想定する。

なお，ここでは便宜上，択伐林型を目標林分とする作業級（以下，択伐作業級)，複層林型を目標林分とする作業級（以下，複層林作業級)，単層林型を目標林分とする作業級（以下，皆伐作業級）の面積を，それぞれ1,000 ha，1,000 ha，2,500 ha と想定し，生産外地は500 ha と想定する。この対象林5,000 ha の想定分画面積は，必要に応じて以下の解説にも用いることにする。

3.3.2 伐期齢

前述のようにして生産目標（目標樹種・目標材種）が設定され，それに応ずる林型が選定されたら，その林型の林分のなかで，目標材種を採材し得る立木を育成するに要する期間すなわち伐期齢を決定する作業に取りかかる。もちろん，択伐林型を目標林分とした作業級（1,000 ha）では，伐期齢は一定の目安としての機能を果たすにすぎない。

周知のように，伐期齢の決定方法には多種があるが，それぞれの決定方法については既刊専門書（井上 1974；南雲・岡 2002）にゆずり，ここでは目標材種として一定の目標径級・長級を具備した構造材が選択された場合に限定し，工芸的伐期齢を用いる場合について明らかにする。

まず，定められた目標径級・長級の材種（丸太）を採材し得る立木の胸高直径を予測する必要がある。もちろん，その目標丸太を１本の立木から１玉のみ採材するに止まるとは限らない。したがって，前述の胸高直径を予測するに先立ち，１本の立木から目標丸太を何玉採材するかの目標を設定する必要がある。この場合には，最も高い地上高の主幹から採材される丸太の末口直径（皮内）に相当する上部直径と胸高直径の関係を調査すると同時に，枝下高と樹高の関係の調査も忘れてはならない。このような調査の必要が生じた場合には，A計画チームは第１段階の「調査」にフィードバックし，現地調査を重ねる労を惜しんではならない。もちろん，その目標材種に応じた目標樹種が前生している場合であり，前生していない皆伐作業級（2,500 ha）の場合には他の適切な方法によって前述の両関係を把握する必要がある。

このようにして目標胸高直径が決定されたら，次にはこの胸高直径に達するときの樹齢を予測する必要がある。もちろん，胸高直径成長は本数密度に左右されるから，単木目標胸高直径－林分目標（平均）胸高直径－目標本数密度－伐期齢は同時決定的に設定され，この段階で後続の目標林分構造設定に踏み込む結果となる。なお，目標年輪幅が設定される必要がある場合には，この点も考慮に入れる必要もある。

さらに，前述のような手順によって伐期齢が決定されるのが基本であるが，伐期齢は複層林作業級と単層林作業級における齢級構成や当該事業区の森林誘導過程における１計画期間年数などの内部事情，さらに森林計画制度上の１齢級年数などの外部事情にも密接に関連する。したがって，前述のようにして予測された伐期齢が，齢級年数・計画期間年数（５年あるいは10年）の倍数になるように調整する必要がある。

3.3.3　目標林分構造

上述の生産目標（樹種・材種），目標林分に関する林型・伐期齢を総括して，主伐期における目標とすべき林分構造の因子目標値を具体的に設定する。その構造因子としては，平均胸高直径・平均樹高・平均枝下高・本数／ha・材積／ha・年輪幅等である。

この目標林分構造は，生産目標設定・目標林分設定の過程と重複して，概略的に分画された各作業級ごとに，たとえその分画範囲の細部調整はあったとしても，その作業級内の単位林地（１ha）上の林分構造を示したものであり，後続の各作業級ごとの育林プロセス設計（図１－３参照）に対する直接的目標となるものである。

なお，択伐方式が採用された作業級の場合では，択伐基準林（井上 1974；南雲・岡 2002）として目標設定がなされる。

3.4　育林方式選定

先行の目標林分設定過程において，目標とすべき林型がすでに選択されている。この林型は，ここにいう育林方式（今田 1977）と密接な関係があることから，各作業級における育林方式の基本はすでに選定されている場合がある。

ここにいう「育林方式（silvicultural system)」は，従来の「森林作業種」

表 3－2　育林方法の類型化

育林単位	伐採方式	更新方式	伐採面の特徴		
			形状	面積規模	配置
林分	皆伐 残伐	人工造林	定形	大面積	連続
					交互
単木	漸伐 択伐	天然更新	不定形	小面積	分散

注）伐採面特徴の一つである形状は定形と不定形に類型化されているが，定形には帯状・楔状・湾入状・掌状・舌状などがある。これらの形状は目標更新樹確保に対する有効性をもとに判断されて定型化されたものであり，伐採面の内部における立木配置方法としての散状・列状・群状などと混同してはならない。

（今田 1977）に相当するものであるが，その森林作業種の技術的内容には種々の見解がある。そのため，ここでの育林方式の技術的内容を「個々の作業級内の単位林地を対象とした伐採－更新の有機的結合手法」と規定して混乱を避けたい。したがって，ここでの育林方式は，単位林地の伐採－更新の局面を主対象とする技術的内容を意味し，更新から主伐までの長期にわたる全育林過程を対象とする技術的内容は「育林プロセス」（製造工業における製造工程に相当）と称して区別する。

周知のように伐採方式と更新方式の双方に多種があるから，その両者の組み合わせとしての育林方式も多種多様となるのは当然である。その育林方式は，伐採方式と更新方式だけではなく，これらに密接に関連する育林単位・伐採面特徴も含め，4要因によって類型化されるが，それを示したのが表3－2（今田 2003）である。

実際に採用される育林方式は，表3－2に示した伐採方式・更新方式のみならず，育林単位と伐採面特徴の4要因に属する類型が組み合わされた技術方式である。たとえば，林分－皆伐－人工造林－不定形－大面積－連続配置方式のように組み合わされた育林方式があるが，これがわが国における林種転換に広く採用され，世の非難を浴びる結果となったのは記憶に新しい。だからといって，この組み合わせにおける各要因の反対類型を組み合わせれば世の非難を浴びない育林方式になり得るかというと，そうはうまくいかない。すなわち，単木－択伐－天然更新－定型－小面積－分散配置方式という育林方式は，そもそも技術上実用可能性がない。単木－択伐－天然更新までは問題ないが，択伐方式に伐採面特徴が結びつくことはないからである。このように表3－2の各要因に属する類型の組み合わせには，技術上，一定の対応関係があり，すべての組み合わせが実用可能というわけではないという点に注意を要する。

さらに注意を要するのは，表3－2の各要因が組み合わされた育林方式は，基本方式とでもいうべきものであって，実際にはそれらをさらに組み合わせた，いわば複合育林方式もあるという点である。たとえば，最近クローズアップされてきた複層林方式もその一つであり，上層林冠と下層林冠それぞれに皆伐－人工造林方式を組み合わせた複合育林方式である。

ここまでは，育林方式に関する一般論であるが，A計画チームはこのような一般論に基づいて，概略的に分画された各作業級ごとに育林方式の選定を進めねばならない。その選定過程では，表3－2に示された類型を，必要に応じて細分化する必要がある。表3－2では，伐採方式は4大別されているが，漸伐方式は傘伐方式，画伐方式に，択伐方式は単木択伐方式，群状択伐方式に細分化される。その伐採方式に応ずる更新方式は，表3－2では2大別されているが，人工造林方式は人工植栽方式，人工播種方式等に，天然更新方式は天然下種更新方式，萌芽更新方式等に細分化される。

この育林方式は，周知のように森林経営上のきわめて重要な機能を果たすものであるが，後続の育林プロセスの根幹をなすものでもある。したがって，後続の森林細部組織計画の段階に属する育林プロセスが設計できる程度にまで細分化あるいは具体化しておく必要がある（図1－3参照）。さもなければ，森林誘導さらには森林施業の基盤となる育林プロセスの設計が不可能だからである。

3.5　作業級分画

先述したように，作業級（working group）の分画は，実際には目標林分設定－育林方式選定と重複して進められる。この3者が重複して進められる過程では，作業級の設定個数は確定されているものの，各作業級の分画，すなわち「生産用地各部分をどの作業級に編入するか」は概略的なレベルに止まっているはずであり，その概略的分画状態をより具体化する作業が必要である。ここで“より具体化”という意味は，最終的な各作業級の区画確定は，次の段階の森林細部組織計画における第３手順の「生産林分・付帯設備配置計画」に先送りされることを指している。先の図１－３で，第２段階の森林基本組織計画における第５手順の「作業級分画」と第３段階における第３手順の「生産林分・付帯設備配置計画」が時間的に重複しているのは，このような計画過程を示している。

森林基本組織計画の段階において，「生産用地各部分をどの作業級に編入するか」を“より具体化”するにあたっては，その「具体的基準」を明確化するのは困難である。それは，個々の事業区の実態や，それを保有する経営体の諸条件が千差万別だからである。しかしながら，作業級分画にあたっての「基本的原則」ともいうべきものは見出し得る。その基本的原則は次のとおりである。

3.5.1　分画数の少数化

作業級は，一組の目標林分－育林方式に応じて分画されるものである点は先述のとおりである。対象林が天然林でその面積が大きい場合には，複雑な地況・林況を呈するのが通例であり，それに伴って多数の目標林分－育林方式－育林プロセスの組み合わせが成り立つこともあろう。それに応じて，多数の作業級が分画される場合があるかもしれない。作業級は，事業区内におけるこれら３者を具備した独立性の大きい技術的組織体であり，保続生産の単位体でもある。「持続可能な森林経営」すなわち「事業区の保続経営」は，この各「作業級の保続生産」を通じて達成されるのが実態である。それゆえ，年産収穫量が一定のロットに達し得ない小面積作業級の乱立状態は避けねばならない。作業級分画数が必要以上に多数に及ぶと，事業区内に生産技術体系の異なった多数の独立的組織体が形成される結果となり，森林組織計画，さらにはそれに基づく森林誘導，森林施業も複雑化して混乱を惹起させ（藤島 1960），保続生産体制の維持が困難になるからである。したがって，作業級の分画数をなるべく少数に止めることが第１の基本的原則となる。

この作業級分画数の少数化原則に従う場合には，次のような実際上の融通的措置がとられる。すなわち，普通 20％程度は伐期齢（目標林分）の異なる林分が１作業級内に含まれていても，当該作業級の機能は果たし得るものとされている（井上 1974）。たとえば，輪伐期100年の1,000 ha前後の皆伐作業級のなかに，80～120年（±20％）の伐期齢が妥当とみなされる林分群が200 ha前後（面積比率20％）含まれていても，後者を前者に包括して１作業級としてさしつかえない。

なお，森林誘導さらに森林施業段階においては，その200 ha前後の林分群に対しては，当該皆伐作業級に応じて設計されている育林プロセスを適切に修正しながら育林作業を施行する融通的措置も必要である。

3.5.2　構成単位体の集結化

大面積規模の事業区においては，地況・林況等の局部的変化が大きいのが通例であるから，同一の目標林分－育林方式を適用し得ると判断される生産用地各部分が，必ずしも空間的位置として物理的に連続しているとは限らない。しかしながら，作業級は，独立性の大きい技術的組織体であるから，小面積・分散状態の単位体によって１作業級が構成されている場合には，その独立した保続生産組織体として機能させるのに困難を伴う結果となる。したがって，作業級の構成単位体を集結化することが第２の基本的原則となる。

理想的には，１作業級－１団地となっている場合であるが，事業区自体が数団地に分離されている場合もあり，このような団地状態で１作業級が構成されるのは実際には困難な場合が多いのであろう。そこで，事業区内において，１作業級が２個以上の構成単位体（団地）によって構成される場合には，その構成単位数をなるべく少数化すなわち集結化する方法をとる。その方法を具体的に例示すると図３-１のとおりである。

3.5.3　区画線の地形界利用による単純化

生産用地内の林況は，局部的に変化しているのが普通であるが，その局部的変化が地形上の因子と一致しているとは限らない。具体的には，林況すなわち林相・林型・齢級が

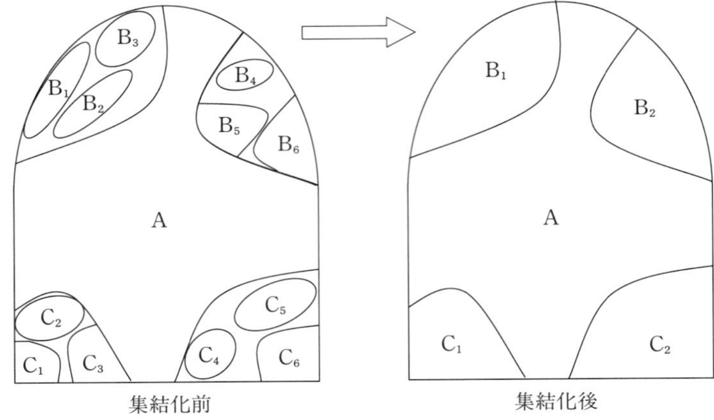

図３－１　作業級の構成単位体の集結化

注）Ｂ作業級：６団地から２団地へ集結化
　　Ｃ作業級：６団地から２団地へ集結化

①　流域単位あるいは分水界・主要沢線単位で明確に変化している

②　等高線あるいは標高で明確に変化している

とは限らない。もちろん，このような傾向が概括的にはみられる場合は少なくないが，正確に前述の地形上の因子と一致しているとは限らない，という点は周知のとおりである。

したがって，林況のみに着目して前述の各構成単位体の区画線を設定すると，その区画線は凹凸がはげしく，複雑性をおびる結果となって，地形との対応がないために，その区画範囲が不明確となる。もちろん，このような区画線の複雑性は，森林組織計画における第４段階の「現地標示」において，実際上の作業効率が大きく低下し，さらに森林誘導，森林施業の段階においても各種作業の実行上不利となるのは明らかである。

そこで，林況変化の界線が前述の地形界に近接している場合には，作業級の構成単位体の区画線をこの地形界に一致させて作業級界を単純化するのが第３の基本的原則である。このような単純化の方法を具体的に例示すると図３－２のとおりである。

なお，その林況変化の界線が地形界と相当離れている場合でも，この両者

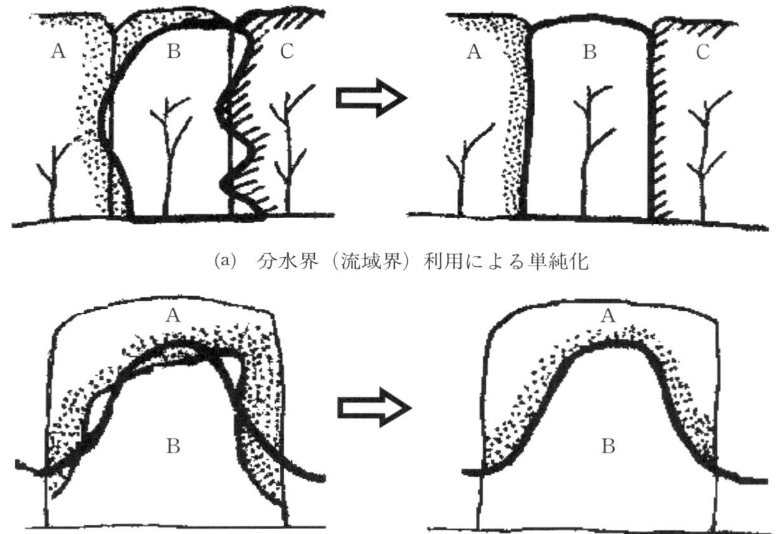

(a)　分水界（流域界）利用による単純化

(b)　等高線利用による単純化

図3－2　作業級区画線の地形界利用による単純化

を一致させてもさしつかえない場合もある。もちろん，このような方法によって，図3－2に示すようにそれぞれ他の作業級に編入された林地部分に対しては，前の少数化の場合と同様に森林誘導，森林施業段階における育林作業の融通的措置を必要とする。

3.5.4　区画線の林道路線利用による細部調整

作業級の区画線設定にあたっては，地形界を利用することにより単純化するのが基本的原則の一つであることは先述したとおりであるが，実際には林道路線も利用するのが妥当な場合がある。

林道路線は自然的区画線ではなく，人工的区画線ではあるが，その線形は図上において明示されることから，各作業級の区画線単純化に効果的であることは明らかである。したがって，作業級の区画線が林道路線に近接している場合には，この両者を一致させるように調整する。

林道路線は，第２段階の「森林基本組織計画」における幹線林道配置計画に基づき，次の第３段階の「森林細部組織計画」における「生産林分・付帯設備配置計画」での支線・分線林道網配置計画を経た上で確定する（図１－３参照）。したがって，作業級分画は「生産林分・付帯設備配置計画」との間でフィードバックを繰り返しながら進められる結果となる点に注意を要する。

3.6　幹線林道配置計画

林道が森林誘導さらに森林施業にとってきわめて重要な付帯設備であることは多言を要しない。その林道には，その機能に応じて幹線林道・支線林道・分線林道，あるいは林道・基幹作業道・作業道（林内路網研究会 1992）等の別があり，支線林道・分線林道等は各作業級内のいわば毛細血管に相当する機能を果たすが，その配置計画は第３段階の森林細部組織計画に属することは前述のとおりである。

しかしながら，幹線林道は，事業区全域の生産活動の根幹となる路線であって，いわば事業区内の大動脈に相当する機能を果たす。このような機能から判断して，その配置計画は，各作業級ごとの計画段階に移行した森林細部組織計画ではなく，事業区全域の計画段階である森林基本組織計画に含めるのが妥当である。その路線の選定にあたっては，事業区内部の林道網との関連性のみならず，事業区外部との接続等（到達林道・貯木場・苗畑・管理事務所等）との関連性を十分に考慮せねばならない。

もちろん，この幹線林道路線は，第３段階の「森林細部組織計画」における「生産林分・付帯設備配置計画」での支線・分線林道網配置計画の過程を通じて，相互にフィードバックが繰り返されながら修正される場合があり得る（図１－３参照）。

なお，ここでは，林道路線の森林施業上の空間的配置状態が問題となるのであって，林道・作業道・作業路等の路体構造については，森林利用学あるいは森林工学等の専門分野にゆずることにして言及しない。

3.6.1　路線配置計画上の制約要因

幹線林道路線の配置計画にあたっては，「森林組織計画」段階，それに後続する「森林誘導」段階，さらには「森林施業」段階における制約要因を十分に配慮する必要がある。その制約要因を森林組織計画の観点から明らかにすると次のとおりである。

１）計画縦断勾配

幹線林道は，事業区全域の大動脈に相当し，恒久的な付帯設備の一つであるから，その開設段階の技術的・経済的な問題も十分検討せねばならないが，それと同時に開設後の維持管理段階のそれらも含めて路線配置計画を進めねばならない。

その維持管理段階における主要な制約要因の一つが計画縦断勾配である。わが国では，基準的には２～８％以内（上飯坂・神崎 1990），あるいは７～９％以内（地形の状況その他の理由によりやむを得ない場合の最急縦断勾配としては16％）とされている（林内路網研究会 1992）。さらに，低規格林道の場合には，縦断勾配を５％程度に抑えるべきとの見解もある（南方 1991）。

Ａ計画チームが所属する当社では，恒久的な幹線林道といえども，経営上の事情から，開設後当分の間は低規格林道の状態で維持管理する方針がとられることになっていた。そこで，Ａ計画チームは，その維持管理を考慮して，幹線林道の計画縦断勾配はなるべく緩勾配にすべきと判断して，±５％（３°）を基準とした。この計画縦断勾配が，事業区全域における幹線林道の総区間に対して通過地点をほぼ制約するきわめて重要な要因として作用する。

２）主要通過地点

幹線林道路線には，前述の計画縦断勾配に制約されながらも，森林組織計画の側面から，通過するのが得策と判断される地点が指摘できる。その主要通過地点を列挙すると次のとおりである。

①　到達林道の到達地点：未開発林状態の当事業区には，到達林道が未開設であるのはいうまでもない。その到達林道がどの地点に到達するかはきわめて重要な制約要因である。その到達地点は，Ａ計画チームの計画判断のみ

によって自由に確定できない場合が通例であるから，経営トップ層と協議の上，この幹線林道の路線選定段階までに，その到達林道の到達地点を確定させておかねばならない。

② 支線分岐の適地点：幹線林道は，原則として全作業級内を通過するのが理想的であり，その通過区間から各作業級内への支線林道が分岐するのが理想的である。また，たとえ幹線林道が全作業級を通過しない場合でも，その通過しない作業級への到達路線すなわち支線は必要である。したがって，その分岐地点すなわち局部的平坦地の位置が計画勾配±５％（３°）の範囲で全路線区間の通過地点を制約する結果となる。

③ 峰越の適地点：大面積規模の事業区には，規模に差はあるものの，いくつかの流域によって構成されているのが通例であるから，その事業区全域の根幹となる幹線林道は，峰越する結果となる。この峰越は，路線総延長にきわめて大きな影響を与え，一定の峰越適地点へわずかの高低差で路線誘導に失敗すると，それによって路線は大きく迂回することを余儀なくされ，要開設総延長は大幅に増大するのが普通である。したがって，計画勾配±５％（３°）に制約されながらも，峰越適地点すなわち鞍部へ路線を誘導する配慮をおこたってはならない。

④ 沢越の適地点：幹線林道が峰越するということは，同時にまた沢越することをも意味する。これは，その規模に差はあっても，沢越のための工作物を必要とする結果となる。一般に，この沢越のための工作物，ことに橋梁の建設には多額の経費を要するため，幹線林道の早期竣工ないしは大幅先行開設を進めるにあたって大きな障害となる。したがって，沢越の適地点すなわち沢幅狭小かつ岩盤露出地点へ路線を誘導するのがのぞましい。

⑤ 山腹下部斜面：事業区内のいかなる生産用地各部分で生産された丸太等も，それが事業区外部へ搬出される過程においては，幹線林道のいずれかの路線区間を経由し，到達林道を通過する。その到達林道は，山腹斜面の下部に位置するのが通例であるから，それに連結する幹線林道路線もなるべく山腹下部斜面を通過させるのがのぞましい。ただし，洪水時等による被害を避けるため，安全を考慮して沢から水平距離 30～40 m の上部斜面を通過するのがのぞましい。

３）主要回避地点

幹線林道路線には，前述のような主要通過地点があると同時に，逆に森林組織計画の側面から主要回避地点も指摘できる。それらの地点は，いずれも先述した生産外地に属するものであるが，再掲すると次のとおりである。

①　法令制限地：史跡名勝天然記念物・鳥獣保護区特別保護地区等，林道開設が不可能な法令制限地は回避せねばならない。

②　貸付契約地：放牧地・採草地・果樹園等の農業用地，鉱業用地・電線用地・水路用地等の工業用地は回避する。

③　局部的特殊地形：崩壊地・崩壊危険地・岩石地・鉱泉湧出地・過湿地・池沼・急峻地・水源地等は十分な距離を保って回避すべきである。

3.6.2　路線の図上設定

前述の主要通過地点と主要回避地点を図３－３のように縮尺１：5,000の図上に標示する。その図上で，到達林道の到達地点を起点として，主要回避地点をさけながら，主要通過地点を通過して，到達林道の到達地点（別の到達地点の場合もあり得る）に連結される一本の線形を，±５％（３°）の計

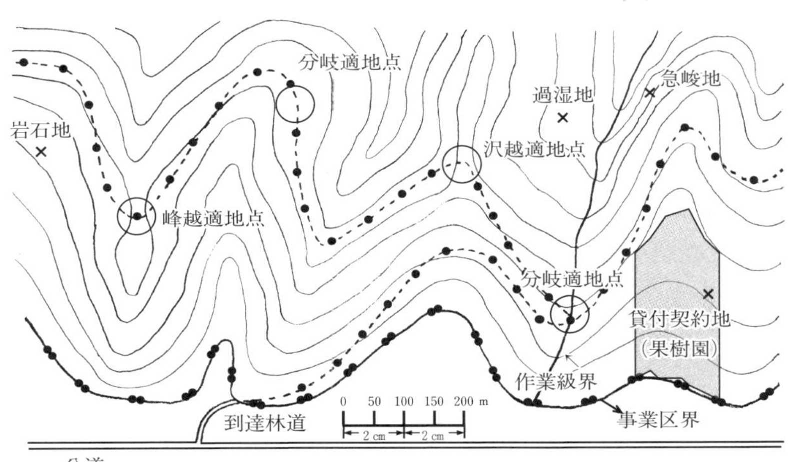

図３－３　幹線林道路線の図上設定模式図

画縦断勾配の範囲内で，試行錯誤を繰り返しながら山腹下部斜面に設定してゆく。

その線形設定方法の詳細については，既刊専門書（上飯坂・神崎 1990）にゆずり，ここではA計画チームが用いた次のような初歩的な方法を例示するにとどめたい。この幹線林道路線の配置計画に着手しようとしたとき，計画作業の拠点である現地作業所の電源が切れて当分の間停電するというハプニングが起きた。A計画チームは，コンピュータが使用できず，さりとて停電が解除になるまで待つだけの時間的余裕は無かった。やむなくA計画チームは次のような手作業で路線設定を進めていった。

① まず，縮尺1：5,000の地形図を作業台に列べた。その地形図に示されている等高線の高低隔差は10 mであることを確認した。先述したように計画縦断勾配は±5％（100 m先で±5 m）であるから，隣接等高線間の高低隔差10 mを±5％の勾配をもって到達するのに必要な距離は200 m（100 m×2）であることを確認した。

② ついで，縮尺1：5,000の図上における1㎝が現地距離では50 mに相当するから，図3-3に示すように図上で一定の等高線に沿って2㎝（現地距離100 m）進んで等高線の中間点，さらに2㎝進んだら隣接する等高線に乗り移るようにして目標地点に向かって進む。このような方法を逐次進めて一本の線形を設定する。

③ さらに，目標地点に到達し得なかった場合には，±5％の範囲内で修正を反復しながら目標地点に到達させる。なお，図上には，踏査に備えて勾配が変わった区間ごとに，その勾配を記入しておく必要がある。

3.6.3 踏査・暫定的現地標示

以上のようにして図上設定した路線が，果たして現実の森林内に，技術的・経済的な観点から，合理的に開設されるかどうかを実地に踏査するのが幹線林道路線設定の第2手順である。

この踏査の主要点は，図上設定段階における地形図や空中写真では現地の状況を確認できなかった支線分岐適地点と沢越適地点が図上路線近接地で得られるか否かを実地に調査することにある。この両者が図上設定路線上で得られなかった場合には，その地点を図上に表示して，既設の路線を修正する。さらに，１：5,000の縮尺の図面上には表示されていない特殊地形が図上設定路線上に現出する場合があり，それが回避地点としてあらたに加わることがある。その地点の回避のための修正も必要となる。

実際の踏査線は，路体構造上の路肩にあたる線上とする。これは，林道下部斜面は保護樹帯の一部とする場合の区画線ともなり，林道支障木調査にあたっても作業上の現地確認が容易な点を配慮した措置である。

前述のような踏査によって，当初の図上設定路線が一部修正され，実際の森林内に開設可能とみなされる状態に達したならば，その路線を簡易な方法で予測するとともに，それと並行して暫定的な現地標示を行う。これが幹線林道路線設定の第３手順に相当する。

予測が終了したら，その結果を森林基本組織計画図に併示することはいうまでもない。もちろん，この路線は，次の第３段階である「森林細部組織計画」で，各作業級内部の付帯設備配置との関連性から修正されるべき性質のものであるが，暫定的に現地標示しておく必要がある。それは，作業級の区画線は地形界が活用されているから，第４段階の「現地標示」において図面と森林現地との対応が容易であるのに対して，一本の線形にしかすぎないこの幹線林道路線の現地での空間位置を確認するのに困難を伴うのが実情だからである。もちろん，修正に備え，取り外しが容易なマークテープなどを図３-４および写真３-２のように立木（路肩上）にしばりつける程度で充分である。なお，暫定的な現地標示は，基本的手順における第４段階の「現地標示」の過程において，「森林細部組織計画」での必要に応じた修正の後に，永続性のある組織的な方法（たとえば，ペンキ等使用）で標示しなおされることはいうまでもない。

また，「森林細部組織計画」における支線林道路線の設定に備え，踏査の過程で新たに確認された幹線林道路線上の支線分岐適地点，路線付近の回避地点も，あわせて森林基本組織計画図上に表示しておくのが得策である。

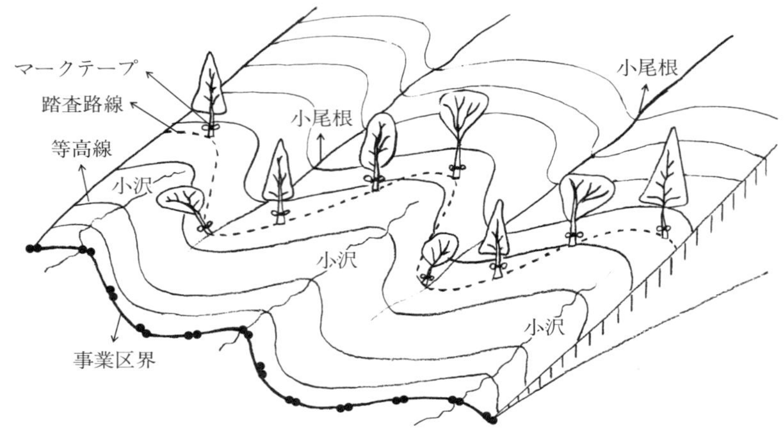

図 3 − 4　踏査路線の簡易標示

注）開設後の路肩に生立する立木をテープによって標示

写真 3 − 2　林道踏査線の簡易標示

注）林道開設後の路肩に生立する立木へテープを巻き付ける（胸高位置前後）。その立木の選定にあたっては，踏査線上のマーク立木が相互に見通せるように配慮する。

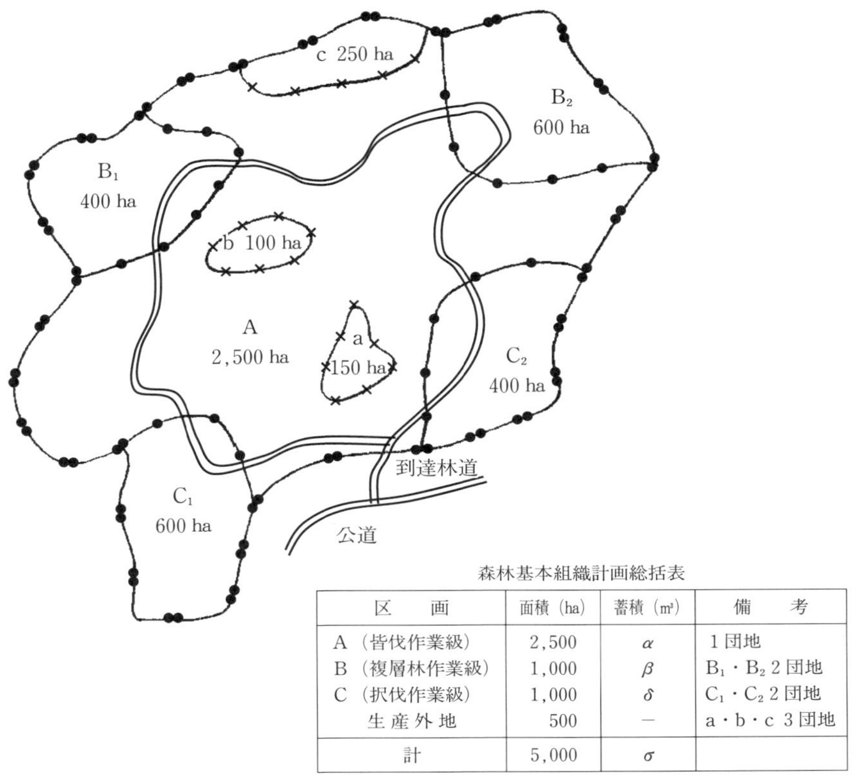

森林基本組織計画総括表

区　　画	面積（ha）	蓄積（m³）	備　　考
A（皆伐作業級）	2,500	α	1団地
B（複層林作業級）	1,000	β	B_1・B_2 2団地
C（択伐作業級）	1,000	δ	C_1・C_2 2団地
生 産 外 地	500	―	a・b・c 3団地
計	5,000	σ	

図3－5　森林基本組織計画図の例示（想定）
注）面積は先述の例（3.3.1 林型，参照）による

3.7　小　括

以上の森林基本組織計画の結果は，当事業区の根本的な経営方針を左右することから，経営トップ層の承認を必要とする。A計画チームは，図3－5に例示するように，これまでに計画した生産外地（500 ha），作業級（皆伐作業級：2,500 ha，複層林作業級：1,000 ha，択伐作業級：1,000 ha），幹線林道路線の3者の空間配置を明示した「森林基本組織計画図」を調製するとともに，各区画の面積・蓄積を計上した「森林基本組織計画総括表」を調製

して図3－5の余白部分に併示して経営トップ層に提案する必要がある。

なお，幹線林道路線の面積・蓄積については，計画幅員を一定幅（たとえば10 m）としてさしつかえないであろう。その面積すなわち林道敷は，対象林が5,000 haにも及ぶことから，その林道路線総延長も決して短くはなく，たとえばその総延長が50 km（10 m/ha）の場合には，50 haにも達して無視できない結果となる。その蓄積についても同様であるが，幹線林道路線敷の面積・蓄積を前述の総括表に計上する段階では，それらを分離せず，各作業級に包括してさしつかえない。ただし，各作業級ごとの細部組織計画段階では，その面積・蓄積は支線・分線林道路線のそれらに一括して計上する必要がある。

ここまでは，便宜上，計画成果は一通りとしてきたが，実際には複数の計画案が作成されるのが通例であろう。その場合，どの計画案を選択するかは，A計画チームの計画判断を超えており，この事業区を所有する当社の経営トップ層による高次元の経営判断に委ねられることになる。

（今田盛生）

参考文献

井上由扶（1974）：森林経理学，地球社，東京。
今田盛生（1977）：「森林作業種」についての一考察，北方林業，29（11），14-18頁。
今田盛生（2003）：森林の木材生産機能と他の多面的機能とのバランス策――わが国における事業区の森林計画過程を対象として――，山林，1426，1-11頁。
上飯坂実・神崎康一（1990）：森林作業システム学，文永堂出版，東京。
南雲秀次郎・岡　和夫（2002）：森林経理学，森林計画学会出版局，東京。
南方　康（1991）：機械化・路網・生産システム――低コスト林業確立のために――，日本林業調査会，東京。
林内路網研究会（1992）：林業機械化と新たな路網整備――高性能林業機械作業システムに適した路網整備のあり方――，日本林業調査会，東京。
藤島信太郎（1960）：森林経理精義，養賢堂，東京。

第4章

森林細部組織計画

前述のような「森林基本組織計画」がある程度進展した過程から，第3段階の「森林細部組織計画」の策定に着手する。本章では，図1－3に示されている森林細部組織計画の手順に従って，具体的な計画項目の策定方法を明らかにする。

先行段階の森林基本組織計画が一応終了すれば，当該事業区全域の物的組織の基本的枠組みは，たとえこの細部組織計画段階で一部修正があったとしても明らかになっている。すなわち，事業区全域は，森林基本組織計画図上において，「生産外地」と「生産用地」に2大別され，前者は法令制限地・貸付契約地・局部的特殊地形に細別されており，後者は目標林分とそれに応ずる育林方式を一対として具備する適当数の「作業級」に分画され，さらに各作業級内を通過する「幹線林道」が明示されている。

このような基本組織計画段階にある「生産外地」・「作業級」・「幹線林道」に対して，その内部の細部組織計画の策定を進めるのが，本章で明らかにすべき森林細部組織計画である。「生産外地」に対する内部組織計画は，この段階以降策定する必要がないのは明らかである。また「幹線林道」についても，この細部組織計画過程において，その路線位置が一部修正されることはあったとしても，その内部組織計画，あえて言えば法面・側溝・路面・工作物（ヒューム管・擁壁・橋梁）等の路体構造の問題は対象にはなり得ない。したがって，内部組織計画が必要とされるのは事業区内に適当数分画された「作業級」であるから，この森林細部組織計画の実質的対象は作業級であり，その計画策定作業は“目標林分”－“育林方式”が異なる作業級ごとに進められるのが実際である。

4.1　育林プロセス設計

4.1.1　育林プロセス

森林基本組織計画を一応終了したA計画チームが森林細部組織計画段階に入って最初に取り組むべき計画作業は，分画された作業級ごとの「育林プロセス」の設計である（図1－3参照）。

ここにいう「育林プロセス（silvicultural process）」は，製造工業における製造工程（manufacturing process）（長谷川 1987）に相当するものであり，「ある“目標林分”を育成するのに必要な樹木成長の全過程にわたる個々の育林作業を，相互の有機的一貫性を配慮して，その成長過程の順に調整しながら結合した一系列」を意味する（今田 1998）。したがって，育林プロセスは，先述したように伐採－更新の相対的に短期間の局面を対象とする育林方式（silvicultural system）とは異なり，個々の作業級内の単位林地における更新から主伐までの長期間にわたる全育林過程が対象となる。

この育林プロセスは，更新プロセス（regeneration process）と保育プロセス（cultural process）という部分プロセスの有機的結合からなっており，前者の根幹となるのが前述の“育林方式”すなわち「個々の作業級内の単位林地を対象とした伐採－更新の有機的結合手法」であって，後者にも大きな影響を及ぼすのはいうまでもない。このような考え方に基づき，A計画チームは前述したように“目標林分”－“育林方式”が異なる作業級ごとに，育林プロセスの設計に取りかからねばならない。

（今田盛生）

参考文献

今田盛生（1998）：「育林プロセス」という概念の明確化，森林計画学会誌，31，85-89頁。

長谷川啓之（1987）：英和和英経済用語辞典，富士書房，東京。

4.1.2　林分成長モデル

育林プロセス設計にあたっては，第3章で述べたように，あらかじめ生産目標と目標林分を設定し，育林方式を選定する必要がある。また，これら生産目標と目標林分の設定にあたっては，育成対象林分の組成，構造，成長のパターンをあらかじめ明らかにしておくことが望ましい。しかし，育成対象林分の組成，構造，成長パターンを明らかにしたくとも，対象森林内あるいはその近隣地域の中に，幼齢林分や老齢林分が見当たらない場合もある。すなわち，育成対象林分の組成，構造，成長パターンを明らかにする上で必要不可欠な，幼齢から老齢までの育成対象林分が，地域内に十分な面積で成立しているとは限らない。また，幼齢から老齢までの育成対象林分が，幸運なことに，地域内に十分な面積で成立していた場合でも，育成対象林分の組成，構造，成長パターンをほぼ完全に解明するには長期の試験研究を要する。しかるに，フォレスターにこうした長期試験研究の終了を待つだけの時間的余裕があるとは限らない。むしろ，育成対象林分の組成，構造，成長に関する概況がつかめた段階で育林プロセスを設計し，長期試験研究と並行しながら，試行錯誤的に育林プロセスの微修正を繰り返さねばならないのが，多くのフォレスターの宿命であろう。

こうした困難な状況下で育林プロセスを設計しなければならないフォレスターにとって有力なツールとなりうるのが林分成長モデルである。本項では，「育林プロセス設計支援のための林分成長モデル」に関して，その定義と類型，使用にあたっての考え方や注意点について述べてみたい。林分成長モデルについては，南雲・箕輪（1990）やDavis and Johnson（1994）による優れた解説があるので，林分成長モデルの詳細はそちらに譲る。梶原（1995）や田中（1996）にも，彼らが開発した林分成長モデルがわかりやすく紹介されているので，これらも参考にされたい。また，木平（1995）には，林分成長モデルを核とした成長・収穫予測ソフトウェア「システム収穫表」の具体例が紹介されている。ただし，こちらは報告書（非売品）であるため，フォレスターによる入手は容易でない。

1）林分成長モデル

林分成長モデルとは何か。森林計画分野の研究者にとってはあまりにも自明であったためか，上記のいずれの文献にもその定義は見当たらない。ここでは，林分成長モデルを「林分材積，平均胸高直径，上層木平均樹高などの林分構成値，あるいは胸高直径階別本数分布などの頻度分布における時間的変化を，数学的手法を用いて予測するモデル」と定義しておく。

林分成長モデルには大別して3つの基本型がある（南雲・箕輪 1990）。1つめは，林分材積，林分胸高断面積合計，本数密度，平均胸高直径，平均材積，上層木平均樹高などの林分構成値を直接予測する「林分レベルの距離独立型モデル」である。林分構成値の時間的変化を，ミッチャーリッヒ式，ロジスティック式，ゴンペルツ式などの成長曲線式で表現したモデルがこれに当たる。林分収穫表や林分密度管理図も林分レベルの距離独立型モデルといえる。2つめは，立木同士の資源を巡る競争に密接に関係する立木間距離については考慮しないものの，立木ごとに成長を予測する「単木レベルの距離独立型モデル」である。胸高直径階別本数分布の時間的変化を，正規分布，ワイブル分布，指数曲線式などを用いて，直接予測するモデルがこれに当たる。3つめは，立木間距離を考慮して，立木ごとに成長を予測する「単木レベルの距離従属型モデル」である。林分内の任意の立木とその周辺の立木との資源を巡る競争関係をサブモデルとして組み込んで，任意の立木における胸高直径や幹材積の成長を予測するモデルがこれに当たる。

育林プロセスの設計に関して，いずれの基本型の林分成長モデルが優れているかは，どのような生産目標を設定するかによって異なる。例えば，エネルギーや成分利用を念頭に置いたバイオマスの総収穫量予測であれば，林分レベルの距離独立型モデルで十分であろう。一方，構造材生産を念頭に置いて長級・径級別丸太本数を予測したい場合には，単木レベルのモデルを用いるのが望ましい。

2）育林プロセス設計における林分成長モデルの利用

育林プロセスの設計にあたって，林分成長モデルをどのように利用すればよいのか。

育成対象林分に対応した「システム収穫表」が存在する場合は，これを利用すればよい。システム収穫表とは，様々な状態にある育成対象林分について，様々な育林作業が行われる場合に対応して，その将来の成長過程を予測できる仕組みを持ったコンピュータプログラムのことである（木平 1995）。例えば，構造材生産を目標としたスギ人工同齢単純林の育林プロセスを設計したい場合，コンピュータ上でスギ人工同齢単純林のシステム収穫表を起動し，植栽密度，地位（指数），間伐方式を入力すれば，任意の林齢における成長量や将来の丸太収穫量を瞬時に予測することができる。後は植栽密度，地位（指数），間伐方式の入力値を様々に変えながら予測を随時繰り返し，生産目標，目標林分を達成可能な予測結果に基づいて，育林プロセスを設計すればよい。わが国で開発されたシステム収穫表の一部は木平（1995），田中（1996）で紹介されている。

システム収穫表は，研究蓄積の多い針葉樹人工同齢単純林を対象としたものが多い。とは言え，適用可能な地域，樹種は限られているのが現状である。複層林や天然生林に関するシステム収穫表の場合，開発例自体が極めて少ない。つまり，育林プロセス設計のためにシステム収穫表を利用したいと思っても，現時点では，多くのフォレスターは森林計画学分野の研究者によるシステム収穫表の改良，新規開発を期待するか，もしくは自ら開発するしかない。しかし，開発を悠長に待つことのできるフォレスターは多くないであろう。それでは，こういう場合どうすればよいのか。

育成対象林分が針葉樹人工同齢単純林である場合，従来通り，林分収穫表や林分密度管理図を利用すればよい。林分収穫表は，成長条件が似た地方で，ある樹種の同齢林がほぼ同一の方法で管理された場合に，林分材積およびこれに関連する林分構成値の基準的数値を，主林木と副林木に分けて，林齢の関数として地位ごとに示した表である。また，林分密度管理図は，ある樹種の同齢林を対象に，植物個体群における密度効果の理論を応用し，林分材積と本数密度，上層木平均樹高，（断面積）平均胸高直径との関係を 1 枚の図にまとめたものである。林分収穫表や林分密度管理図は，わが国では様々な地域，樹種を対象に調製されている。また，多くの都道府県では，林分収穫表を植栽密度や本数密度別に補正した収穫予想表が作成されている。林分収穫表や林分密度管理図を用いた林分材積成長量や材積収穫量の予測方法については，「林業技術ハンドブック」（林野庁監修 1998）や田中（1996）に解説されているので，こちらを参照されたい。

育成対象林分が複層林や天然生林である場合，前述の通り，使用できるシステム収穫表は限られている。複層林や天然生林を対象とした林分収穫表や林分密度管理図もほとんど，あるいはまったく存在しない。そのため，フォレスターは，複層林や天然生林を対象とする場合，システム収穫表や林分収穫表，林分密度管理図を用いずに育林プロセスを設計することを余儀なくされる。ただし，地域内にいくつかの齢級の育成対象林分が成立していれば，現地調査（林況調査）に基づいて育林プロセス設計に必要なデータを収集することができる。そして，収集したデータに成長曲線式をはじめとする数式を適用することで，仮に，幼齢から老齢までの育成対象林分が地域内に十分な面積で成立していなかったとしても，育林プロセスを設計することができる。天然生林における育林プロセス設計の具体例については，次項 4.1.3 の⑶および⑸を参照されたい。

3）林分成長モデルにおける予測結果の不確実性

育林プロセスを設計する上で林分成長モデルは非常に有用なツールとなる。ただし，これは，林分成長モデルによる予測が常に正しいことを意味するわけではない。そこで，現在，日本で最も普及している林分成長モデルである林分収穫表や林分密度管理図を例に，林分成長モデルの予測結果の不確実性について考えてみよう。

林分収穫表は多数の林分の標準地調査データに基づいて調製される。そのため，林分収穫表による予測の正確度や精度は，利用した標準地データの量や質に強く影響される。最近，林分収穫表の問題点としてよく指摘されるのが，おおむね林齢 60 年以上の高齢期における林分材積成長量の過少推定の問題である（森・大住 1991；白石 1999；龍原 1999；吉田・松下 1999；大住ら 2000)。針葉樹人工同齢単純林の長伐期化が進行する一方で，針葉樹人工同齢単純林における高齢期の成長量データが収集，分析されるようになり，この問題が注目されるようになってきた。高齢林における林分材積成長量の過少推定の原因として，林分収穫表の調製当時，高齢林分が少なかったこと（大住・森 2002)，および調製当時に存在した高齢林分は地位の良くないものが多かった可能性（白石 1999；大住ら 2000）が指摘されている。

林分密度管理図も，多数の林分の標準地調査データに基づいて調製されるため，予測の正確度や精度は，利用した標準地データの量や質に影響される。しかし，獲得したデータを経験則で処理する林分収穫表とは異なり，植物個体群における密度効果の理論を応用している林分密度管理図では，理論により標準地データの不足（例えば，林冠閉鎖した無間伐林のデータの不足など）をある程度補っている。林分密度管理図は，最多密度曲線，等平均樹高曲線，等平均直径曲線，自然間引き曲線，等収量比数曲線という５種類の曲線が組み合わされ，１つの図にまとめられている。林分密度管理図上で植栽密度，間伐率を任意に変えながら，将来の林分材積成長量や材積収穫量を予測できる。こうした理論的装いと柔軟な予測を可能にする実用性から，林分密度管理図の利用においてしばしば忘れられてしまうことがある。それは，等平均樹高曲線がばらつきのあるデータを近似した曲線だということである。例えば，任意の林分を現地調査し，本数密度と上層木平均樹高の実測値を把握することで，林分密度管理図からその林分の林分材積が推定できる。しかし，林分密度管理図を用いて推定した林分材積は，現実の林分材積としばしば乖離する。これは，等平均樹高曲線が各上層木平均樹高階における本数密度と林分材積との関係（ばらつきのあるデータ）を近似した曲線（安藤 1968）であるためである。本数密度と上層木平均樹高が同じ林分であっても，平均胸高直径の林分間差により，林分材積は必ずしも同じにならない（相場 1975）。

以上みてきたように，林分成長モデルの予測結果は，その作成に使用されたデータの量と質に強く影響される。また，林分成長モデルは，あくまでも，林分成長を理論的観点からまねた（近似した）ものであり，予測結果の正確度は常に高いとは限らない。これらのことから，育林プロセス設計にあたって林分成長モデルを利用するフォレスターは，林分成長モデルの予測結果には多少の誤差が含まれていることを強く意識すべきである。そもそも，質量ともに申し分ないデータを収集し，長期間にわたり詳細な研究を積み重ねて作成された林分成長モデルであったとしても，育成対象林分における将来の成長量や丸太収穫量をすべて正確に予測することは，現在の科学では困難だからである。林分成長は，その立地の地形，養分水分の空間的不均一性や，気候の空間的・時間的不均一性，立木の遺伝的変異に強く影響される。また，気象害や病虫害，動物の食害によっても林分成長は変化する。こうした要因をすべて林分成長モデルに反映し，かつこれらの要因が将来どうなるかを正確に予測することなど，現在の科学水準では不可能だからである。

それゆえ，林分成長モデルの予測には誤差あるいは乖離があることを前提とした上で，育林プロセス設計後に，状況に応じて育林プロセスを修正することも必要である。そのためには，育成対象林分の一部に固定標準地を設定し，５～10 年毎に調査データを収集することが重要である。固定標準地データを分析し，当初設計した育林プロセスが妥当であるかを検証するのである（大住・森 2002）。こうした手法は，生態系管理において今日注目されている順応的管理（adaptive management）に通ずるものであり，不確実性が避けられない森林計画においても，広く導入されることが望まれる（順応的管理の考え方については，鷲谷（1999），松田（2002）の解説がわかりやすい）。

（國崎貴嗣）

引用文献

L. S. Davis and K. N. Johnson (1994)：森林経営学［上]，野村　勇・杉村　聡訳，日本林業調査会，東京。

相場芳憲（1975）：スギ人工林の生長に及ぼす保育の影響（III）現実密度林分の現存幹材積の推定（$\overline{H}-\overline{D}-\rho-V$ diagram），日本林学会誌，57，67-73 頁。

安藤　貴（1968）：同齢単純林の密度管理に関する生態学的研究，林業試験場研究報告，210，１-153 頁。

大住克博・森麻須夫（2002）：高齢な針葉樹人工林の成長，長伐期林の実際――その効果と取り扱い技術――，桜井尚武編著，林業科学技術振興所，東京，11-19 頁。

大住克博・森麻須夫・桜井尚武・斎藤勝郎・佐藤昭敏・関　剛（2000）：秋田地方で記録された高齢なスギ人工林の成長経過，日本林学会誌，82，179-187 頁。

梶原幹弘（1995）：樹冠と幹の成長，森林計画学会出版局，東京。

木平勇吉（1995）：システム収穫表プログラム，科学研究費補助金試験研究(B)研究成果報告書，東京農工大学農学部。

白石則彦（1999）：未来に向かって森を測る　わが国のモニタリングシステムの現状と問題点，森林科学，27，35-37 頁。

龍原　哲（1999）：未来に向かって森を測る　針葉樹人工林，森林科学，27，44-47 頁。

田中和博（1996）：森林計画学入門 1996 年版，森林計画学会出版局，東京。

南雲秀次郎・箕輪光博（1990）：測樹学，地球社，東京。

松田裕之（2002）：野生生物を救う科学的思考とは何か？，保全と復元の生物学，種生物学会編，文一総合出版，東京，19-36 頁。

森麻須夫・大住克博（1991）：秋田地方における高齢級カラマツ林の成長，森林総合研究所研究報告，361，１-15。

吉田茂二郎・松下幸司（1999）：民有林の林分収穫表の特性について，森林計画学会誌，33，19-27 頁。

林野庁監修（1998）：林業技術ハンドブック，全国林業改良普及協会，東京。
鷲谷いづみ（1999）：生物保全の生態学，共立出版，東京。

4.1.3　育林プロセス設計の実例

育林プロセスの設計にあたっては，その作業級のおかれている自然的条件，その作業級（事業区）を保有する林業経営体の技術的・経済的条件等の千差万別の関連諸条件を前提とすることになるが，その設計に必要なデータが事前に得られるとは限らないのは前述のとおりである。したがって，このような種々の条件下にある作業級に適応した育林プロセスの設計方法も一様ではない点に注意を要する。

その点を明らかにするために，わが国における育林プロセスの様々な方法による設計の実例を示しておく。その実例を通して，ここにいう育林プロセスの技術的内容が補足説明される結果となろう。ただし，先にふれたように，いずれの設計例も構造材を目標材種とした場合に限定し，他の原料材・燃料材は構造材生産過程での連産品とみなすことにする。

（今田盛生）

(1)　スギ構造材

スギ（*Cryptomeria japonica* D. Don）は多くの日本人にとって最も普遍的な名前の樹木である。スギは建築用材として，また樽・桶あるいは箸といったものの材料となる日常生活に欠かせない木材である。我々にとって大変身近なスギであるが，実は青森から屋久島までの日本列島にしか天然には分布せず，分類学上は日本固有のスギ属の一属一種の樹木である。現在の天然スギの代表的な産地は，青森，秋田（仁鮒水沢）をはじめ，北陸，山陰地方の日本海側の地域と，太平洋に面した地域では伊豆半島，紀伊半島，四国南東部（魚梁瀬）および屋久島などである。このような天然スギは気候品種としてウラスギ，オモテスギおよびヤクスギなどに大別されるが，継続的な地理的隔離分布によって地域品種に分けられることがある（宮島 2000）。これらのスギの地域品種が林業上，特に九州におけるスギ林業の立場からは重要である。九州内では地域によって様々なスギの挿し木品種によるクローン林業が展開されてきた。品種による成長特性もまた様々であるが，挿し木林業が目

表 4－1　スギ育林体系別生産目標

育林体系	伐期（見込み林齢）	集約度	生産目標
短伐期（集約施業）	短伐期（23 年）	集　約	小径無節柱材生産： 芯もち四面無節の角材（10.5 cm 角，3 m 材）を 2 玉生産
中伐期（集約施業）	中伐期（40 年）	集　約	中径一般構造材生産： 一面無節の角材（10.5 cm 角，3 m 材 2 本）
長伐期（集約施業）	長伐期（70 年）	集　約	大径無節構造材生産（2 玉生産）： 1 玉目：四面無節（10.5 cm 角，3 m 材 4 本及び 12 cm 角，3 m 材 1 本） 2 玉目：二面無節（10.5 cm 角，3 m 材 4 本）
長伐期（普通施業）	長伐期（72 年）	普　通	大径一般構造材生産： 10.5 cm角，3 m 材を 5 本生産

出典：鹿児島県育林技術体系化指針

指すところは，目標生産物の均質化と生産効率を高めることである。吉野（奈良県），北山（京都府）といった伝統的な林業生産地は，磨丸太や無節材などの高品質材生産のための独自な育林プロセスを確立している。しかしここでは広く九州内で行われている，一般並材生産を念頭に置いて，スギ構造材の育林プロセスについて紹介する。広く全国で同様の体系が整備されていると考えられる，鹿児島県の育林技術体系化指針（鹿児島県行政資料）を具体的な事例として取り上げる。

1）目標林分

鹿児島県のスギ育林技術体系化指針では，伐期の長短と保育作業の集約度によって 4 つの育林体系が構成され，生産目標が設定されており（表 4－1），いずれもスギ構造材の柱角材生産を目標としている。伐期の長短に応じて生産材の径級・玉数が変わり，保育作業の集約度合いに応じて期待する無節面数が変わっている。

また，生産（主伐）時のそれぞれの育林体系での目標林分構造は表 4－2 に示す通りであるが，例えば中伐期（集約施業）育林体系では，40 年生時

表４－２　育林技術体系化総括表

区分	植栽本数	枝打ち		肥培	間伐		主伐			
		回数	枝打高		回数	本数	樹高（m）	DBH（cm）	本数（本）	見込林齢（年）
短伐期（集約施業）	4,500	6	6.8	施肥	2	1,700	16.5	22.1	1,700	23
中伐期（集約施業）	4,000	5	6.3	施肥	3	1,900	18.4	28.0	1,300	40
長伐期（集約施業）	4,000	5	6.3	施肥	4	2,400	26.8	40.8	800	70
長伐期（普通施業）	3,000	－	－	－	3	1,700	24.0	39.1	700	72

点で樹高18.4 m，胸高直径28.0 cmで主伐本数1,300本／haの林分構造を目標としている。

２）更新方式

スギ構造材生産においては皆伐－植栽方式による一斉更新が基本となる。スギは陽樹に分類され，天然生スギ林では崩壊地等の比較的大規模な撹乱跡地といった光環境の良好な場所を更新サイトとしている。東北のヒバ，北海道のエゾマツ・トドマツあるいはヨーロッパでのトウヒといった針葉樹の択伐が可能なのは，対象樹種の耐陰性の違い（佐藤 1983）にある。スギを対象とした択伐方式が不可能なわけではなく，いくつかの成功事例が報告されている（例えば梶原ら 1998）が，一般に後継樹の植栽および光環境改善のための集約的な作業が必要となる。

したがって，一般構造材生産を目標とする場合には，皆伐－苗植栽方式を基本として差し支えないと考えられる。育林方式として重要なのは，まず植栽苗の確保である。先述のように九州内には多くの地方スギ品種が存在し，それらの多くは挿し木によってクローン増殖されている。それぞれのスギ品種間の特性の違いを植栽地域間で検証する目的で試験研究が進められている（木梨ら 1973）。長期にわたる生産期間において事情により保育プロセスを変更する必要が生じた場合には，ある程度の変更が可能であるが，植栽した苗の品種だけは変更不可能である。したがって，植栽苗の品種選定には生産目標に鑑みた細心の注意が払われなければならない。

表４－３　スギ中伐期（集約施業）育林体系：密度管理基準表

区分	見込林齢（年）	平均樹高（m）	平均DBH（cm）	間伐本数（本）	間伐率（%）	残存本数（本）	備考
植　栽	0	－	－	－	－	4,000	自然枯損200本
第１回除伐	10	6.2	8.5	300	7	3,500	
第２回除伐	13	7.7	10.9	300	9	3,200	
第１回間伐	18	10.0	14.5	800	25	2,400	
第２回間伐	25	12.9	19.2	700	30	1,700	
第３回間伐	33	16.1	24.4	400	24	1,300	
主　伐	40	18.4	27.9	－	－	1,300	

３）育林プロセス

スギ構造材生産を目標とした皆伐一斉人工林の育林には，下刈り，つる切り，除伐，枝打ち，肥培，間伐が含まれる。下刈り，つる切りは草本・つる類との競争緩和のために行われ，下刈りは植栽木の樹高が２m程度に達し，うっ閉が開始される時期まで続けられる。つる切りは下刈り終了後の１年目と２年目の２回実施する。時期としてはつる類が貯蔵養分を使い果たす６月下旬から７月上旬に実施する（鹿児島県資料）。肥培は幼齢林施肥，壮齢林施肥，主伐前施肥に大別される。

スギの育林プロセスで重要なのは林分密度管理，言い換えれば樹冠量（葉量）の管理であり，これが生産目標とする樹幹形の制御へとつながっている。そのための技術として，除伐，枝打ち，間伐がある。具体事例として，スギ中伐期（集約施業）育林体系の密度管理基準表を表４－３に示している。

除伐は植栽木の平均樹高が６mに達したとき植栽木以外の侵入樹種や被圧木，極端な曲り木，二又木，被害木等を対象として伐採除去する。

枝打ちは無節材生産を目標とする場合に必要な技術である（竹内 2002）。枝の除去は節の巻き込みによる無節面の形成を行うだけでなく，完満－梢殺といった樹幹形を制御する葉量の管理技術として位置づけられる。表４－１にある各育林体系での生産目標は，生産予定樹幹の細りから導かれた３mの採材後の末口直径，具体的には10.5cm角が２本の場合は23.4cm以上の末口直径となる樹幹形を根拠として導き出されたものである（図４－１）。さらに，その際に二面無節を期待するのであれば，枝打ちは末口直径9.1cm

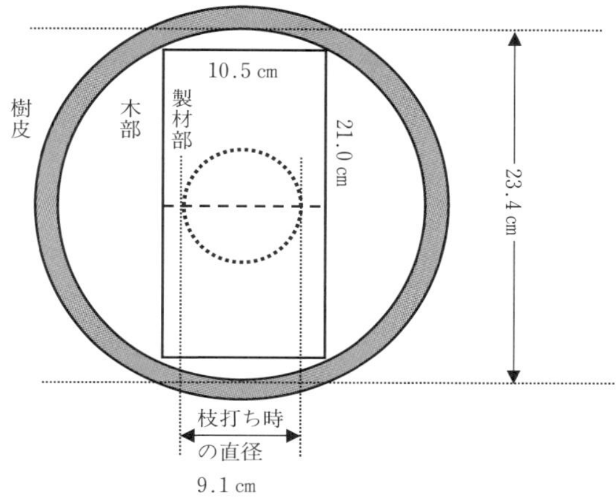

図 4－1　スギ中伐期（集約施業）育林体系における主伐木算出基礎
（末口直径と製材予定角材サイズとの関係）
出典：鹿児島県資料

以下（見込林齢 13 年，枝下高 3.5 m）で行わなければならないことを意味している。

優良材生産はもとより，一般材生産においても原則として密仕立てによって集約な施業を行う必要があり，密度管理のために間伐が行われる。間伐のスケジュールは表 4－3 にあるとおりで，40 年の主伐までに 3 回の間伐が行われる。かつては第 2 回目以降の間伐材は建築現場での足場丸太としての需要があったが現在ではまったくなく，間伐材を林地へ放置・遺棄する切り捨て間伐となっている。主伐期に達するまでの期間の収入源であった間伐が単に保育のためだけに行われているのが実状である。

先述のようにスギは品種による成長特性が異なっており，成長速度，形質などの観点からの生産目標に適当な品種の選択（更新プロセスの一部）とそれに続く保育プロセスを有機的に結合させることが重要である。今後は 80 年を越える長伐期あるいは複層林といった生産体系への移行が推奨されている。いずれの生産体系であれ林業経営体の意志決定事項であるが，そのための十分な経営情報を提供できる研究の推進が望まれる。

4）材質情報を加えたスギ構造材生産

近年の国内林業不振の原因として，低い生産性，高い労賃あるいは急峻な地形等が挙げられてきた。しかし，工業材料として必要とされる強度等の材質情報の欠如とその材質の不均一性を新たな問題意識として提起したい。従来のスギ並材生産の現場では材積成長至上主義であり，質的には通直性，年輪幅，完満性，無節性あるいは材色が価値観の中心であった。構造材を生産していながら，製品の強度への配慮が十分に払われてこなかった生産業であった。生立木の状態で樹幹ヤング係数を計測する方法が開発されており(小泉 1987)，生育段階で強度情報を得ることができるようになっている。これまでの樹高や胸高直径といったサイズの情報に強度・材質の情報を加えた林業経営が求められており，強度を均質化するために間伐が有効であることが示されている（寺岡ら 2001)。

（寺岡行雄）

参考文献

梶原規弘ほか（1998)：今須択伐林の直径分布モデル林分における林分材積成長量，森林計画学会誌，31，65-72 頁。

木梨謙吉・宮島　寛ほか（1973)：九州産スギ品種の特性に関する実験統計学的研究，九州大学農学部演習林報告，47，21-76 頁。

小泉章夫（1987)：生立木の非破壊試験による材質評価に関する研究，北海道大学農学部演習林研究報告，44，1329-1415 頁。

佐藤大七郎（1983)：育林，文永堂出版，東京。

竹内郁雄（2002)：無節材生産を目的とした枝打ちに関する研究，森林総合研究所研究報告，1(1)，1-114 頁。

寺岡行雄・高田克彦・古賀信也（2001)：林業経営情報としてのスギ樹幹ヤング係数の利用，森林計画学会誌，35，21-29 頁。

宮島　寛（2000)：スギの未来について，鹿児島大学農学部演習林研究報告，28，1-11 頁。

(2)　ヒノキ構造材

ヒノキは，福島県赤井岳，新潟県苗場山を北限とし，南は九州屋久島まで天然分布している日本固有の常緑針葉高木である。同時に，ヒノキは，スギとともに日本の主要な造林樹種である。ここでは，ヒノキ構造材を生産目標とする育林プロセスの実例として，三重県の，ヒノキを主体とした優良林業地である尾鷲林業地域（尾鷲市，海山町，紀伊長島町の1市2町にまたがる森林面積40,691 ha，うち民有林面積32,989 ha，図4－2参照）の概要を述べたい。

1）目標林分

尾鷲林業では，1970年代は伐期30～40年，主伐時本数1,500～1,600本で，ヒノキ芯持柱角材（幅10.5 cm，長さ3 m）を生産目標とされてきたが，現在では伐期は50年前後で，主伐時本数も1,000～1,600本とされ（笠原 1985），さらに長伐期化を目指す林家も出てきている。

尾鷲ヒノキ芯持正角無節柱材の生産管理図（並木 2000）による主伐時（伐期50年）の林分構造は以下のとおりである。

立木密度：1,100本，胸高直径：20 cm，樹高：16 m，枝下高：6.3 m

図4－2　尾鷲林業地域

2）育林方式

尾鷲林業の特色としては，ヒノキの密植・丁寧下刈・除間伐・枝打ちをともなった皆伐－短伐期生産があげられ，その労働集約型の育林体系に基づいて生産される完満・無節な良質材は，高品質なヒノキの芯持ち材として高く評価されている（並木 2000）。尾鷲林業の育林体系の概略を示すと，表4－4のようにまとめられる（並木 2000）。

かつて尾鷲林業地域では，天然の大径材が豊富に存在し，柱角には心去り材が一般であった近世から明治期において，山が海に近く，海岸は良港に恵まれて海運の便が良かったという尾鷲の立地条件を生かし，他の林業地では搬出できないような小径木でも収益に結びつけることができた。これが，尾鷲林業地域の伐期30～40年という短伐期林業を可能にしてきたが，既にそれが特異な伐期ではなくなり，くわえて鉄道・道路などの陸上交通の発達もあり，尾鷲林業が持っていた立地上の優位性も失われてしまった（笠原

表 4－4　尾鷲林業の育林体系概要

作業区分	概要
植栽	ha 当たり 6,000～8,000 本で，地元産苗木と県採種園種子使用苗木を使用。
下刈り	手鎌により 8 年生ぐらいまで丁寧に行い，うち 2～4 年生頃までは年 2 回刈りを実施。
除間伐	8 年生から 50 年生までの間に 7～10 回程度行い，主伐時に ha 当たり 1,100 本程度の形質優良木が成立するようにする。
枝打ち	無節材の生産を目指し，8 年生から 22 年生までの間に 4 ～ 6 回程度行い，4 ～ 7 m 打ち上げる。

注：並木（2000）を要約。

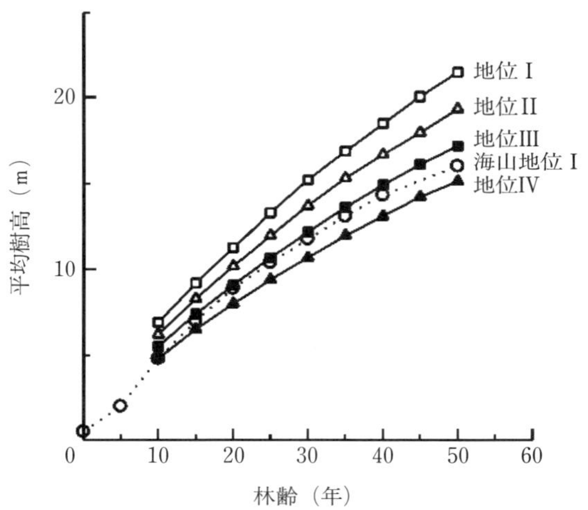

図 4－3　尾鷲林業地域の地位

注：図中の地位Ⅰ～Ⅳは「三重県民有林　スギ・ヒノキ人工林林分材積表及び収穫予想表（三重県農林水産部林業事務局林政課 1983）」のヒノキ人工林，初期本数 8,000 本の値を用いた。また，海山地位Ⅰは，笠原（1985）の海山ヒノキ心持ち正角無節柱材生産育林管理図（ha 当たり 1 当地）の値を用いた。

1985)。もともと，土壌条件には恵まれていない林業地であることから（図 4－3），質の面で他林業地と競争せざるをえなくなり，上記のような労働集約型の育林体系が指向されたものと考えられる（笠原 1985)。

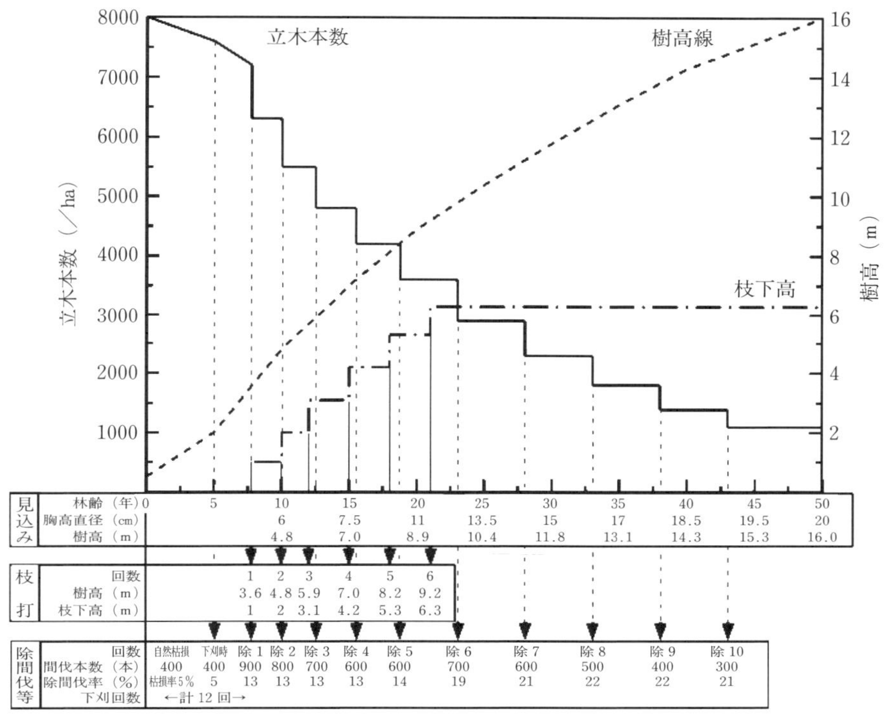

見込み	林齢（年）	0	5	10	15	20	25	30	35	40	45	50
	胸高直径（cm）			6	7.5	11	13.5	15	17	18.5	19.5	20
	樹高（m）			4.8	7.0	8.9	10.4	11.8	13.1	14.3	15.3	16.0

枝打	回数	1	2	3	4	5	6
	樹高（m）	3.6	4.8	5.9	7.0	8.2	9.2
	枝下高（m）	1	2	3.1	4.2	5.3	6.3

除間伐等	回数	自然枯損	下刈時	除 1	除 2	除 3	除 4	除 5	除 6	除 7	除 8	除 9	除 10
	間伐本数（本）	400	400	900	800	700	600	600	700	600	500	400	300
	除間伐率（%）	枯損率 5%	5	13	13	13	13	14	19	21	22	22	21
	下刈回数	←計 12 回→											

図 4－4　尾鷲ヒノキ芯持正角無節柱材の生産管理図
出典：並木 2000 より作成

3）育林プロセス

前述のような目標林分と育林方式に基づいて設計された育林プロセスの概要を示すと図 4－4 のようになるが（並木 2000），近年では，材価低迷・再造林費の高騰・労務不足などの社会経済状態の大きな変化から，先に述べたように，尾鷲林業地域においても長伐期化の傾向が見られる。くわえて，図 4－4 のような密植についても，合理化のため植栽本数を大きく減じる林家も出現している。例えば，同地域内の速水林業では，ほぼ図 4－4 の育林プロセスに対応していたヒノキ育林の旧作業基準（表 4－5）から，現在では植栽本数を 5,000 本とするヒノキ育林の新作業基準（表 4－6）が作成され，施業目的も間伐による構造材用小中径丸太と，皆伐時の造作材・集成材用大

表 4－5　ヒノキ育林の旧作業基準

林齢	作業区分	間伐率	枝高	立木本数
1	地拵え			
	植付け			8,000
	下刈り			
2	補植			
	下刈り 2 回			
3	下刈り 2 回			
4	下刈り 1 回			
5	下刈り 1 回			
6	下刈り 1 回			
7	下刈り 1 回			
8	除伐，枝打ち	21％	1.0 m	6,300
10	下刈り，除伐	13％		5,500
	枝打ち		2.0 m	
12	除伐，枝打ち	13％	3.1 m	4,800
15	下刈り，除伐	13％		4,200
	枝打ち		4.2 m	
18	下刈り，除伐	14％		3,600
	枝打ち		5.3 m	
21	枝打ち		6.3 m	
23	下刈り			
	除伐	19％		2,900
28	下刈り			
	調査			
	除伐	21％		2,300

注：速水林業の育林の合理化状況（速水林業：平成 14 年 4 月より抜粋）。

表 4－6　ヒノキ育林の新作業基準

林齢	作業区分	間伐率	枝高	立木本数
1	地拵え			
	植付け			5,000
2	除草剤散布			
3	ツタ切り			
4	ツタ切り			
8	除伐，小払い	20％	1.0 m	4,000
10	作業調査			
	除伐，枝打ち	10％	2.2 m	3,600
13	除伐，枝打ち	5％	3.5 m	3,400
16	作業調査			
	除伐，枝打ち	9％	5.0 m	3,100
19	除伐，枝打ち		6.5 m	
24	作業調査			
	除伐，枝打ち	32％		2,100
29	作業調査			
	除伐，枝打ち	20％		1,700

注：速水林業の育林の合理化状況（速水林業：平成 14 年 4 月より抜粋）。

径丸太生産に移行されている。

尾鷲林業地域は，上記の速水林業が 2000 年，日本国内で初めて国際的機関である FSC（森林管理協議会，本部メキシコ）の認証を取得するなど，持続的な木材資源の収穫とともに，生物の多様性の保全や災害防止への貢献，地域社会への長期的・多面的な貢献への配慮などを積極的に進めている地域でもあり，これまでに蓄積された高度な育林技術を生かした，さらなる発展が期待される。

（山本一清）

引用文献

笠原六郎（1985）：尾鷲林業の成立と展開，三重大学農学部演習林報告，14，1 - 196 頁。
並木勝義（2000）：尾鷲林業における 20 世紀のあゆみ，林業技術，697，22-25 頁。

(3) アカマツ構造材

1）育成対象林分の概要

本項で対象とする林分は，暖温帯上部に位置する九州中部山岳地帯（ここでは，海抜 1,000 m 以上の地帯を九州山岳地帯と呼ぶ）におけるアカマツ天然生林である。わが国では東北地方の一部や北海道を除いて，マツ枯れが全国的に蔓延しており，アカマツ優良材を生産可能な林分が少なくなっている。一方，九州中部山岳地帯には暖温帯上部の代表的針葉樹であるモミ，ツガの優良林分とともに，アカマツを主体とする天然生林（以下，アカマツ林とする）が広く分布している（写真 4 - 1）。九州中部山岳地帯において，マツ枯れは現時点では問題になっていない。また，当地のアカマツは日向マツと呼ばれる形質，材質の良い材である（写真 4 - 2）。これらの条件を考慮し，アカマツの構造材生産を目標として，九州中部山岳地帯におけるアカマツ天然生林の育林プロセスの設計を試みた。なお，その設計にあたっては，育成対象林分が天然生林であること，および林業労働力の減少，高齢化を鑑み，粗放的な育林プロセスとすることを前提とした。

写真 4 - 1　アカマツ林の実状

写真４－２　アカマツ林内の実状

２）育成対象林分の構造発達パターンの解明

九州中部山岳地帯におけるアカマツ林の場合，システム収穫表はもちろんのこと，林分収穫表や林分密度管理図も調製されていない。そのため，育成対象林分の育林プロセスを設計するにあたっては，育成対象林分の構造発達パターンを事前に把握する必要がある。具体的には，育林プロセス設計に必要なデータとして，「育成対象林分の林分構造とその発達パターン」を把握するためのデータ，および「育成対象林分の成長パターン」を把握するためのデータを収集，解析する必要がある。前者（林分構造とその発達パターン）に関するデータについては，齢級の異なる育成対象林分にそれぞれ標準地を設定し，立木の樹種，胸高直径，樹高，枝下高などを調査することで収集できる。林分材積，林分胸高断面積合計，立木密度，平均胸高直径，平均材積，上層木平均樹高などの林分構成値はもちろんのこと，樹種組成，胸高直径階別本数分布について異なる齢級の林分間で比較し，林分構造とその発達パターンを明らかにする。後者（成長パターン）に関するデータについては，齢級の異なる育成対象林分から樹種別，径級別に標準木を選定し，樹幹解析を行うことで収集できる。樹齢（任意の地上高における樹幹横断面の年輪数），胸高直径成長，樹高成長，材積成長を林分，標準木間で比較し，上層木の樹高成長パターンや立木間で成長差が生じる要因などを明らかにする。樹幹解析木データは生産目標の検討段階でも利用できるため，とりわけ重要なデータである。以上のように明らかにされた育成対象林分の林分発達パターンに関する情報に基づき，生産目標，目標林分とともに育林プロセスを設計することになる。なお，九州中部山岳地帯におけるアカマツ天然生林の構造発達パターンやその解析法の詳細，さらには後述する育林プロセスの設計方法の詳細について知りたい方は，拙稿（國崎 1999）を参照頂きたい。

3）生産目標

柱，梁，桁などの構造材の生産を目標とした。アカマツ材は長級，径級，材積の値が高いほど価格が高くなる傾向がある。地域は異なるものの，南部アカマツとして有名な岩手大学滝沢演習林におけるアカマツ材の販売実績によれば，長級 4 m 以上，径級 40 cm 以上で価格が飛躍的に上昇する傾向がある。そこで，目標生産材種は長級 4 m 以上，径級 40 cm 以上の素材とした。

4）目標林分

目標林分の設定にあたり，目標胸高直径，伐期齢，目標樹高，目標本数密度，目標枝下高，目標 ha 当たり材積を推定する必要がある。こうした目標林分の設定にあたっては，前述 2）のようなデータとともに，林分成長モデル（成長曲線式）が重要な役割を果たす。すなわち，生産目標の丸太が十分収穫できる目標林分を明らかにするためには，育成対象林分（主伐木）の平均樹高や平均胸高直径の成長曲線が必要であり，こうした成長曲線は成長曲線式を用いることで，はじめて推定できる場合が多い。なぜなら，伐期齢に相当する林齢を持つ育成対象林分が地域内に存在せず，平均樹高や平均胸高直径の実測値が得られない場合が多いからである。

採材の仕方により素材単価は変化することから，本項では，長級 6 m，径級 40 cm 以上の素材を 1 玉，あるいは長級 4 m，径級 40 cm 程度の素材を 2 玉採材できる胸高直径を目標胸高直径とした。アカマツ標準木（樹幹解析木）における内皮胸高直径と内皮上部直径との関係から，目標主伐木の胸高直径を 57 cm とした。

伐期齢は，アカマツ主伐木の平均胸高直径が 57 cm に達するときの林齢から決定される。しかし，アカマツの平均胸高直径が 57 cm 前後である林分を調査できなかったため，その林齢は不明である。そこで，アカマツ標準木の胸高直径成長曲線，および調査林分におけるアカマツの平均胸高直径と林齢との関係を基に，アカマツの平均胸高直径成長曲線をミッチャーリッヒ式（成長曲線式）を用いて推定した。その結果，平均胸高直径が 57 cm を超え

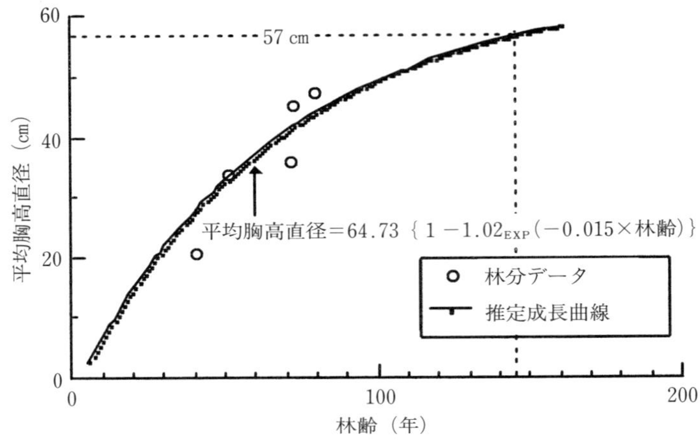

図 4－5　アカマツの平均胸高直径成長曲線

るのは林齢 145 年生時と推定された（図 4－5）。ここで，育林プロセスの保続生産システム（4.2 参照）への組み込みを考えると，伐期齢は分期の倍数であることが望ましい。そのため，一般によく用いられる 1 分期 10 年に合わせ，アカマツ林の伐期齢を 150 年とした。

アカマツの平均樹高成長曲線を，アカマツ標準木の樹高成長曲線，および調査林分におけるアカマツの平均樹高と林齢との関係を基に，ミッチャーリッヒ式を用いて推定した。その結果，林齢 150 年生時の平均樹高は 26 m と推定された。

アカマツ主伐木の本数密度を以下の手順により推定した。対象林分はアカマツにより林冠が常に閉鎖していると仮定し，単位林地面積（1 ha）をアカマツの平均樹冠投影面積で除することにより，主伐木の本数密度を推定した。アカマツの樹冠投影面積と胸高直径との関係，および先述した平均胸高直径成長曲線を基に，林齢 150 年生時の主伐木の本数密度を推定すると，150 本／ha となった。

アカマツ林冠木の枝下高は林冠木間あるいはモミ・ツガによる被陰効果により自然に高くなる。本項では，調査林分のうち最も高齢であったアカマツ林の平均枝下高（18.1 m）を基に，アカマツ主伐木の枝下高を 18 m 以上と

表 4－7　アカマツ構造材の生産目標および目標林分　（伐期齢：150 年）

生産目標		目標主伐木		目標林分	
属性	目標値	属性	目標値	属性	目標値
径級	40 cm 以上	胸高直径	57 cm	平均胸高直径	57 cm
長級	4 m または 6 m	枝下高	18 m	平均枝下高	18 m
		樹高	26 m	平均樹高	26 m
		樹冠長率	31 %	本数密度	150 本／ha
		樹冠直径	7 m	材積	437 m³／ha

した。

アカマツの ha 当たり材積は，胸高断面積合計と平均樹高の積を独立変数とした一次式により推定した。本数密度，胸高直径の変動係数，平均胸高直径から胸高断面積合計を求める式，および胸高直径の変動係数と平均胸高直径との関係を基に，林齢 150 年生時のアカマツの ha 当たり材積を推定すると，437 m³／ha となった。

以上をまとめると，アカマツ林の生産目標と目標林分は表 4－7 のとおりとなる。

5）育林方式

アカマツの更新，成長に関する生理生態学的特性を考慮し，アカマツ林の育林方式は，伐採面縮小分散型による皆伐－側方天然下種更新方式（写真 4－3）とした。なお，本項では具体的な対象地を指定していないため，伐採面の大きさおよび形状については規定しなかった。

6）更新プロセス

更新プロセスの設計にあたっては，井上（1960），加藤（1971）を参考にした。更新は側方天然下種更新方式を基本とし，実生の発生本数密度が極めて低い場合には，一部，播種および植栽を実施する。側方天然下種更新を確実なものにするために，地拵えとかき起こしを行う。このとき，モミ，ツガ前生稚樹は極力残すようにする。なお，九州山岳地帯でもシカによる植栽木の食皮・剥皮が問題視されており，シカによるアカマツ，モミ，ツガ稚樹の摂食が生じる可能性もある。そのため，シカの伐採面への侵入を抑制するために伐採面の周囲にネットを張るといった対策も，場合によっては必要にな

写真 4－3　アカマツの側方天然下種更新の実状

る。

7）保育プロセス

保育プロセスの設計にあたっても，井上（1960），加藤（1971）を参考にした。更新後のアカマツ，モミ，ツガの生存，成長を確実なものにするために，10 年生くらいまでは必要に応じて下刈り，つる切りを行う。密度管理は自然間引きに委ねることとし，除伐・間伐は基本的には実施しない。そのため，アカマツ，モミ，ツガ以外にも，多様な広葉樹が生立する林分に発達する。しかし，10 年生以上になってもアカマツの本数密度が 100,000 本／ha を超えるような，極端な高密度状態が続く場合には，共倒れの危険性を回避するため，適宜，除伐・間伐を実施する。林齢 80 年頃までは特に保育を施す必要はなく，アカマツ林の自然な発達に委ねる。林齢が 80 年程度もしくはそれ以上となり，アカマツ個体群の本数密度が目標とする主伐木本数密度に近くなった時点で，アカマツとモミ，ツガとの種間競争を緩和するため，樹高 12 m 以上のモミ，ツガ優勢木を伐採する。伐期齢 150 年に到達したらアカマツ林を皆伐し，側方天然下種更新により再びアカマツ林を更新させる。

8）育林プロセス

育林プロセスは以下のように要約される。皆伐の後，地拵え，かき起こしを行う。この際，モミ，ツガの前生樹は極力残すようにする。次に，シカに

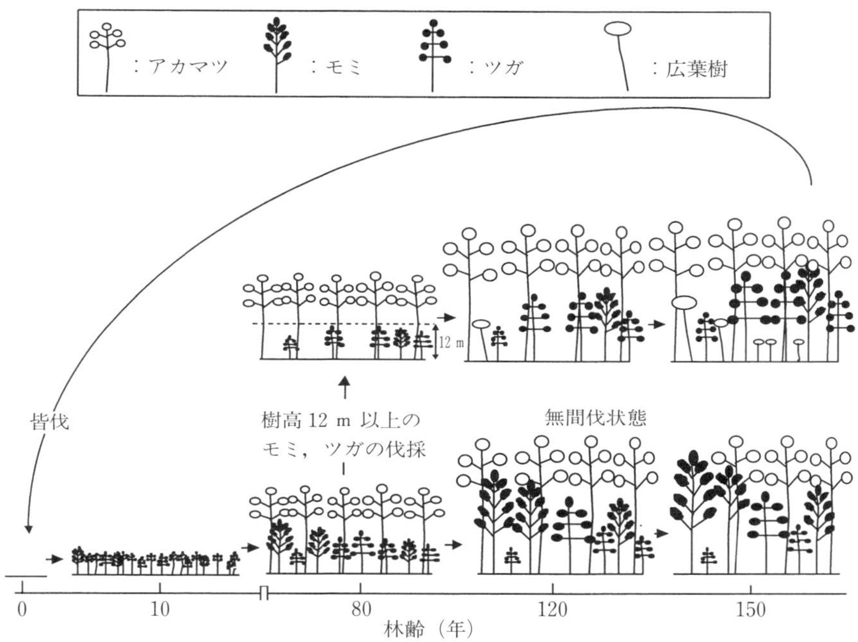

図 4－6　皆伐－側方天然下種更新方式に基づくアカマツ林の発達パターンの模式図

よる更新阻害に十分注意を払いつつ，側方天然下種更新によりアカマツ林を更新させる。林齢 10 年くらいまでは下刈り，つる切りを適宜行い，アカマツ，モミ，ツガの生存・成長を確実なものにする。その後の密度管理は自然間引きに委ねることとし，極端な高密度状態が続く場合を除いて，除伐・間伐は行わない。林齢が 80 年程度もしくはそれ以上となり，アカマツ個体群の本数密度が目標とする主伐木本数密度に近くなった時点で，樹高 12 m 以上のモミ，ツガ優勢木を伐採する。伐期齢 150 年に到達したらアカマツ林を皆伐し，その後，地拵え，かき起こし，側方天然下種更新により再びアカマツ林を更新させる。

以上の育林プロセスを整理すると，図 4－6 の模式図のようになる。

（國崎貴嗣）

引用文献

井上由扶（1960）：アカマツ林の中林作業法に関する研究，九州大学農学部演習林報告，32，1-265頁。

加藤亮助（1971）：アカマツの新しい天然更新技術，新しい天然更新技術，柳沢聡雄・山谷孝一・中野　実・前田禎三・宮川　清・加藤亮助・尾方信夫共著，創文，東京，253-300頁。

國崎貴嗣（1999）：九州中部山岳地帯におけるアカマツ天然生林の構造発達様式に関する研究，岩手大学農学部演習林報告，30，1-95頁。

⑷　カラマツ構造材

カラマツといえば信州カラマツが有名であるが，ここでは筆者が研究を行ってきた北海道カラマツを対象とする。北海道においてカラマツが植林され始めた当初は，生産目標は構造材ではなく坑木用材であった。そのため短伐期施業を想定しており，確たる育林プロセスもないまま造林が進められていった。ところが道内での相次ぐ炭鉱閉鎖により坑木の需要がなくなり，自然とカラマツ人工林の生産目標は構造材へとシフトせざるを得なくなった。このような成り行きのためにカラマツ構造材生産のための育林プロセスは確立していないのが現状であり，その確立へ向けた試験研究がなされている最中である。

一方で，現実では材質的にねじれの問題があるというイメージが強く，北海道においてはカラマツは構造材としての価値を見いだされてはいない。しかし，近年の研究によってカラマツも構造材としての利用に十分耐えうるという研究成果も発表され，北海道におけるその莫大な資源量を考えると，構造材生産に向けたカラマツ林業というものを見直す価値があると思う。

構造材生産のための育林プロセスを設計し，実践している希少な例として，九州大学農学部附属北海道演習林（以下，九州大学北海道演習林とする）では1952年から構造材生産に向けたカラマツ林施業が行われてきた。そこで，ここではカラマツ構造材生産のための育林プロセスの例として，この九州大学北海道演習林において実践されている育林プロセスを紹介する。

前述のように，育林プロセスの設計段階においては当該林分がどのような成長を示すのかといった情報が必要であるが，そのような情報が常に得られるとは限らない。そのため育林プロセスの設計は，設計者の経験と勘に依存する部分が大きくなる。そこで，育林プロセス設計において負担を軽減する道具として，成長モデル（4.1.2参照）を利用した育林プロセス設計手法について紹介する。

１）目標林分

九州大学北海道演習林では高品質材の生産を目標としており，主伐により伐採される立木１本から４ｍの無節材を２本生産できるような林分を目標としている。具体的には，伐期齢50年時点における目標立木密度は450本／haであり，平均胸高直径は29.1 cmとなっている。

２）育林方式

カラマツは北海道には自生しておらず，おのずと更新方式は人工植栽となる。また，高品質構造材生産を目標とする場合，労働集約的かつ効率的な施業を行うことが望ましいと考えられ，伐採方式は皆伐を採用するのがよいと考えられる。九州大学北海道演習林においても皆伐－人工植栽方式が採用されている。日本の他の地域と比較すると緩やかな地形である北海道においては，例えば九州における高強度の降雨による斜面崩壊のような土砂災害の発生頻度は低いと考えられるため，作業効率の点からも場所によっては伐採面積はある程度（２～３ha）広くてもかまわないのではないかと考えられる。ただし，これはあくまで筆者の私見である。

３）育林プロセス

九州大学北海道演習林でのカラマツ構造材生産のための育林プロセスの概要を示すと，表４‐８のようになる。先にも述べたように，高品質な構造材生産を目標としているため，間伐による密度制御だけでなく，８ｍまでの枝打ちを行う点が北海道カラマツ林業において画期的である。

植栽密度は2,000本／haで，主伐時点での密度は450本／haとなっている。千葉・永野（1981）によると，カラマツは陽樹であり疎植しても通直に生育する性質を持っているため，植栽密度は2,000～2,500本／haを基準とするとしており，九州大学北海道演習林における育林プロセスもこれに合致したものになっている。一般的に疎植にすると林冠がうっ閉するまで時間がかかり，下刈，つる切りといった初期保育を必要とする期間が長くなるとい

表 4 − 8　カラマツ構造材生産のための育林プロセス

林齢	1	2	3	5	9	15	24	26	31	38	50
保育作業	下刈	下刈	下刈	つる切り	つる切り	つる切り	生産間伐（間伐率：30％）	枝打ち（枝打高：8 m）	生産間伐（間伐率：30％）	生産間伐（間伐率：30％）	主伐
				除伐	除伐	除伐					
					切捨間伐（間伐率：25％）	切捨間伐（間伐率：30％）					
					枝打ち（枝打高：2 m）	枝打ち（枝打高：4 m）					

う欠点があるが，カラマツは成長が速いので疎植しても他の造林樹種と比較して早期に林冠がうっ閉することが期待できる。といっても，下刈，つる切りといった初期保育は必要なのであるが，疎植していることによりそれらの作業がやりやすくなるという利点もある。現在のように，造林および初期育林コストをあまりかけられない状況では，カラマツの場合このような疎植による施業が望ましいのではないか。

千葉・永野（1981）が紹介している長野営林局におけるカラマツの間伐指針によると，以下の 3 点をあげている。

① 間伐後の相対幹距比は 23 を基準とする

② 間伐前後の相対幹距比の差が 4 以内になるようにする

③ 主伐時の相対幹距比が 19 になるようにする

ここで相対幹距比とは平均個体間距離を平均樹高で割り，100 をかけて百分率であらわすものである。九州大学北海道演習林の育林プロセスについて，林分の計画目標値をもとに相対幹距比を計算すると，間伐後の相対幹距比が 31 年生での生産間伐で 17 から 20 へ，38 年生での生産間伐で 19 から 22 へとあがるような間伐が設計されている。また，主伐時期の相対幹距比は 20 となる。

枝打ちについては千葉・永野（1981）もほとんど行われている例がないとしており，今後，九州大学北海道演習林で生産される材により，その是非が明らかになってくると思われる。九州大学北海道演習林では特に無節材の生産を目標としているので，枝打ち痕の巻き込み速度を勘案して 26 年生で最終の 8 m 枝打ちを行う設計になっている。

4）成長モデルを利用した育林プロセス設計

育林プロセス設計に利用可能な成長モデルの要件として，施業の影響を反映した成長を予測できるという点が真っ先に挙げられる。ただし，林分の初期成長を予測するのは難しく，また下刈りやつる切りの影響をモデルの中で表現することは非常に困難であるから，ここで紹介する育林プロセス設計方法は生産間伐を対象とすることとし，よって用いられる成長モデルは間伐強度の違いによる成長の違いを表現できることが必要となる。これから育林プロセスを設計しようとする地域，樹種に関して成長モデルが既にあるのであれば問題はないのであるが，そうでない場合は成長モデルを構築する必要がある。ただし，4.1.2 でも述べられているように成長モデルを構築するにはデータの蓄積が必要であり，簡単にできるものではない。そこで，紹介したいのが林分密度管理図である。林分密度管理図は主要造林樹種について，様々な地域について調製されており入手も容易である（日本林業技術協会 1999)。当然，間伐の影響も表現できるので，以下に紹介する育林プロセス設計手法に応用するに適した成長モデルだと思う。

設計方法としては，先に述べたように，ここでは育林プロセス設計手法の一部としての最適間伐戦略設計について簡単に説明する。ここでいう最適間伐戦略とは，主伐までに得られる材積を最大とする間伐スケジュールのことで，いつ，どのような強度で間伐を行うかを示したものである。この最適間伐戦略を設計するためにオペレーションズ・リサーチ手法の一種である動的計画法を用いる。動的計画法に関して詳しい説明は省くが，基本的にはいくつかの異なる強度の間伐を行うことを想定し，間伐から得られる収穫量とその間伐強度に応じた成長量とを勘案しながら，最適な経路を探索してゆく。ここで間伐強度に応じた成長予測の出来る成長モデルが必要となってくるわけである。動的計画法を実装するに当たり PATH アルゴリズムを用いた。どのようなものか興味のある方は吉本（1997）をお読みになればよいかと思う。それでは以下に，実際に北海道地方カラマツ人工林密度管理図を応用し

表 4－9　地位指数ごとの最適間伐戦略

地位指数		林齢（年）						
		25	35	45	55	65	80	合計
20	間伐率（%）	30	45	35	10	5		
	収穫材積（m³／ha）	62.9	118.4	79.6	19.0	9.4	187.9	477.3
25	間伐率	35	45	45	35	10		
	収穫材積	104.0	178.2	172.3	109.7	25.7	260.1	850.0
30	間伐率	40	50	45	40	25		
	収穫材積	160.7	271.4	240.4	186.0	94.7	348.9	1302.2

た最適間伐戦略設計手法の適用例を説明する。

九州大学北海道演習林の育林プロセスにならい，植栽密度は 2,000 本／ha で，10 年生時に 25 %および 15 年生時に 30 %の切り捨て間伐を行うものとする。伐期は長伐期化の傾向にあわせて 80 年とし，25 年生から 10 年間隔で 65 年生まで間伐を行うものとする。80 年生の皆伐および 25 年生時以降の間伐から得られる収穫材積を最大とするよう最適間伐戦略を設計した。対象とする林分の地位指数を 20，25，30 とし，地位の違いによりどのように最適間伐戦略が異なるのかについても示す。なお，ここでいう地位指数とは 38 年生時の上層木平均樹高のことで，筆者のこれまでの研究にあわせたものである。また，この地位指数に応じた林齢－樹高成長モデルを構築してから，これを利用した。ここで筆者の研究について少々宣伝させていただくと，地位指数モデルは GIS を利用したもので場所を指定すると地位指数が判明するモデルである。林齢－樹高成長モデルは地位の違いにより異なる樹高成長パターンの違いをモデル化したもので，この両者を用いると任意の場所について，任意の林齢での上層木平均樹高を知ることが可能である。残念ながらこれらのモデルは九州大学北海道演習林で得られたデータによるものであり，広域にわたり利用可能なものであるかどうか検証するに至っていないが，いずれは検証してゆきたいと考えている。なお，両論文とも英語で書かれているが，興味のある方はお読みいただけると幸いである（Mitsuda *et al.* 2001, 2003）。

地位指数 20，25，30 それぞれについての最適間伐戦略を表 4－9 に，また

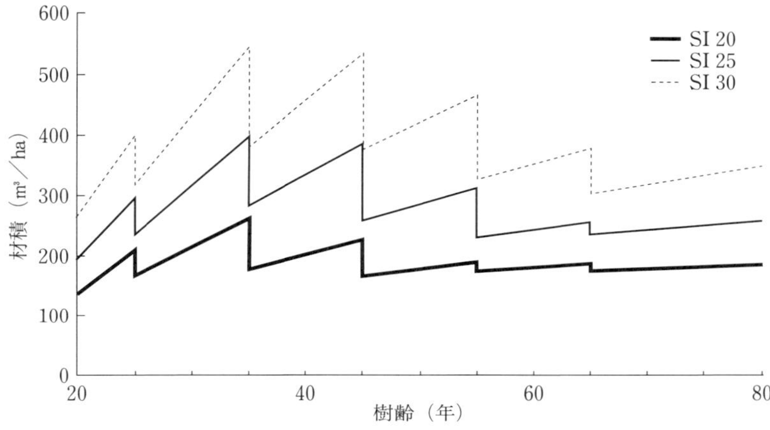

図 4－7　最適間伐戦略に従うときの ha 当たりの材積の推移

そのときの ha 当たり材積の推移を図 4－7 に示す。いずれの地位についても 45～50 %といった強度の高い間伐を行うようになっているが，地位が高いほど間伐強度が高くなっており，特に 55 年生および 65 年生といった高齢の間伐においてその差は顕著に現れている。これは地位が高いほど間伐後の成長による林分材積の回復が早く，またその回復が高齢林分においてもみられることによると考えられる。このように成長モデルを応用することにより動的計画法による最適間伐戦略が設計された。このようにして自動的に設計された育林プロセスは，そのまま実用可能ではないかもしれないが，育林プロセス設計に関して重要な情報を提供できると考えられる。さらに最適間伐戦略設計をとおして，林地生産力の違いにより施業方法を変える必然性が示された。

今回紹介した最適間伐戦略は伐期を設定して収穫材積を最大化するものであったが，ここにコストの概念を導入して収益が最大となるように設計する方法もある。このように動的計画法による育林プロセス設計は奥の深いもので，今回ご紹介した例は氷山の一角に過ぎないが，読者に興味を持っていただけたなら幸いである。

（光田　靖）

参考文献

Mitsuda, Y., Yoshida, S. and Imada, M. (2001) : Use of GIS-derived environment factors in predicting site Indices in Japanese larch plantations in Hokkaido, *Journal of Forest Research*, 6, 87-94.

Mitsuda, Y., Yoshida, S. and Imada, M. (2003) : Development of height curves for Japanese larch in relation to GIS-derived site index, *Journal of Forest Research*, 8, 191-198.

千葉宗男，永野正造（1981）：カラマツ人工林の保育，カラマツ造林学，浅田節夫・佐藤大七郎編著，農林出版，東京，127-150 頁。

日本林業技術協会（1999）：林野庁監修，人工林密度管理図。

吉本　敦（1997）：動的計画法による最適間伐戦略(I)九州地方スギ林分密度管理図に基づいた成長モデルへの適応，日本林学会論文集，108，127-128 頁。

(5) ミズナラ構造材

ミズナラは北海道地方における代表的な有用広葉樹の一つである。そのミズナラの構造材を生産目標とする育林プロセスの実用化試験が，九州大学北海道演習林（十勝支庁管内足寄町所在）において，1972 年度から 2121 年度までの 150 年計画（伐期齢：150 年）で実施されており，すでに 30 年余りが経過している。その育林プロセスの詳細と試験経過については既報（今田 1972，1974 a，1974 b，1976 a，1982；Imada 1996）にゆずり，ここではその育林プロセスの概要のみにとどめたい。

1）目標林分

ミズナラの高品質構造材生産の目標材種・目標主伐木形質・目標林分構造は表 4 - 10 に示すように設定されている。そのうち目標林分構造が育林プロ

表 4 - 10　ミズナラ構造材生産の目標林分

目標生産材種		目標主伐木形質		目標主伐林分構成	
構成要素	目標値	構成要素	目標値	構成要素	目標値
径級	40 cm 上	胸高直径	55 cm	平均胸高直径	55 cm
長級	3.1 m	枝下高	7 m	平均枝下高	7 m
(年輪幅)	(1.8 mm)	樹高	27 m	平均樹高	27 m
		樹冠長率	74 %	ha 当たり本数	150 本
		(樹冠直径)	(8.2 m)	ha 当たり材積	365 m³

注：目標年輪幅は，間伐開始後（35 年生以降）に形成される枝下樹幹（7 m 以下）の無節材部分における年輪幅である。

セス設計上の直接的目標となるものである。

その目標林分に150本／ha生立する150年生（伐期齢：150年）の主伐木1本から，3.1 m材（輸出用10フィート材）を2玉採材するのが究極目標とされている。さらに，加工技術上から，その丸太の年輪幅を1.8㎜（直径成長量3.6㎜）で均等化するのも目標に含まれている。

2）育林方式

表4－10に示す目標林分を育成するには，次のような育林技術上の基本的要件を満足する育林方式を選定すべきとされている。

① 更新期において，密立更新樹が確保できること

② 稚幼期において，上層林冠を単層一斉状態に構成できること

③ 壮齢期以降において，上層間伐を採用することにより，肥大成長を促進できること

④ 収穫期において，高伐期齢を採用することにより，高齢大径林分を育成できること

これらの基本的要件を満足する育林方式について検討した結果，「伐採木自身からの落下種子を活用する皆伐－天然下種更新方式」が採用された。なお，その検討過程において，育林プロセスの基本にはなり得ないが，その採用可能性がある程度認められた育林方式は，次のように後述する育林プロセスに単位育林作業として系列化され，合理的に活用されている。

① 【皆伐－人工植栽方式】→「補植」（表4－11参照）

② 【皆伐－人工播種方式】→「補播」（表4－11参照）

③ 【皆伐－萌芽更新方式】→「稚樹刈出」（台切）（表4－11参照）

3）育林プロセス

前述のような目標林分と，それに応ずる育林方式に基づいて設計された育林プロセスの概要を示すと表4－11および図4－8のとおりであり，150年間にわたる長期プロセスであると同時に，天然更新方式を基本としているが集約プロセスであることがわかる。

その詳細については既報にゆずるが，育林方式として天然下種更新方式を基本としていることから，一般の人工植栽方式の場合とは異なった単位育林作業が含まれている。その育林作業としては，「下種地拵」・「種子覆土」・

表 4 - 11 ミズナラ構造材生産の育林プロセスの概要

一	No.	単位育林作業	施 行 方 法 の 摘 要	一
密立更新樹確保期	1	下種地拵	種子自然落下前（8 月下旬～ 9 月上旬）に，更新筋（幅 50 cm）と放置筋（幅 1 m）を等高線に沿って交互に想定し，更新筋の鉱物質土壌を裸出（小型耕耘機による耕耘，人力による法切り）する。	更新樹3万本／ha確保
	2	補播	種子自然落下後（10 月上旬前半期）に，放置筋上の落下種子を更新筋に移すと同時に，他林地での採集種子を補充しながら，更新筋上の定着種子が 45 粒／m 以上になるように調節する。	
	3	種子覆土	補播と並行して，逐次更新筋表面上の種子を，小型耕耘機による耕耘，人力による小幅階段作設（造林クワ使用）によって，地中に埋める。	
	4	更新伐	土壌凍結・積雪を利用して（翌年 3 月上～中旬），上木（母樹であり主伐木）を皆伐し，同時にトラック・クレーンによって更新面外部へ搬出する。	
	5	枝条整理	融雪後（4 月上旬）に，更新面に散乱している伐採木の末木枝条を，原則として放置筋（幅 1 m で，この筋上の落下種子は更新筋にすでに移されている）に堆積整理する。	
	6	更新面組織化	5 列の更新筋を一組とみなし，将来の主伐木（150 本／ha）の成立するおよその位置（主伐木プロット 3.0 m×3.5 m）を小標柱によって標示し，稚苗発生本数を調査する。	
	7	補植	生長が休止した後（9 月下旬～10 月中旬）に，発生稚苗が疎立状態にある更新筋部分に，基準苗間 35 cm で中央部一列に苗木を秋植えする。	
	8	2 年生稚樹刈出	放置筋（幅 1 m）のみを一律に刈払い，更新筋（幅 50 cm，ミズナラ稚樹密立）は大型植生（萌芽を含む）のみの切除にとどめる。	
	9	3 年生稚樹刈出	更新筋をミズナラ稚樹を含めて，地際から一律に刈払う（すなわち台切りする）とともに，放置筋も一律に刈払う。	
優良形	10	15 年生除伐	主伐木プロット内部の上層木を白ペンキで標示（胸高位置）した後，その内部と周囲のミズナラ以外の広葉樹を伐除するとともに，樹種と成立位置にかかわらず，暴領木を伐除する。	枝下高
	11	20 年生除伐	主伐木プロットの内部の上層木（白ペンキ標示）と，その周囲の上層木のうち，形質がきわめて不良なミズナラを伐除す	

質養成期			る。下層木はすべて保残する。					7 m 形成
	12	25 年生枝打	白ペンキ標示木のなかから，主伐候補木を 1 本ずつ（150 本／ha）選定し，それの 6 m以下の主幹に着生している枝条径 4.5 cm 以下の生枝を切除する。					
	13	30 年生枝打	前作業の枝打木（すなわち主伐候補木）のみを対象とし，それの 7 m 以下の主幹に着生している枝条径 4.5 cm 以下の生枝を切除する。					
肥大生長促進期	14	35 年生間伐	間伐間隔年数	間伐前本数(本／ha)	間伐木本数(本／ha)	本数間伐率(%)	間伐平均本数／主伐候補木	直径55 cm到達（年直径生長量3.6 mm持続）
			3 + 2 = 5	1,321	250	18.9	1.7	
	15	40 年生間伐	4 + 2 = 6	1,071	211	19.7	1.4	
	16	46 年生間伐	4 + 3 = 7	860	172	20.0	1.1	
	17	53 年生間伐	5 + 3 = 8	688	136	19.8	0.9	
	18	61 年生間伐	6 + 3 = 9	552	107	19.4	0.7	
	19	70 年生間伐	7 + 3 =10	445	85	19.1	0.6	
	20	80 年生間伐	8 + 3 =11	360	66	18.3	0.4	
	21	91 年生間伐	9 + 3 =12	294	52	17.7	0.3	
	22	103 年生間伐	10+ 3 =13	242	41	16.9	0.3	
	23	116 年生間伐	11+ 3 =14	201	31	15.4	0.2	
	24	130 年生間伐	20	170	20	11.8	0.1	
	—	(150 年生間伐)		150	—	—	—	

注 1）間伐プロセスにおいては，下層木はすべて保残されるから，表中の数値は上層木のみが対象となっている。

2）間伐平均本数／主伐候補木は，主伐候補木（150 本／ha）1 本につき，その周囲で間伐される立木の平均本数を示す。

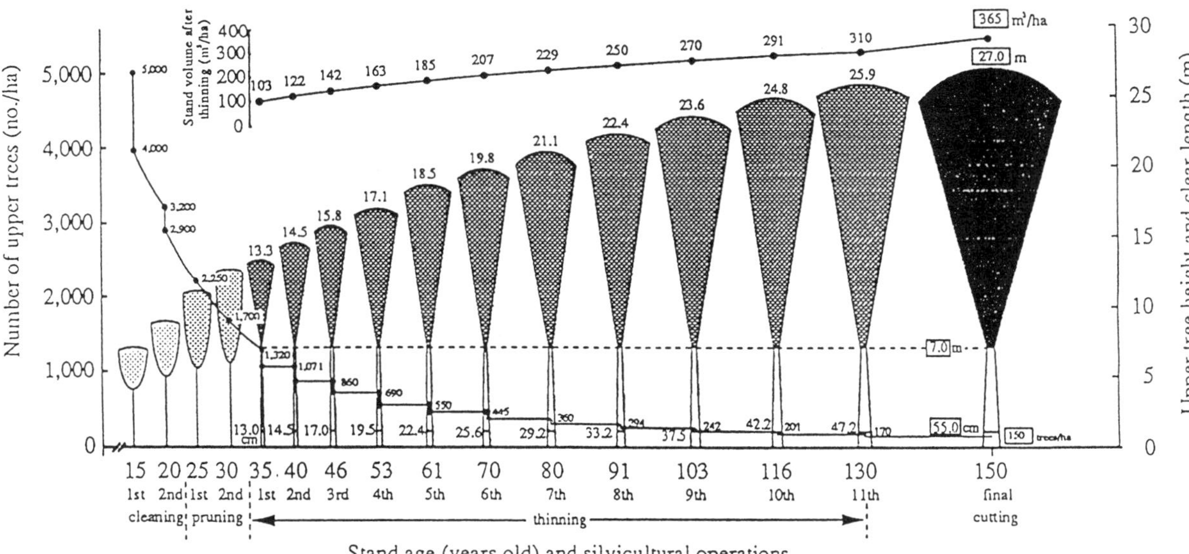

図 4－8　ミズナラ構造材生産林分の育林プロセス（第 1 回除伐以降：保育プロセス）

「更新面組織化」があげられるが，これらについてはここで若干補足しておきたい。

① 下種地拵：表４－11の概要によると，小型耕耘機による耕耘によって鉱物質土壌を裸出することにされているが，その作業状況を示すと写真４－４のとおりであり，同一更新筋（幅：0.5 m）を４回耕耘する。なお，林床植生は耕耘爪に巻き込まれるのを防止するため，耕耘作業前に刈り払って除去しておく。この作業は，後続の「補播」作業に際して，放置筋（幅：1.0 m）上の種子を見つけ易くする効果がある。

写真４－４　ミズナラ構造材生産林分の育林プロセスにおける下種地拵の実状（小型耕耘機による）

もちろん，急斜面では小型耕耘機による作業は不可能であり，15°未満に限定される。それ以上の更新面では，造林クワを用いた人力作業による小幅の法切り（更新筋に相当）に転換される。

このような「下種地拵」は，天然更新にありがちな更新樹生立の不規則性を排除し，後続の育林作業の的確な施行を容易にする効果があり，稚樹発生後の保育不足のために天然更新が失敗に終わるのを回避する有効な手法でもある。

② 種子覆土：小型耕耘機による「種子覆土」作業では，１回の耕耘によってほとんどのミズナラ種子が地中に埋め込まれる。造林クワによる人力作業では，小幅の法面を削って写真４－５のように小幅階段を作設しながらミズナラ種子を地中に埋め込む。

この「種子覆土」作業が施行されない場合には，地表面に裸出したままの

写真 4－5　ミズナラ構造材生産林分の育林プロセスにおける種子覆土の実状（人力による小幅階段作設）

ミズナラ種子はリス・カケス・クマ等の格好の栄養源としてほとんどすべてが持ち去られる結果となる。したがって，「種子覆土」は「補播」作業と並行した短期決戦が要求される。

③　更新面組織化：この作業は，ミズナラ結実の豊凶性が不規則であり，豊作年はわずかにすぎず，平作年における少量の種子を有効に活用するために，図 4－9 のように更新筋に更新技術上の優先順位を付与するものである。表 4－11 には，小標柱によって主伐木プロット（3.0 m×3.5 m）を標示することになっているが，その実状を示すと写真 4－6 のとおりである。

この更新面組織化が，後続の更新プロセスに属する稚樹刈出をはじめ，それ以降の保育プロセスに組み込まれた除伐（2 回）・枝打（2 回）・間伐（11 回）の適切な施行を可能にし，それぞれの単位育林作業相互間の有機的一貫性をもたらす結果となるのは，表 4－11 から明らかであろう。

4.2　保続生産システム設計

4.2.1　保続生産システム

作業級ごとに上述のような育林プロセスが設計されたら，それらの育林プロセスによって各作業級から木材が保続生産されるシステムすなわち「保続生産システム」の設計にA計画チームは苦闘覚悟で取りかからねばならない（図 1－3 参照）。

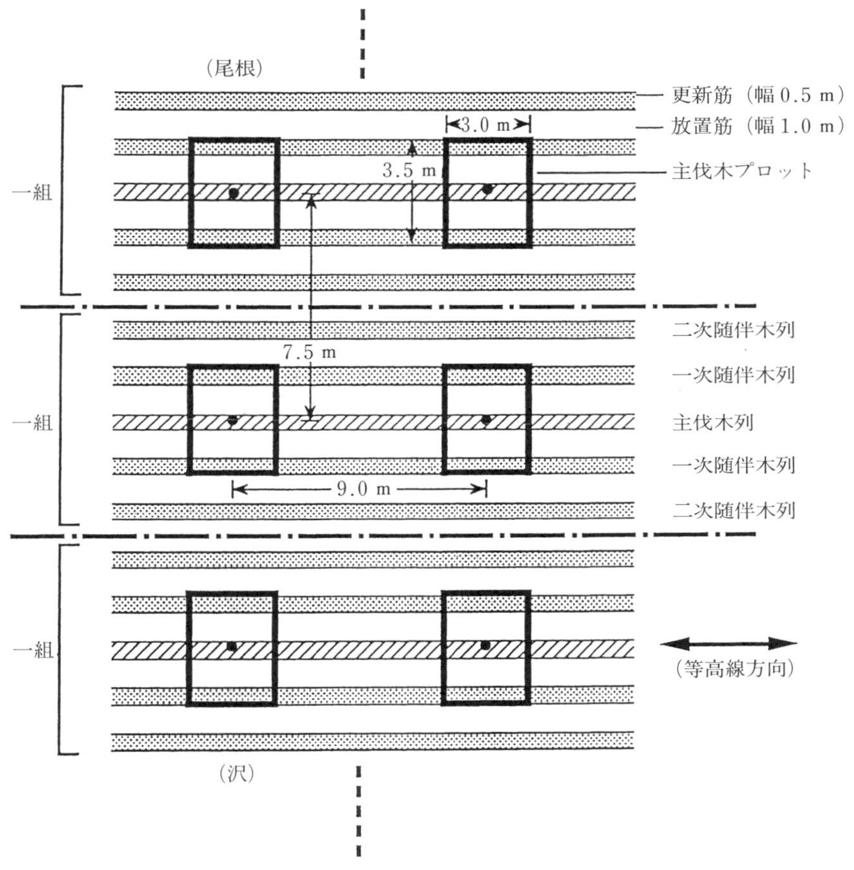

図 4－9　更新面組織化の模式図

そのシステムは，従来の「森林作業法」に相当する（今田 1976 b）。しかしながら，この森林作業法に対しては，「森林作業種」（今田 1977）と関連して種々の見解が見られる。そこで，ここではその両者間の混乱を避けるため，従来の「森林作業法」を「保続生産システム（sustainable production system)」と別称し，その技術的内容を「作業級（working group）からの保続生産を目指した個々の生産林分配置の時間的・空間的制御システムと，それに即応した必要付帯設備（表 1－1 参照）の配置方式との統合システム」と

写真 4－6　ミズナラ構造材生産林分の育林プロセスにおける更新面組織化の実状

規定する。

したがって，「保続生産システム」は，作業級そのものを対象とした時・空間システムであって，その内部の単位林地（林分）における伐採－更新の短期的局面を対象とした「育林方式（silvicultural system）」とは異なり，さらに単位林地における更新から主伐までの長期にわたる育林過程の時系列を対象とした「育林プロセス（silvicultural process）」とも異なる。

この育林プロセスには，その更新当初段階において「育林方式」は具体的な単位育林作業に転化されて組み込まれており，その主伐最終段階において「目標林分」も組み込まれている。したがって，各作業級の保続生産システムの設計にあたっては，作業級ごとに設計されている育林プロセスに着目すればよい。その育林プロセスは，再三ふれてきたように，樹木成長の要長期性に伴って，作業級内単位林地を対象とした長期時系列となっている。「保続生産システム」は，その単位林地を対象とした長期にわたる「育林プロセス」を，作業級全域を対象とした１年単位の単位育林作業の空系列に転化するものであって，「森林誘導」を介して，各作業級ごとの１年単位の「森林施業」における基本的枠組みを構築するものでもある。

4.2.2 法正林

この保続生産システムに内包されている生産林分配置の時空間制御システムのモデルとみなされるのが“法正林”（栗村 1970；Speidel 1967）である。この法正林の概念は Hundeshagen によって基礎づけられ，さらに C.Heyer によって補足完成されたのは周知のとおりであり，その後，森林経理の理想とする目標は法正林を造成することであるという法正林思想に発展し，長年にわたって森林経理学の中心的支柱となった（井上 1974)。

この法正林概念は，元来，皆伐作業級をベースとして発想され（吉田 1952；藤島 1960；井上 1974；南雲・岡 2002)，その“法正状態”が皆伐作業級をベースとして，他 3 作業級の場合に言及されており，皆伐作業級・残伐作業級・漸伐作業級に応じた保続生産システムにおける生産林分配置の時空間制御システムの基本モデルとしての機能を果たしてきた。

その法正林概念の詳細への言及は“釈迦に説法”になるが，要するに，“法正状態”を前提として，皆伐作業級における各齢階の林分の年成長量の総和が最老齢林分（主伐林分）の材積量に一致することが理論的に証明されたことは，林木単位ではもちろん，林分単位でも生産物を生産手段から分離することは不可能ではあるが，作業級全体としてはその分離が理論的には可能であることを意味する。

前述の理論的な証明，さらに生産物と生産手段の分離可能性は，皆伐方式はもちろん，残伐方式・漸伐方式を組み込んだ千差万別の作業級の保続生産システムを，その千差万別の諸条件に応じて法正林という基本モデルをアレンジしながら案出する駆動力をフォレスターに与えると同時に，たとえ“法正状態”にはない現実林においても，技術的良識に基づく適切な伐採は森林（作業級）を破壊するものではない，という安堵感をも与えた。

4.2.3 保続生産システム設計の実例

保続生産が進行中の作業級あるいは事業区では，前述のような保続生産システムが稼働しているはずであるが，その作業級（事業区）を保有している林業経営体にはそのシステムに名称を付して公表する必要あるいは義務はないことから，多くの保続生産システムが当該経営体の社長の脳裏に内蔵されていて潜在化し世に出ていない，いわゆる企業秘密の一つであるかのようにである。

しかし，企業秘密とせず，むしろ啓蒙や普及等の観点から，案出された保続生産システムに名称を付し公にされている場合がある。それらの実例をここにあげて参考に供すると同時に，その実例を通して育林方式（従来の森林作業種）と保続生産システム（従来の森林作業法）の相違点がより的確に理解されるであろう。ただし，それらの実例の詳細については，既刊専門書等にゆずり，ここでは概要のみにとどめる。また，本格的な保続生産システムにまでは至っておらず，その基本的構想段階にとどまっているものも，将来の発展を期待してここに紹介することにした。

⑴　帯状画伐作業法

C. Wagner 氏は，ドイツの Freiburg 大学の教授であったが，1898～1903 年までドイツの Würtemberg 国の Gaildorf に所在する Pückler-Limpurg 伯爵私有林約 1,500 ha を管理した。その間，当私有林の経営について研究を進め，1902（明治 35）年，当私有林の Osterbach 事業区約 800 ha を対象とした帯状画伐作業法（片山・田中 1934；大田 1976）を案出した。この保続生産システム（森林作業法）は，法正林思想に基づく大面積皆伐方式適用の反省から生まれたものであり，それを小面積育林方式に変更する意図をもって案出された。その後，このシステムに基づく森林施業が好成果をあげたことから，Würtemberg 国内の他の森林に広く適用された。

1）立地概況

この保続生産システムの適用対象地である Osterbach 事業区約 800 ha は，緩傾斜地に位置し，その平均海抜高は 450 m 前後である。年降水量は約 800 ㎜にすぎず，林地は乾燥して天然下種更新には困難な条件下にある。主風は西風で，過去には風害がしばしば発生した。

本システム適用前の林況は，大部分がトウヒ天然生林でモミ・ブナ等も混生していたが，一部には 25～60 年生のトウヒ人工林も見られた。その成長は良好ではなく，70～100 年生林分の平均蓄積は 450 ㎥／ha で，その平均材積成長量は 6～7 ㎥／ha であった。

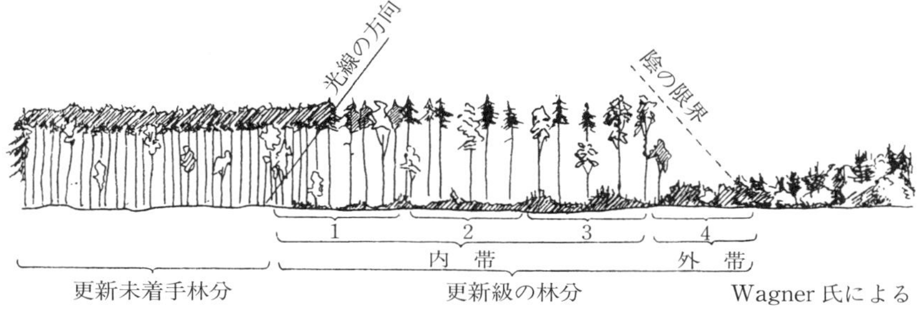

図 4 − 10　帯状画伐作業法における更新プロセス（片山・田中 1934）

注：

1 は鬱閉林分に接して，僅かに伐り透かされた，天然下種の発芽を促している区域。

2 は林冠疎開して，稚樹成長させる区域。

3 は樹冠は頗る疎開して，成長した稚樹は鬱閉して次第に上木の除去を必要とする区域で，言換えれば上木除去の準備区域である。

〔以上が内帯となる〕

4 は外帯すなわち上木はまったく伐採され更新を終わったものである。この開放した幼樹林は，*S* 方向にある更新級の林木によって，*S* 方向からの光線を遮られ，保護の下に生育する区域。

2）育林プロセス

目標林分としては，トウヒを主体とする次のような樹種を混交した単層林型といえる。その目標混交率は，トウヒ：70 %，ブナ：15 %，モミ：10 %，アカマツ：5 %とされていたと推定され，輪伐期は 100 年とされていた。

この目標林分の育成に応ずる育林方式としては，帯状画伐－天然下種更新方式（上方・側方・林縁を併用）を基本とするが，更新に着手する帯状地では皆伐されることもある。その帯状地の幅は，トウヒの樹高（30 m）の 1／2（15 m）以下に抑えられており，その皆伐帯状地では人工植栽も併用される。

このような複合的な伐採－更新を進める更新プロセスは，図 4 - 10 に示すとおりであって，更新期間は 20～30 年とされ，主伐（予備伐・下種伐・後伐）間隔年数は 2 ～ 3 年とされているから，同一帯状更新面（更新進行方向への帯幅：100 m 前後）に対する主伐回数は 10 回前後に達し，年平均更新速度は更新（伐採）進行方向に対して計算上 3 ～ 5 m（≒100 m／20 年

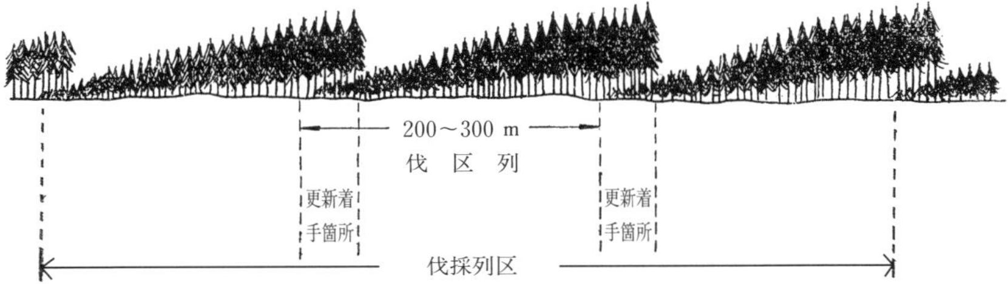

図 4－11　帯状画伐作業法における伐採列区・伐区列の配置（片山・田中 1934）

～100 m／30 年）となる。一般に，択伐方式および小面積育林方式が適用された場合には，更新（伐採）面が全林（作業級）に複雑に散在することから，それらの更新面における更新状況を観察するのに困難を伴うが，このシステムでは整然と更新帯を設定するため，この欠点を解消し得る利点がある。

この更新プロセスに後続する保育プロセスでは，成林後の幼齢期から上層間伐を繰り返し，下層木は保残して下草の繁茂を抑制すると同時に，広葉樹の混交を図る。この保育プロセスの主眼は，上層木の樹冠長率を樹高の１／３（枝下高率：樹高の２／３）に保持する点にあると推測される。

３）生産林分・付帯設備配置

前述のような育林プロセスによって，この事業区（作業級）における保続生産を図るための生産林分配置にあたっては，まず図 4－11 に示すような伐採列区が設定され，その伐採列区は適当数の伐区列に分画される。ただし，一つの伐採列区内には多数の伐区列が含まれないように計画する。この伐区列が生産林分配置の最小単位であり，図 4－12 のように林道によって区画されており，更新（伐採）進行方向に 200～300 m（平均 250 m），それと直角方向に 300～400 m（平均 350 m）とされているから，その面積は 6 ～12 ha となる。その平均面積を 10 ha と仮定すると，約 800 ha の事業区（作業級）内に，約 80 個の伐区列が設定されていることになる。

このような伐区列にしたがって伐採列区を設定する方位が図 4－13 のように 8 方位に分けて原則的に定められ，同時に主伐進行順序も示されている。この伐採列区設定方位と主伐進行順序の原則は，次のような条件を考慮して

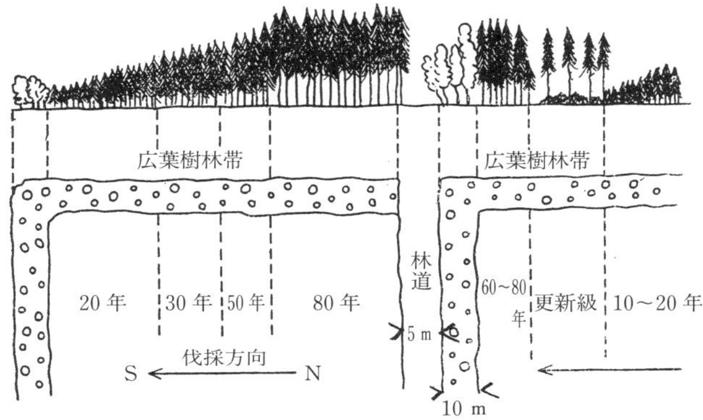

図 4 − 12　帯状画伐作業法における林道・保護樹帯の配置（片山・田中 1934）

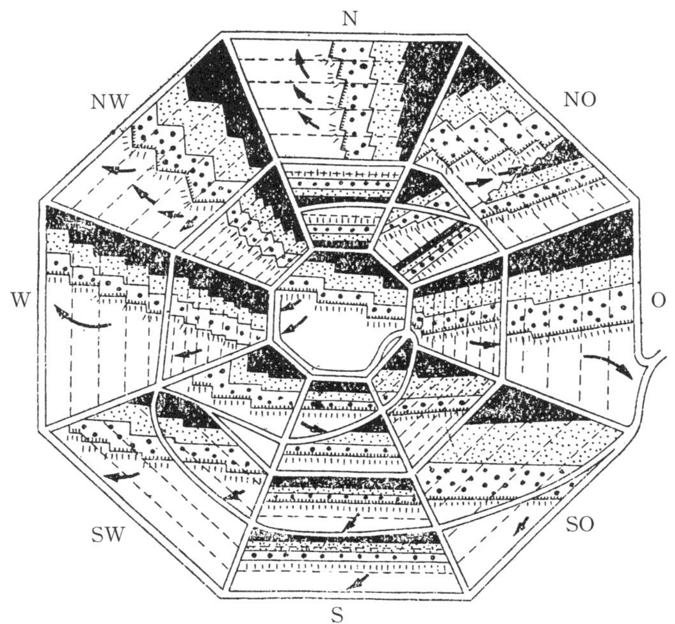

図 4 − 13　帯状画伐作業法における伐区列設定方向と主伐進行順序（片山・田中 1934）

定められている。

① 主風（西風）による風害が発生しない方向（東→西）

② 確実な更新が期待できる方向（北→南）

③ 傾斜地では伐出作業による更新樹の損傷がない方向（斜面上部→斜面下部）

ところが，図4－13から明らかなように，更新帯は必ずしも「帯状」ではなく，風害・更新・伐出の諸条件を総合し，なるべく上記原則に沿うように局部的に変形されている。たとえば，西斜面では短い北面線（更新に有利）を現出させるために「階段状」にし，北東斜面では「湾入状」に変形されている。

図4－12および図4－13には，生産林分（伐区列）配置とともに，「林道」配置と「保護樹帯」配置についても示されている。伐区列（平均250 m×平均350 m）が林道によって区画されていることから，林道開設位置も伐区列設定と同時に設定される結果となり，実際に当事業区の林道密度は40 m／ha に達している。また，幹線林道と支線林道の分岐点にはつねに「山土場」が作設されている。一方，「保護樹帯」については，図4－12に示すように，風害を防止するため，各伐採列区の西側と南側に幅10 m の広葉樹林帯（最適樹種：ナラ）が設定され，必要に応じて人工植栽される場合もある。

(2) 楔状傘伐作業法

Eberhard 氏は，ドイツの Schwartzwald の東北端に所在する Langenbrand 営林署の署長を務めた。その間の1903（明治36）年，当管内の国有林2,242 ha を対象とした楔状傘伐作業法（片山・田中 1934；大田 1976）を案出した。ついで，1919（大正8）年から1923（大正12）年まで，Langenbrand 営林署の東北に隣接する Baden 国の Pforzheim 営林署の署長であった Philipp 氏が本作業法についてさらに研究を重ね，その後 Baden 国の山林部長に就任するに及んで，本作業法の普及に努めたことから，Baden 国内に広く適用されるに至った。

Philipp 氏が，この作業法に着目したのは次のような事情からである。すなわち，1920（大正9）年1月の暴風によって，自管内の Huchenfeld 事業区の森林が大きな被害を受けたにもかかわらず，それに隣接する本作業法が適用されていたLangenbrand営林署管内の森林被害が極めて小さかったことによるものである。

1）立地概況

この保続生産システムの適用対象地であるLangenbrand営林署の国有林2,242 haは，大部分が海抜高約300～400 mの間に位置し緩傾斜地が多いが，最高700 mに達し，傾斜地も含まれている。年降水量は約1,000㎜であり，主風は西風であるが風害は比較的少ない条件下にある。

当地域はモミの生長が良好な条件下にあり，前生樹種の大部分がモミで，1898（明治31）年当時における樹種構成は，モミ：66％，アカマツ：18％，トウヒ：10％，広葉樹（主としてブナ）：6％であった。

2）育林プロセス

目標林分としては，モミを主体とする次のような樹種を混交した単層林型といえる。その目標混交率は，モミ：54％，トウヒ：22％，アカマツ・カラマツ：12％，広葉樹（主としてブナ）：12％とされ，輪伐期は110年とされている。

この目標林分の育成に応ずる育林方式としては，楔状傘伐－天然下種更新方式（上方・側方・林縁を併用）を基本とするが，傾斜地で更新に着手する場合には林道下部斜面に沿って舌状更新地（図4－16参照）を設定する場合もあり，人工植栽・人工播種（目標更新樹補充・混交率改善）も併用されることもある。

このような複合的な伐採－更新を進める更新プロセスは，基本的には図4－14に示すように主風（西風）に向かって，東方あるいは北東方から楔状に主伐（予備伐・下種伐・後伐）をすすめる。更新に着手した段階の予備伐は基準的に2年ごとに，主として陰樹であるモミの稚樹が5～7年生に成長するまでの10～15年間にわたって繰り返される。その後，モミ等の成育が確実になった段階から下種伐に移り，モミ等の更新樹の間にトウヒ・アカマツ（陽樹）が天然下種更新するように楔の形状に従って，基準的に2年ごとに上層林冠中の小径木を伐採する（上層間伐）。さらに，下種伐段階で保残された上層木が母樹としての機能を果たし終わった時期に最後の後伐が行わ

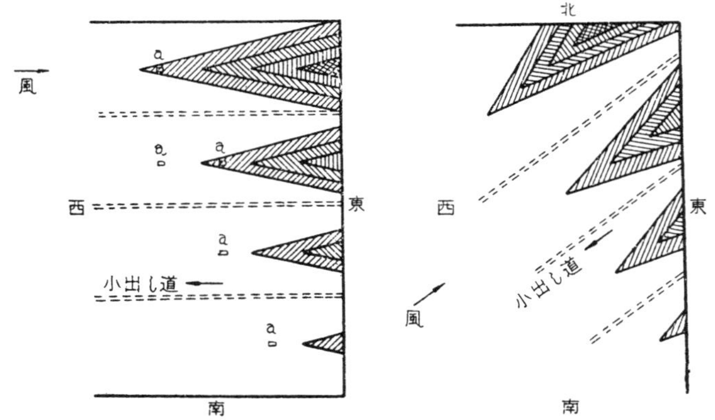

図 4 − 14　楔状傘伐作業法における更新（伐採）の進行方向（片山・田中 1934）
注：aは，移動苗畑を示す。

れ，20〜25 年間にわたる更新プロセスが終了する。

前述のような更新プロセスによって成林した楔状林分に対して，幼齢期から将来の主伐木に着眼して上層間伐が短い間隔年数で実施される。その間伐は，主伐木の立木間隔が 5 〜 7 m，したがって主伐木本数密度としては約 200〜350 本/ha となることを目指し，その目標樹冠長率は 40 ％（したがって樹高を 30 m とすれば，目標枝下高は 18 m）とされている。

3 ）生産林分・付帯設備配置

前述のような育林プロセスが適用される対象地 2,242 ha は，1 作業級と推定されるが，まず 9 個の「地区」（Distrikt）に大別された（平均面積 249 ha）。ついで，その地区を細分して計 81 個の伐採列区が設定された（平均面積は 28 ha）。さらに，この作業級全域内に 154 個の林班が設定された（平均面積は 14 ha）。したがって，1 伐採列区は，平均 2 個の林班によって構成されたことになる。

その林班設定状況を示したのが図 4 - 15 であり，各林班は 1 つの楔を中心として林道によって分画されていることがわかる。さらに，この図には林道のほかに，小出し道（簡易集材路：幅員 2 〜 3 m）・搬出界線・山土場（林道−搬出路の分岐点）という運搬設備・貯蔵設備等の配置についても示され

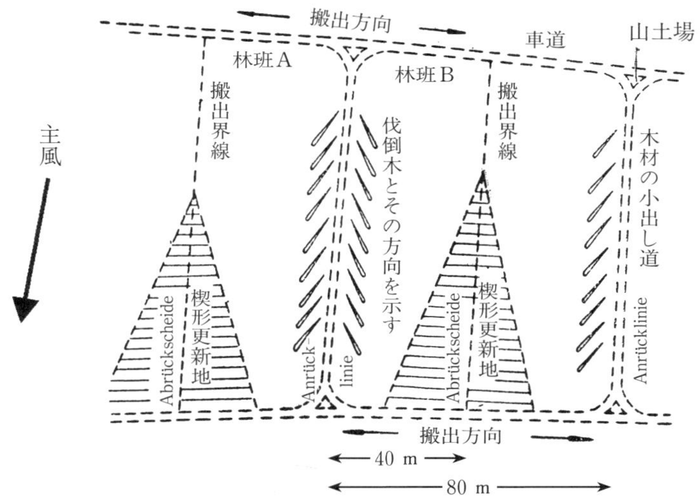

図 4－15　楔状傘伐作業法における林班・楔状更新面・小出し道・山土場の設定方法（片山・田中 1934）

ている。なお，搬出界線から小出し道までの距離 40 m は，主伐木の樹高を 30 m とすると，搬出距離はきわめて短く，さらに伐倒方向も規制して搬出材の回転を防ぐことによって更新樹損傷を軽減するのに有効である。

図 4－15 は平坦地を対象とした場合であるが，傾斜地においては先にもふれたように楔状更新面は，図 4－16 に示すように変形されて舌状更新面となる。さらに，この図には，生産林分内における更新面形状だけではなく，灌水効果（年降水量 1,000 ㎜ の少量）をも考慮した林道路線の設定方法や，それと有機的関連性のある山土場の作設位置も併示されている。なお，この場合には，搬出界線は小尾根の稜線に相当し，小出し道は小沢に設定されることになる。

前述のような楔状更新面（傾斜地では舌状更新面），したがって伐採列区を設定する方位が，前の帯状画伐作業法の場合と同様に，図 4－17 のように 8 方位に分けて原則的に定められ，同時に主伐進行順序も示されている。この伐採列区設定方位と主伐進行順序の原則も前の場合と同様であり，

①　主風（西風）による風害が発生しない方向（東→西）

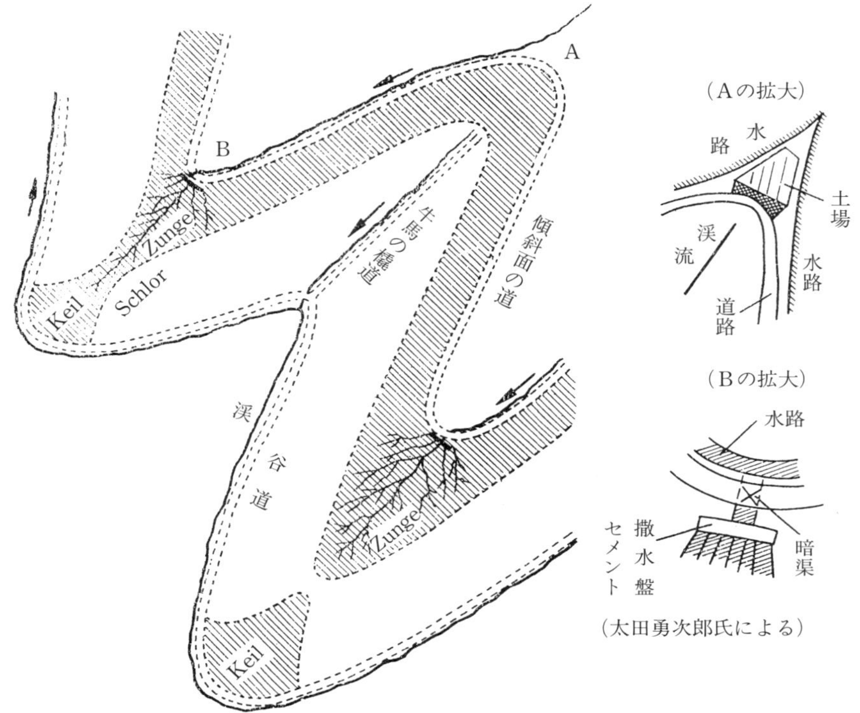

図 4 － 16　楔状傘伐作業法における舌状更新面・林道路線・山土場の設定方法（片山・田中 1934）

②　確実な更新が期待できる方向（北→南）

③　傾斜地では伐出作業による更新樹の損傷がない方向（斜面上部→斜面下部）

を考慮して定められている。

この図には，林道・小出し道も示されているが，林道網は 300 m ごとに配置される林道路線によって形成されることを理想としているが，実際にも当作業級の林道密度は 35 m／ha に達しておりほぼ理想に沿った実状にある。

さらに，図 4 − 18 に示すように，各伐採列区には風害を防止するため，西側面および南西側面に林衣（保護樹帯）の配置が計画され，図 4 − 14 に併示

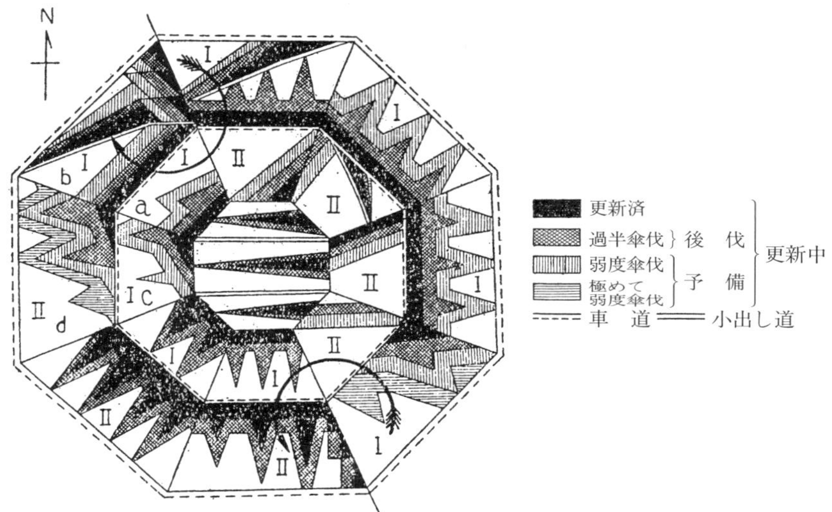

図 4 − 17　楔状傘伐作業法における楔状更新面の設定方向と主伐進行順序（片山・田中 1934）

注：林道・小出し道の配置方法も示されている。ただし，小出し道は中央台地のみを示し，他は省略されている。

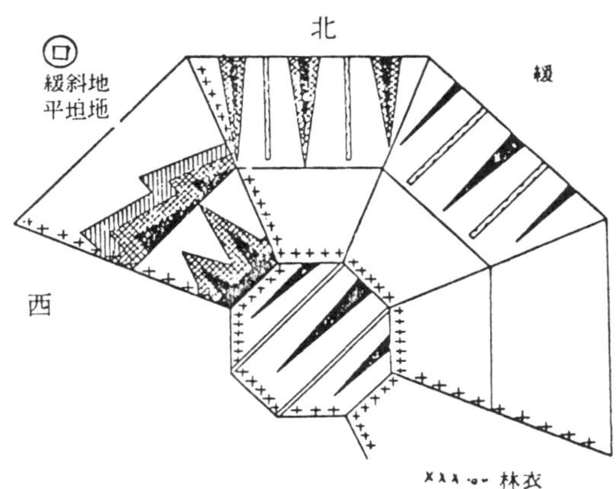

図 4 − 18　楔状傘伐作業法における林衣（保護樹帯）の設定方法（大田 1976）

されているように移動苗畑（原材料設備）も，楔の中央部付近あるいはその先端部に配置される。この移動苗畑は，天然下種更新のみによっては更新樹の確保が困難な場合に，人工植栽（植栽密度 4,000 本／ha）も併用されることから，その苗木を養成するために作設されるものであって，その面積は 3 m × 5 m ＝15 ㎡ 程度の小規模に止めるものとされている。

⑶ 交互帯状皆伐作業法

井上由扶氏は，わが国の旧御料林の札幌支局に勤務していたが，その管内の苫小牧事業区約 20,000 ha の中に設定された約 11,000 ha の作業級を対象として，1939（昭和 14）年に，交互帯状皆伐作業法（井上・蘇原 1940；井上 1954）を立案し，それが実施に移された。

この事業区は，1914（大正 3 ）年までは，大部分が林班を単位とする大面積皆伐人工造林方式（輪伐期：100～120 年）によって施業されていた。その造林成績は気象上の諸被害により良好ではなく，いわゆる大面積皆伐方式の弊害が認められたことから，小面積育林方式へ転換すべきと判断して，本作業法を案出するに至ったものである。

1 ） 立地概況

この保続生産システムの適用対象地である苫小牧事業区内の作業級は，標高 1,024 m の樽前山の東側に展開する裾野状地形に位置し，標高 25～250 m の台地状をなす平坦地ないしは緩傾斜地が多い。年降水量は約 1,100 ㎜，年平均気温は約 10 ℃である。主風は，秋冬が北西風，春夏が南東風でほぼ一定であることから，平坦地が多いことも相俟って帯状皆伐方式には好条件下にある。

前生樹種は，針葉樹ではエゾマツが最も多く，アカエゾマツ・トドマツが混生し，広葉樹ではミズナラ・イタヤカエデ・シナノキ・カツラ・カンバ類が多い。その林齢については，針葉樹林では 100～130 年生林分が多く，広葉樹林では 140～160 年生林分が多い。また，一部にはエゾマツなどの人工植栽林（総面積約 3,320 ha）も混在しているが，それらは前述のように大面積造林地であるため，成長状態は良好ではないが，天然生林は比較的良好とされている。

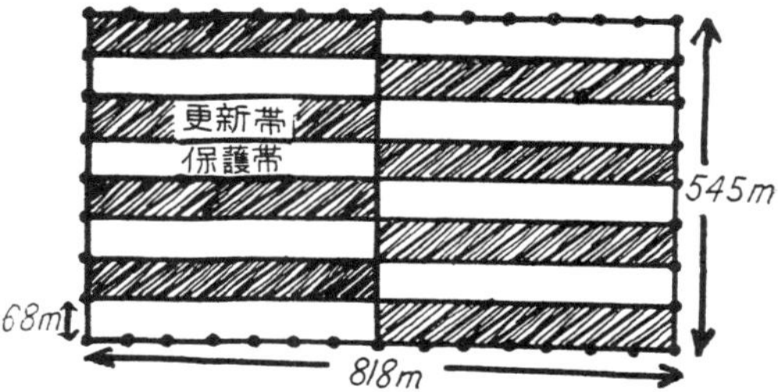

図 4 − 19　交互帯状皆伐作業法における帯状区の設定方法と林班との関係（井上 1954）
注：１つの帯状区は幅 68 m，長さ 409 m（2.78 ha）であり，この図の 16 帯状区（545 m × 818 m ＝ 44.50 ha）が 1 個の林班となる。

２）育林プロセス

目標林分としては，立地ごとに適地適木を考慮し，針葉樹 90 ％，広葉樹 10 ％とされており，針葉樹ではエゾマツ（アカエゾマツを含み 45 ％）・トドマツ（45 ％），広葉樹ではヤチダモ・ミズナラ・センノキ・ホオノキ・ドロノキ等が目標樹種とされている。その目標径級は，針葉樹 30 cm 以上，広葉樹 40 cm 以上とされ，それに応ずる輪伐期は 80 年とされている。

このような目標林分の育成に応ずる育林方式としては，交互帯状皆伐－人工植栽方式を基本とするが，地況・林況の局部的変化に即応して，群落状皆伐（約 1,000 ha）・漸伐的取扱（約 1,000 ha）・択伐（約 300 ha：沢沿急傾斜地）方式も併用するものとされている。

そのうちの基本となる交互帯状皆伐－人工植栽方式に基づいた育林プロセスとしては，まず図 4 − 19 に示すように帯幅 68 m，帯長 409 m の帯状区（面積 2.78 ha）を 16 個設定し，各帯状区を交互に更新帯，保護帯と名付け，その結合体（545 m × 818 m の長方形）を 1 個林班（面積 44.50 ha）とした。次に，その結合体の一部を図 4 − 20 のように図示して育林プロセスが明らかにされている。まず，伐期齢（80 年）に達した更新帯を皆伐して人工植栽し，保護帯の保護によって確実に成林させる。40 年後に至れば，更新帯の新林は隣接林分の保護を必要としない大きさ（40 年生）に保育され，かつ保護帯の林分が伐期齢に達するから，前記の更新帯の場合と同様に皆伐して人工植栽を行う。このようにして相隣接する帯状区は，常に 40 年の林齢較

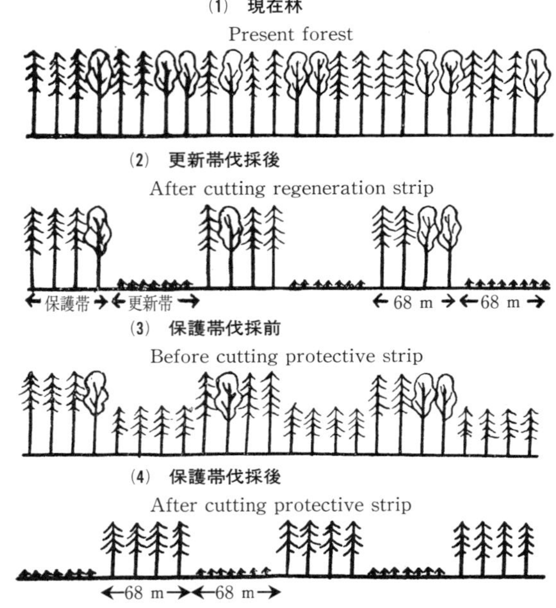

図 4 − 20　交互帯状皆伐作業法における育林プロセス（井上 1954）

差をもって更新・保育上交互に保護樹帯の機能を果たすように育林作業を実施する。

3）生産林分・付帯設備配置

前述のような育林プロセスによって，保続生産を図るには輪伐期（80 年）の 1 ／ 2 の林班数（40 個）をもって連年生産を行い，その 1 ／10 の林班数（4 個）をもって伐採列区（不完全伐採列区）を構成する。その主伐進行順序については，図 4 - 21 に示すように主風に向かって皆伐が進行するように分期（10 年間）指定する。ただし，主風の方向が地形等との制約から帯状区に対して直角にならない場合には，図 4 - 21 のように隣接の伐採列区と関連させて，同一分期に属する林班列を主風方向に直角ならしめるように分期指定し，全林をもって風害への防御構造を強化する。

このような主伐進行順序による風害防御構造のほかに，図 4 - 22 のように伐採列区の周辺部に，幅 30 m の保護樹帯の設定が計画されている。した

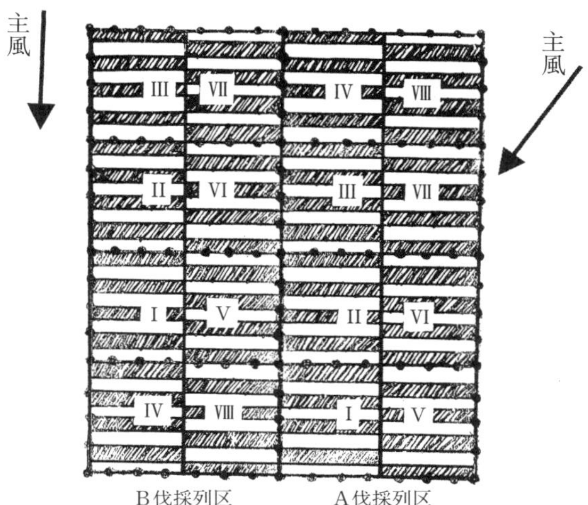

図４－21　交互帯状皆伐作業法における伐採列区の設定方法と主伐進行順序（井上 1954）

注：主風方向が帯状区に対して直角にならない場合の伐採列区の半部群の伐採分期（10年間）指定の方法を含む。

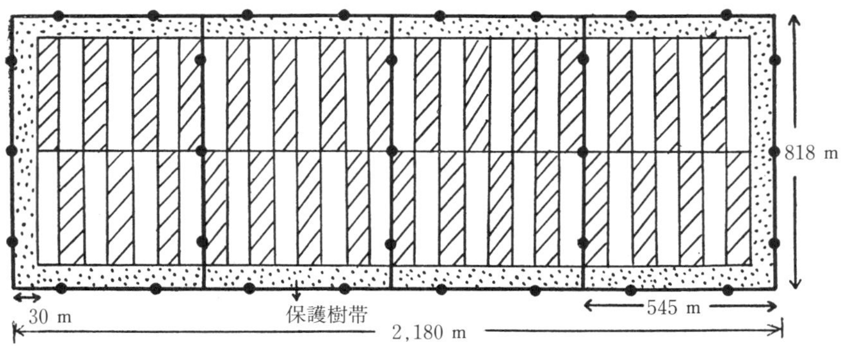

図４－22　交互帯状皆伐作業法における伐採列区（４個林班）に対する保護樹帯の設定方法（井上 1954）

注：この保護樹帯の内部に林道が開設される。

写真 4－7　交互帯状皆伐作業法の適用状況（井上 1954）

がって，伐採列区相互間では 60 m 幅となる。その結果，各林班面積の約 10 %が保護樹帯（保全設備用地）に編入される結果となるが，確実な成林を期する観点からやむを得ない方策とする。

運搬設備の一つである林道はこの保護樹帯の内部，したがって伐採列区界に沿って開設するように指示されており，その他には苗木の自家生産を目指して林内苗畑（原材料設備）の適切な増設候補地もあげられており，保全設備の一つである防火線も設定されている。本作業法の実施状況の一部を示すと写真 4－7 のとおりである。この写真の南東部は帯状区の配置状況が明確であるが，北西部は 1954（昭和 29）年 9 月の台風 15 号によって更新帯と保護帯の規則的な交互配置状態は撹乱されている。

(4)　交互区画皆伐作業法

前述の交互帯状皆伐作業法を立案した井上由扶氏は，1940（昭和 15）年，旧御料林の北海道南部地方に所在する木古内・知内・角田事業区内の作業級を対象として，交互区画皆伐作業法（井上 1940，1954）を案出した。本作業法は，前述の平地林を対象とした交互帯状皆伐作業法の山地林への応用という性質を持つものであって，気象条件が厳しく複雑な地形を呈する粗悪天然林の改良を目的とするものである。

しかしながら，前述のいずれの作業級も第二次世界大戦に伴う乱伐や，終戦後の農耕適地開放などによって，その実施状況は大きく撹乱されるに至った。その後，1949（昭和 24）年に，北海道十勝地方に九州大学北海道演習林（総面積 3,735 ha）が設置されるに及んで，その一部に本作業法の適用試験が，九州大学農学部に転任した井上由扶氏によって計画され，1952（昭和 27）年から実施された（井上・野田 1953）。

1）立地概況

九州大学北海道演習林における本作業法の適用試験地域は，試験開始後 20 年が経過した 1972（昭和 47）年現在では中央地域の約 1,000 ha であり（柿原 1973），標高約 200～430 m の間にあって，起伏の多い複雑な地形を呈している。年降水量は約 700 ㎜ にすぎず，年平均気温は約 6 ℃できびしい気象条件下にある。

本作業法の適用試験前における林況は，典型的な広葉樹天然生林であって，エゾマツ・トドマツ等の針葉樹は皆無の状態にあり，しかも人工林は全く介在していなかった。その立木形質は，第二次世界大戦後の良質大径木の抜切りがなされたために不良であり，優良林分は点在状態にすぎなかった。なお，上層大径木の樹齢は 150 年以上に達しており，一部には二次林も分布していた。

2）育林プロセス

目標林分としては，針葉樹 80 %，広葉樹 20 %とされており，針葉樹ではカラマツ（40 %），トドマツ（30 %），エゾマツ（10 %），広葉樹ではミズナラ（13 %），ヤチダモほか広葉樹（7 %）が目標樹種とされており，輪伐期は 80 年とされた。

この目標林分に応ずる育林方式は小面積交互皆伐－人工植栽方式であり，計画当初段階における小面積伐区の面積を将来には漸次小面積化し，最終的には単木育林方式に誘導することが目標とされた。

この作業法の適用試験では輪伐期（80年）の1／2にあたる40年の改良期が設定され，その改良期の期間中における小面積伐区の基準面積は5 haとされた。その改良期も含めて，目標林分への誘導期間中における育林プロセスの基本を模式的に示したのが図4－23（今田・荒上 1995）である。

まず，図4－23の①に示すように，5 haの小面積伐区を2個結合した10 haの結合単位伐区（今田・荒上 1995）上の広葉樹天然生林分を5 haの小面積単位伐区に二分する。その一方を更新伐区（更新面）として皆伐－植栽し，他の一方を保護伐区（保護面）として残置して，更新面に成育する林分の保護樹帯としての機能を果たさせる。

植栽後20年経過すると，②のように更新面の人工林分は20年生となり，安定した林分構造となって保護面の天然生林分から保護をうける必要がない段階に到達する。この段階で，保護面の天然生林分5 haを皆伐－植栽し，それに対する保護樹帯としての機能を更新面に成林した人工林分に果たさせる。このように更新面と保護面には20年の林齢較差をもって人工林分が成林し，それらは交互に育林上の保護樹帯としての機能を果たしあうことになる。

さらに40年経過すると，③のように当初の更新面に成林した人工林分は40年生となり，当初の保護面の林分は20年生に成長する。ここで，この結合単位伐区の集合体である作業級に着目すると，この段階で改良期が終了し，作業級内には，1年生から40年生に至る40齢階の人工林分が5 haを単位として，交互に20年の林齢較差をもって有機的関連性を保ちながら配置されているはずである。これ以降においては，これまでに育成されてきた人工林分の主伐（皆伐）に着手することになる。

ここで再び結合単位伐区に着目すると，③のように当初の更新面に成林している5 haの40年生林分を二分して，一方の2.5 haの林分を皆伐－植栽する。この段階で皆伐される林分は伐期齢80年の1／2にすぎないから小径級にとどまる結果となる。そのため，この5 haの林分には，それを20年生から40年生に至る途中段階であらかじめ二分しておき，次のようないずれかの育林技術上の対応策を講じておく。

(a)　先に皆伐する2.5 haの更新面には，壮齢期までの成長の早い樹種

（たとえばカラマツ等）を植栽しておき，後に皆伐する 2.5 ha の更新面には 60 年伐期に対応した樹種（たとえばエゾマツ・トドマツ等）を植栽しておく。

(b) いずれの 2.5 ha の更新面にも同一樹種を植栽する場合には，先に皆伐する 2.5 ha の更新面（人工林分）に対して，それが間伐期に到達する 20～40 年生の間に強度間伐を施行し，肥大成長をあらかじめ促進しておく。

ところで，この結合単位伐区の集合体である作業級の年伐面積については，改良期途中（40 年後まで）では 5 ha であるのに対して，改良期終了後には 2.5 ha に半減する。しかし，年伐材積については，改良期途中では低蓄積の広葉樹天然生林分が対象となり，改良期終了後では高蓄積の針葉樹人工林分が対象となるから，両者間に大差は生じない，という前提に立っている。

植栽後，60 年経過すると，④のように当初の更新面に成林した人工林分は 60 年生（2.5 ha）と 20 年生（2.5 ha）に達している。一方，当初の保護面の林分は 40 年生（5 ha）に成長しているが，前の場合と同様に正常な伐期齢（80 年）を待たずに 60 年生段階で主伐（皆伐）される半分の林分（2.5 ha）には，同一樹種を植栽した場合，あらかじめ 20～40（さらに 60）年生に至る途中段階で強度間伐を施行しておく。

その後 80～100 年を経過する間に，10 ha の林分は⑤，⑥に示すような成長過程をたどり，100 年以降においてはじめて伐期齢 80 年による正常な皆伐－植栽が可能となる。ただし，作業級全域に着目すると，すべての結合単位伐区（10 ha）が⑦のように 20 年の林齢較差をもつ 2.5 ha の 4 個林分によって構成されるに至るのは 120 年以降である。

3）生産林分・付帯設備配置

以上のような育林プロセスが各結合単位伐区において正常に進行し，本作業級全域において保続生産システムが正常に稼働している条件下では，次のような生産林分配置となる。

まず，本作業法適用開始 40 年後（改良期終了後）には，1 年生から 40 年生に至る 40 齢階の人工林分が 5 ha を単位として配置される。ただし，5 ha の各林分は図 4－23の③のように 2 個ずつが20年の林齢較差をもって結合

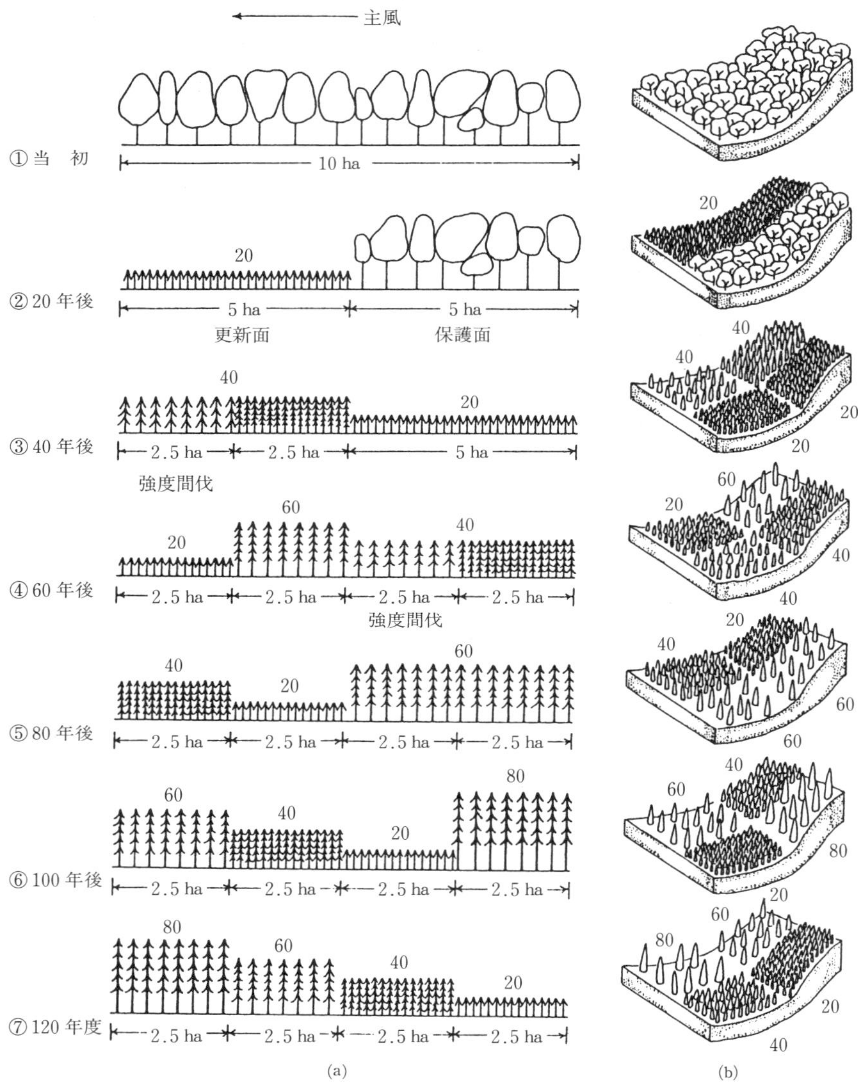

図 4 − 23　交互区画皆伐作業級に設定された結合単位伐区を対象とする育林プロセス
注：(b)は(a)に対応させて，より現実的に示されている。

1 年生林分 2.5 ha	21 年生林分 2.5 ha	41 年生林分 2.5 ha	61 年生林分 2.5 ha	: 結合単位伐区 1 （10 ha）	サブ作業級（200 ha）
2	22	42	62	: 結合単位伐区 2	
3	23	43	63	: 結合単位伐区 3	
4	24	44	64	: 結合単位伐区 4	
5	25	45	65	: 結合単位伐区 5	
6	26	46	66	: 結合単位伐区 6	
7	27	47	67	: 結合単位伐区 7	
8	28	48	68	: 結合単位伐区 8	
9	29	49	69	: 結合単位伐区 9	
10	30	50	70	: 結合単位伐区 10	
11	31	51	71	: 結合単位伐区 11	
12	32	52	72	: 結合単位伐区 12	
13	33	53	73	: 結合単位伐区 13	
14	34	54	74	: 結合単位伐区 14	
15	35	55	75	: 結合単位伐区 15	
16	36	56	76	: 結合単位伐区 16	
17	37	57	77	: 結合単位伐区 17	
18	38	58	78	: 結合単位伐区 18	
19	39	59	79	: 結合単位伐区 19	
20 年生林分 2.5 ha	40 年生林分 2.5 ha	60 年生林分 2.5 ha	80 年生林分 2.5 ha	: 結合単位伐区 20 （10 ha）	

図 4 − 24　交互区画皆伐作業級内に設定されるサブ作業級の林分配置状態

された状態すなわち結合単位伐区の構成単位体として配置される。

ついで，その改良期が終了し，さらに第 1 輪伐期が終了する 120 年後には，1 年生から 80 年生に至る 80 齢階の人工林分が 2.5 ha を単位として配置されている状態に変容する。ただし，2.5 ha の各林分は，図 4 - 23 の⑦のように 4 個ずつが 20 年の林齢較差をもって結合された状態すなわち結合単位伐区の構成単位体として配置される。

この段階における作業級全域の生産林分配置状態を結合単位伐区に着目して模式的に示すと図 4 - 24 のとおりである。この図から明らかなように，「20 個の結合単位伐区からなる集合体としての 200 ha」の内部において保続生産システムが稼働し得る。したがって，本作業法による保続生産システム

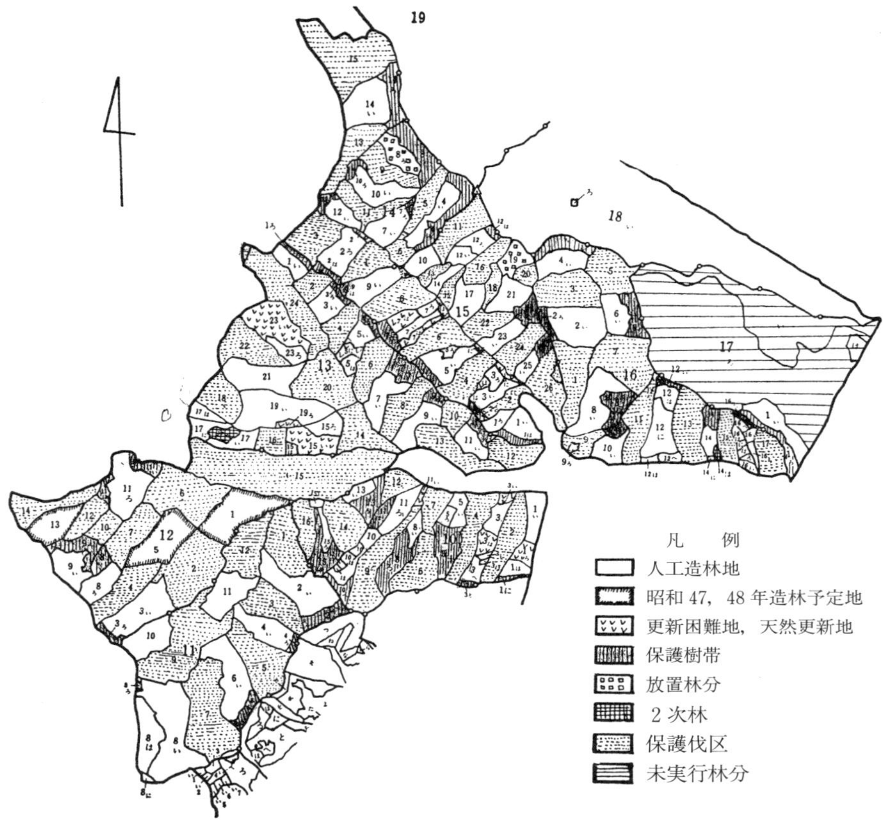

図 4 − 25　交互区画皆伐作業法の実行結果（柿原 1973）

は，このような内部組織を具備した 200 ha の森林組織体を単位として稼働することが分かる。この 200 ha の森林組織体は，その機能から判断して「サブ作業級」と称し得る（今田・荒上 1995）。

本作業法の適用試験全域は約 1,000 ha であるから，このようなサブ作業級が 5 個配置されるのが基準となるが，その全域の 20 年間にわたる単位伐区の設定状況を示した図 4 − 25 からはその配置は必ずしも明確とはいえない。なお，現状では，この 1 個のサブ作業級に相当する範囲を対象として適用試験が継続されているが，その実状を示すと写真 4 − 8 のとおりである。

写真 4 − 8　交互区画皆伐作業法の適用状況

この写真 4 - 8 に見られるように，5 ha の単位伐区を 2.5 ha の単位伐区に二分するにあたっては，なるべく等高線に沿う林道を区画線として利用するように計画されており（今田・荒上ら 1985)，保護樹帯は主要な尾根をはさんで 40 m（片側 20 m）に設置することが原則とされたが，図 4 - 25 のように更新伐区の尾根筋には保護樹帯が設定されている。

(5)　掌状作業法

前述の交互区画皆伐作業法は，九州大学北海道演習林の中央部の山地林に適用試験されたが，その更新伐区に育成されたカラマツ人工林分の 10 年間の成育状況を調査した結果，その山腹斜面の 1 ／ 3 以上の更新面では良好な成育状態にはないことがわかった。一方，1962（昭和 37）年当時，北海道地方の広葉樹天然生林はカラマツ等の人工林へ急速に林種転換されつつあって，同地方の有用広葉樹資源の枯渇が問題視されはじめていた。

このような事情から，山腹中部以下でカラマツを主体とする針葉樹人工林の確実な成林を期し，同時に山腹上部では群状択伐方式により，ミズナラを主体とする広葉樹天然生林を育成することを指向して，本演習林の北部を対象に，当時九州大学北海道演習林長の職にあった矢野虎雄氏によってこの掌状作業法（矢野・今田 1966）が考案され，その適用試験が 1963（昭和 38）年度から開始された。

1）立地概況

本作業法の適用試験地域は，前述した交互区画皆伐作業法の適用試験地域に接する北部一帯であって，立地条件に大差なく，標高約 200～430 m の間の複雑な山地林である。その適用試験面積は，2001（平成 13）年度末現在で約 500 ha（九州大学演習林 2002）である。

本作業法の適用試験前における林況も，前の作業法の場合と大差なく，典型的な広葉樹天然生林であって，エゾマツ・トドマツ等の針葉樹は皆無の状態にあり，山腹上部にはミズナラが多く分布し，150 年生以上の高齢林分も点在している。

2）生産林分・付帯設備配置

本作業法の骨子は，山腹斜面の中部以下には皆伐－人工植栽方式によって針葉樹林を育成し，その上部斜面には群状択伐－天然更新方式によって広葉樹林を育成することを基本目標として，山腹下部における針葉樹人工林の皆伐ごとに，山腹上部における広葉樹天然生林の群状択伐を施行して，皆伐方式と択伐方式を同一山腹斜面において有機的に結合する点にある。その適用試験当初は針葉樹人工林の伐期齢をカラマツを主体として 40 年，したがって広葉樹天然生林の回帰年は同じく 40 年とされたが，その後 50 年に変更された。なお，両育林方式を結合する場合の標準的な山腹斜面の範囲（標準単位伐区という）は小流域単位に 15 ha とされ，皆伐区と択伐区の面積比率は 4：6 が標準とされた。

このような育林方式によると，図 4－26 の模式図のように，針葉樹人工林皆伐区は沢筋を骨格として配置され，広葉樹天然生林択伐区は尾根筋を骨格として配置される。その配置区画線は地形・林相等を総合的に判断して設定されるが，両区の配置状態を上空から見ると，あたかも掌をひろげた形を呈することから“掌状”作業法と命名された。

この作業法が考案された当時の集材作業は，冬山での馬搬が主体であったことから，この保続生産システムに付帯設備としての林道を適切に組み込む計画考慮の余地がなかったといえる。その後，集材作業の機械化が進展するに及んで林道の重要度が増大し，このシステムに林道を組み込むための研究

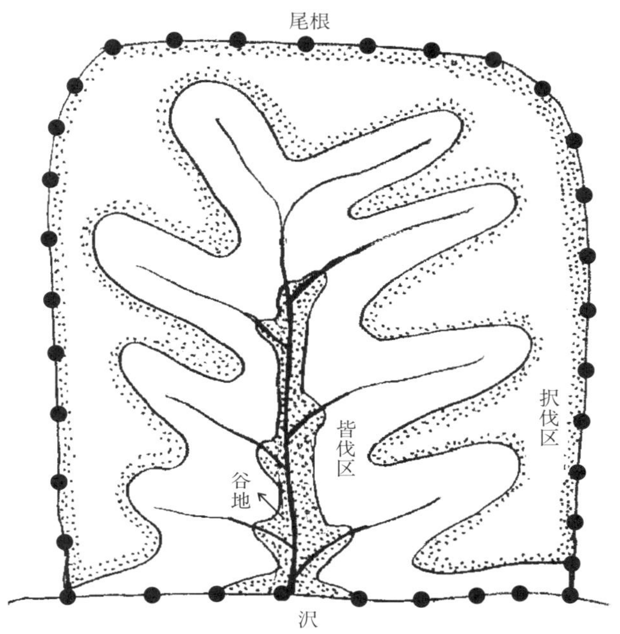

図 4－26　掌状作業法の標準単位伐区における択伐区・皆伐区の配置状態の模式図
注：谷地は択伐区に属し，準制限林地的に取り扱われる。

が進められた（Cha *et al.* 1987，1989）。山腹中部に林道が開設されることを前提とすれば，広葉樹天然生林の択伐（回帰年：50 年）は針葉樹人工林の主伐（伐期齢：50 年）時期に制約されることなく，間伐時期にも合わせて施行できることから，択伐区の回帰年はその人工林の間伐間隔年数との調整（たとえば一定化）の上短縮される可能性がある。さらに，両区の配置区画線と山腹中部の林道路線との調整も考慮される必要が生じる。

カラマツを主体とする針葉樹人工林分の育林プロセスは，前述のように間伐間隔年数の一定化等を要するものの，北海道地方における通常のカラマツ人工林に対する育林プロセスがほぼ応用できる。

一方のミズナラを主体とする群状択伐方式に基づく育林プロセスについては，ミズナラが陽樹であることを考慮し，その群状択伐面の最小面積を 0.01 ha とするとともに，群状面の平均直径を周囲上木の樹高と同程度を最

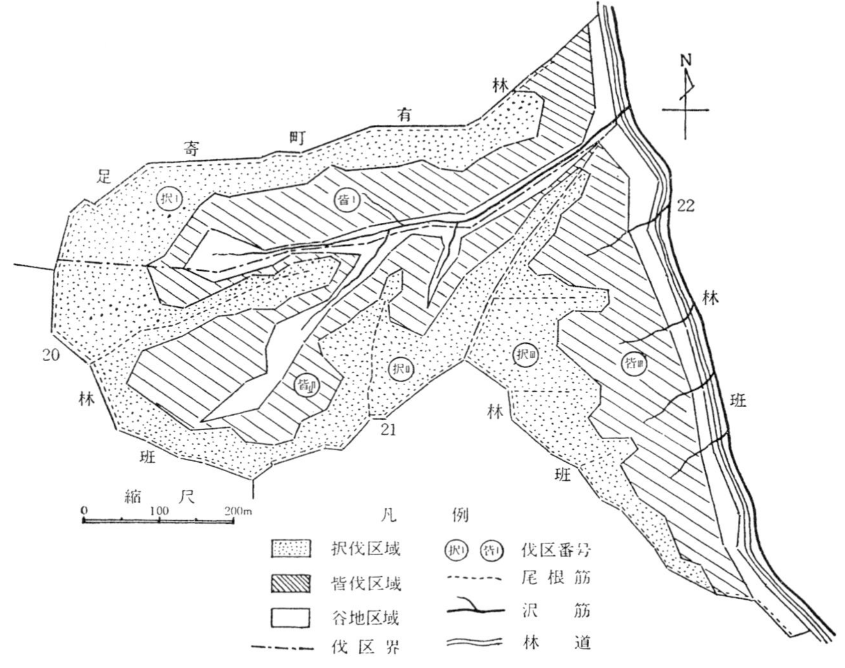

図 4 − 27　掌状作業法の基準林（矢野・今田 1966）

小限としている。この群状択伐面は，育林技術上は小面積皆伐面とみなせるとの考え方から，更新プロセスとしては天然下種更新（上方・側方）・萌芽更新・人工播種の併用を基本とし，補植・筋状稚樹刈出が提案され，保育プロセスとしては除伐・間伐が提案されている。

しかしながら，本作業法立案当時においては，ミズナラをはじめ北海道産有用広葉樹林分に適応した育林プロセスは未開発段階にあったことから，前述のような単位育林作業を有機的一貫性をもって時系列化することは困難なために，択伐区における群状択伐は積極的に施行されるに至らず，皆伐区のカラマツを主体とした人工植栽が実行に移されたのはやむを得ないといえる。

なお，この作業法実行の指針とする目的をもって，適用試験区域の平均的な地形・林相を呈する一部に 36.50 ha の基準林が設定された。それを示したのが図 4－27 であり，皆伐区（15.91 ha）と択伐区（20.59 ha）の面積比率は，ほぼ 4 ： 6 で基準に沿っている。

⑹　細胞式舌状皆伐作業法

前述の掌状作業法の適用試験が開始され，その択伐区における群状択伐面を対象とした育林プロセスの開発が急がれる 1963（昭和 38）年から，編著者である今田が九州大学北海道演習林に勤務した。掌状作業法の考案に関係した立場からも，前述のミズナラをはじめ北海道産有用広葉樹林分に適応した育林プロセスの研究に着手するのは当然の成り行きであった。その研究の結果が，本章の 4.1.3 の⑸ミズナラ構造材である。この育林プロセス（伐期齢：150 年）は研究開発された段階のものにすぎないから，たとえ長期を要するとしても，その実用化試験に着手するのもまた当然の成り行きである。

その実用化試験は，一定面積以上の種々の条件下にある多数の試験林分の設定を要する。そこで，この育林プロセスの実用化試験と同時に，ミズナラ構造材の保続生産を目指した保続生産システムを考案し，そのシステムの事業的規模での適用試験――結果的に種々の条件下にある多数林分包括――も並行して進めるのが得策と判断し，いわば突貫工事でその保続生産システムの案出に取りかかった。その突貫工事の成果がこの細胞式舌状皆伐作業法（今田 1973）である。

本作業法は，ミズナラを主とする有用広葉樹の高品質大径材生産を目標とする育林プロセスに適応したものであるから，既往の針葉樹林を対象とする保続生産システムとは異なった技術的特徴を一部に内包しており，九州大学北海道演習林の南部に位置する約 200 ha の広葉樹天然生林を対象として，1972（昭和 47）年度から適用試験が開始された（今田 1974 a，1974 b，1976 a）。

1）立地概況

その適用試験の対象となった約 200 ha の広葉樹天然生林は，標高 200～360 m の間にあって，写真 4－9 に示すように緩傾斜地を多く含むが，

写真４－９　細胞式舌状皆伐作業法の適用試験林の状況

注：手前の下段林道は，図４－30に示されているＥⅡ$_1$伐区からＥⅡ$_7$伐区の下部に接する路線，左上部の林道は，同じくＤⅡ$_4$伐区からＤⅡ$_7$区の下部に接する路線である。

先述した掌状作業法の択伐区における地形と大差はなく，全域としては山地林といえる。なお，ほぼ中央部に尾根があり，２つの流域のそれぞれ一部が対象地となっている。

適用試験前の林況としては，人工林は全く包括されておらず，針葉樹の混交も皆無の状態であって，典型的な広葉樹天然生林といえる。そのうち，大部分はミズナラであって，他にイタヤカエデ・センノキ・シラカンバなどの広葉樹が混生してはいるが，それらの混生率は小さい。

２）育林プロセス

本作業法の育林プロセスは，前述したように本章の4.1.3の(5)でミズナラ構造材生産の育林プロセスとして明らかにされているから，ここでは再述をひかえるが，目標樹種に関して若干補足しておきたい。

この育林プロセスの目標樹種であるミズナラは，耐乾性をもつことから，小尾根の稜線を中心として通直度の高い立木からなる純林状の林分を形成する場合が多い。この点は，スギ・ヒノキ等と逆の生理生態的特性であるから，生産林分配置にあたって十分に考慮されるべきである。

もちろん，このような小尾根に分布する林分には，ミズナラと同様に耐乾性・長寿性・大径性をあわせもつ他の有用広葉樹，たとえばウダイカンバ・ヤエガワカンバ・センノキ・ホオノキ・イタヤカエデ等も混生している場合がある。これらの有用広葉樹も随伴目標樹種に包括すべきは当然であるが，ミズナラとこれらの樹種の混生林分育成にも，本作業法が適用できる点に注

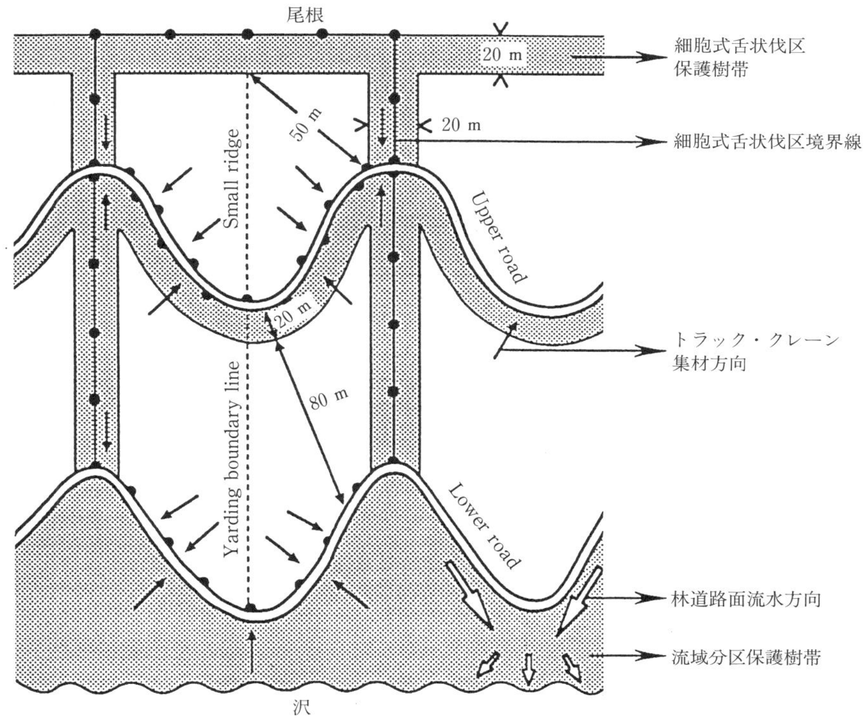

図4－28　細胞式舌状伐区設定のモデル図

注：一定幅の保護樹帯を伐区内部周辺に配置し，林道路面上の表流水が小尾根の稜線へ－5％の計画勾配で流下するように等高線に沿う林道を開設する。このような表流水方向規制の目的は，その表流水による林道路面掘削エネルギーの分断にある。このような伐区を設定すると，伐区形状は小尾根の稜線を中心とした舌状になり，その内部の生産林面（原形質に相当）は強固な細胞壁に相当する天然林帯で保護される。

目すべきである。ただし，その場合には，ミズナラに適応した育林プロセス，ことに更新プロセスに修正を加える必要がある。

3）生産林分・付帯設備配置

本作業法における生産林分配置にあたっては，図4－28に示すように小尾根の稜線を中心とし周囲に保護樹帯を設定しながら，±5％（3°）で等高線に沿う林道（等高線林道）に接して単位伐区（5 ha 以下）を設定する。このように単位伐区を設定した場合には，等高線林道が曲線性に富む線形と

写真 4 − 10　細胞式舌状皆伐作業法における細胞式舌状伐区の設定実状

注：空中写真から拡大した細胞式舌状伐区設定の実状で，上部の皆伐跡地はＤＩ$_4$伐区（0.38 ha，表 4 - 13 の 1975 年度における下種地拵→更新伐の対象伐区：伐採－更新伐区），下部の皆伐跡地はＦＩ$_1$伐区（0.78 ha，表 4 - 13 の 1977 年度における伐採－更新伐区）で，その間の樹林帯が保護樹帯。この保護樹帯は，上空からは伐採－更新が隣接伐区へ進行するにつれて顕著化し，生産林面の更新樹が成長するにつれ潜在化する。

なるのに伴って，伐区形は典型的には「舌状」を呈し，「細胞式舌状伐区」といえる（写真 4 - 10 参照）。その伐区形（生産林分形状）と林道（運搬設備）開設方法とが密接に関連づけられており，その等高線林道の間隔は，トラック・クレーンによる集材（集材有効半径 50 m）を前提として 100 m とする。

図 4 - 28 のような細胞式舌状伐区を構成単位とする作業級を模式図として示したのが図 4 - 29 である。この図に示すように，標準年伐面積が 5 ha を大幅に超える場合には，単位伐区（細胞式舌状伐区：AI_1）を標準年伐面積に達する個数分だけ等高線方向に連結して 1 個の年伐区（AI_1－AI_2）とする。

この年伐区は，いずれかの伐採列区に編入される。その伐採列区の分画手

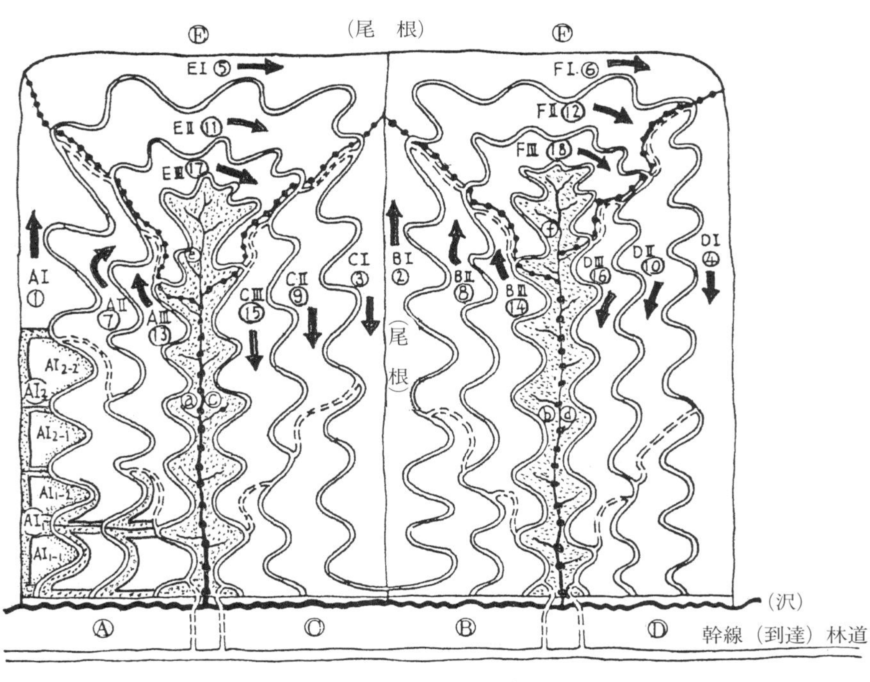

第 1 流域区　　第 2 流域区

ⓐⓑ……………………………………ⓕ：流域分区保護樹帯
①②………………⑥ 7 8 ……………18：伐採列区単位での主伐の進行順序
AI_1，AI_2……………………………………：年伐区（輪伐期年数と同数）
A I，A II，A III…F I，F II，F III：伐採列区（18 個）
ⒶⒷ……………………………………Ⓕ：流域分区（ 6 個）
–●–●–●–●–●–●–●–●–●–●–●–：流域分区界
======================：上下連絡林道
══════════════：等高線林道

図 4 − 29　細胞式舌状皆伐システムが適用された作業級の森林組織のモデル
注： 1「作業級」が 2「流域区」で構成され，各流域区が 3「流域分区」に分画された場合。

順は次のとおりである。まず，図 4 - 29 に示すように，本作業法の対象となる作業級全域を，流域形成状態や面積規模等を総合判断して適当数の「流域区」に大別する。次に，その流域区内の相対的な小流域形成状態や面積規模等に応じて「流域分区」に中別する。たとえば，図 4 - 29 のように左岸流域分区－右岸流域分区－谷頭流域分区，あるいは下流域分区－中流域分区－上流域分区などのようにである。さらに，その流域分区を等高線林道によって細別し，それを「伐採列区」とする。このような手順によって設定された伐採列区のいずれかの内部に，先ほどの年伐区が配置される結果となる。

このような流域区－流域分区－伐採列区という 3 レベルの森林組織区画に基づき，流域保全を配慮して，主伐（皆伐）を時間的・空間的に集中させないように制御する。ただし，図 4 - 29 に示すような林道網が十分な進度で先行開設されるという前提に立ってである。まず，一定の流域区にはもちろん，一定の流域分区にも主伐が集中しないように主伐進行順序を制御する。次に，主伐が同一流域分区に回帰してきたときには，主伐がその下部山腹斜面に安定化（高齢化）林分をなるべく多く存置しながら進められるように，山腹上部の伐採列区から下部の伐採列区に向かって主伐が進行するように制御する。ただし，各流域分区の最下部斜面には十分な幅（水平距離 30 m 以上）の保護樹帯（流域分区保護樹帯）を設定しておく必要がある。

この流域分区保護樹帯と先の舌状伐区内保護樹帯（図 4 - 28 および写真 4 - 10 参照）を合わせると，保護樹帯の面積占有率が相当大きくなる。そこで，これらの保護樹帯（保全設備）を固定予備林（補助生産設備）として活用するものとし，さらに母樹林（原材料設備：補播用種子採集林帯）・移動苗畑用地としての機能も果たさせる。なお，山土場（貯蔵設備）については，トラック・クレーンを用いて積雪中に伐採－搬出（更新伐）されることから（表 4 - 11 参照），主伐材搬出の都度，林道上で運材トラックに積み込むことにし，その設置は不要とされた。

以上のようなシステムを具備する本作業級の森林組織実状を示すと図 4 - 30 のとおりである。この図から明らかなように，地形に影響されて細胞式舌状伐区の設定状態は変則的になっている場合もある。その森林組織状況を総括して示すと表 4 - 12 のとおりである。なお，図 4 - 30 のように組織化さ

表4－12　細胞式舌状皆伐作業法試験林の森林組織概況

流域分区（既設林班）	伐採列区	年伐区				林道敷面積（ha）	分区保護樹帯面積（ha）	合計面積（ha）
		個数	面積（ha）					
			生産林地	保護樹帯	計			
A（9）	A I A II	12 13	8.48 6.26	3.38 4.96	11.86 11.22	3.57	6.10	32.75
B（8）	B I B II	7 13	4.16 7.24	1.72 4.60	5.88 11.84	3.15	2.64	23.51
C（9）	C I C II	10 19	5.18 9.18	2.82 7.18	8.00 16.36	3.56	6.50	34.42
D（8）	D I D II	9 16	5.66 8.82	3.74 5.18	9.40 14.00	3.37	4.55	31.32
E（9）	E I E II	13 21	9.16 11.36	2.80 9.38	11.96 20.74	5.17	21.49	59.36
F（9）	F I F II	8 9	5.74 4.58	3.06 3.60	8.80 8.18	2.40	2.34	21.72
Total	(12)	150	85.82	52.42	138.24	21.22	43.62	203.08

れた全林に対して，表4－13（今田 1982）に示す150年計画に基づいて，前述のミズナラ構造材生産を目標とした育林プロセスとそれに応ずる細胞式舌状皆伐作業法の適用試験が並行して進められつつある。

(7)　ヤクスギ群状択伐作業法

屋久島国有林に分布するヤクスギ天然林の一部は世界自然遺産に登録され，永続的に保護されることになった。しかし，国有林ではヤクスギ天然林保護とヤクスギ生産との調和策を求めて，1969（昭和44）年以来，各分野の研究者等を含めて調査を重ねてきた。編著者である今田も，その調査の一部に参画し，ヤクスギ天然林に適応した保続生産システムの基本設計を試み，「ヤクスギ群状択伐作業法」（今田 1986）という基本システムを提案したことがある。

その基本システムに基づいて，1985（昭和60）年に約12 haの適用実験林が設定されたが（写真4－11参照），その後「ヤクスギ天然林施業指標林」として今日まで存続されている。そこで，前述の適用実験林を主対象として，本作業法における基本システムを明らかにし参考に供したい。

N
0 100m
C 6.50
a 6.10
f 2.34
d, 3.68
(凡　　例)
：流域分区界
Boundary-line of the watershed section
：林道
Forest road
：保護樹帯
Shelter-area
Ⓐ, Ⓑ, ………, Ⓕ：流域分区名
Name of the watershed section
A I₁, A I₂, …, FII₉：年伐区名
Name of the annual cutting block
年伐区内上段数字　：保護樹帯を含む年伐区全面積
Upper figure in the block：Whole area of the annual cutting block
年伐区内下段数字　：保護樹帯を除く生産林地面積

図 4－30　細胞式舌状皆伐作業法の適用試験林の状況

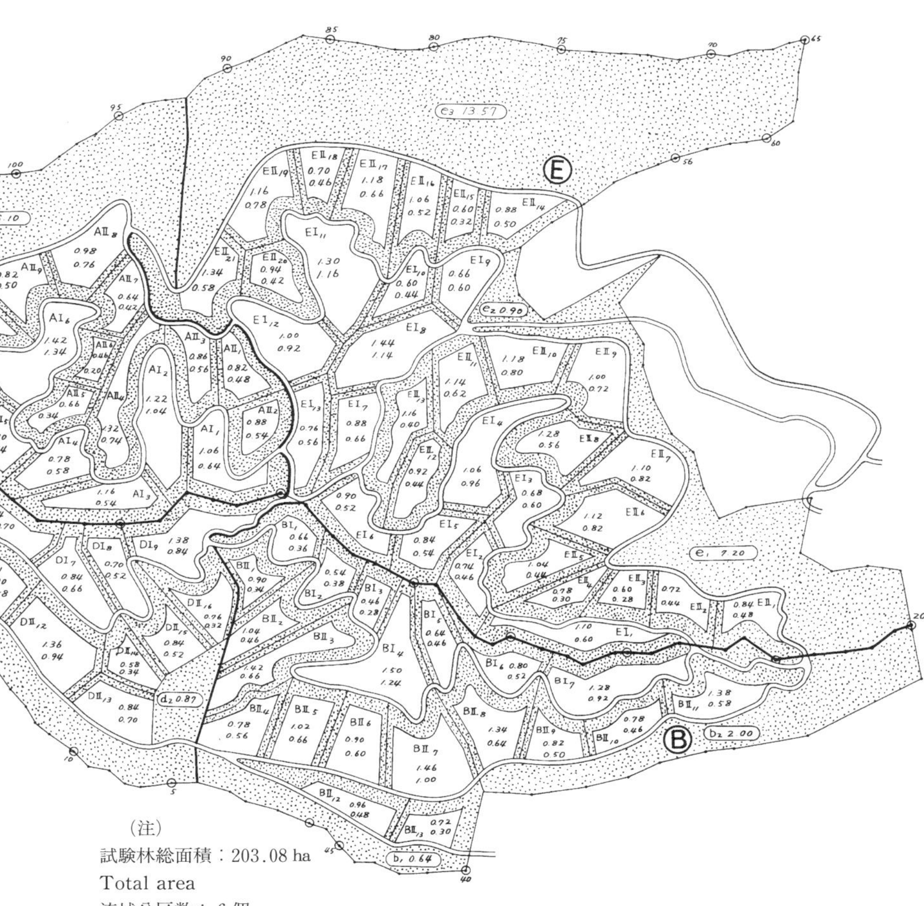

（注）
試験林総面積：203.08 ha
Total area
流域分区数： 6 個
Number of the watershed section
伐採列区数：12 個
Number of the cutting section
年伐区数：150 個
Number of the annual cutting block

表 4－13　ミズナラ構造材保続生産林への誘導試験林の誘導実施計画表（今田 1982）

年度	誘導工程	下種地拵→更新伐	枝条整理→補植	2年生稚樹刈出	3年生稚樹刈出	15年生除伐	20年生除伐	25年生枝打	30年生枝打	35年生間伐	40年生間伐	46年生間伐	53年生間伐	61年生間伐	70年生間伐	80年生間伐	91年生間伐	103年生間伐	116年生間伐	130年生間伐
第Ⅰ誘導計画期	1972	$\mathrm{AI_{1}}$	－	－	－	$\mathrm{EII_{6}}$	$\mathrm{AII_{8}}$	$\mathrm{BII_{12}}$	$\mathrm{DII_{13}}$	$\mathrm{DII_{1}}$	$\mathrm{DI_{1}}$	$\mathrm{DI_{6}}$	$\mathrm{AI_{11}}$	$\mathrm{AII_{13}}$	$\mathrm{EI_{7}}$	－				
	1973	$\mathrm{BI_{3}}$	$\mathrm{AI_{1}}$	－	－	$\mathrm{EI_{3}}$	$\mathrm{BI_{7}}$	$\mathrm{BII_{13}}$	$\mathrm{BII_{6}}$	$\mathrm{EI_{11}}$	$\mathrm{DII_{2}}$	$\mathrm{DII_{9}}$	$\mathrm{FII_{6}}$	$\mathrm{FII_{1}}$	$\mathrm{EII_{14}}$	－				
	1974	$\mathrm{CI_{1}}$	$\mathrm{BI_{3}}$	$\mathrm{AI_{1}}$	－	$\mathrm{EII_{7}}$	$\mathrm{EII_{16}}$	$\mathrm{BII_{8}}$	$\mathrm{DI_{3}}$	$\mathrm{DII_{3}}$	$\mathrm{DI_{2}}$	$\mathrm{FII_{5}}$	$\mathrm{FII_{7}}$	$\mathrm{CI_{7}}$	$\mathrm{CII_{10}}$	－				
	1975	$\mathrm{DI_{4}}$	$\mathrm{CI_{1}}$	$\mathrm{BI_{3}}$	$\mathrm{AI_{1}}$	$\mathrm{EII_{9}}$	$\mathrm{EII_{17}}$	$\mathrm{BII_{5}}$	$\mathrm{AI_{10}}$	$\mathrm{EI_{13}}$	$\mathrm{BI_{1}}$	$\mathrm{EII_{15}}$	$\mathrm{EII_{11}}$	$\mathrm{EI_{10}}$	$\mathrm{EII_{1}}$	－				
	1976	$\mathrm{EI_{4}}$	$\mathrm{DI_{4}}$	$\mathrm{CI_{1}}$	$\mathrm{BI_{3}}$	$\mathrm{EII_{8}}$	$\mathrm{BII_{11}}$	$\mathrm{DII_{12}}$	$\mathrm{EI_{12}}$	$\mathrm{AII_{12}}$	$\mathrm{FII_{3}}$	$\mathrm{CII_{7}}$	$\mathrm{EII_{2}}$	$\mathrm{FII_{8}}$	$\mathrm{CII_{15}}$	－				
	1977	$\mathrm{FI_{1}}$	$\mathrm{EI_{4}}$	$\mathrm{DI_{4}}$	$\mathrm{CI_{1}}$	$\mathrm{BII_{10}}$	$\mathrm{EII_{6}}$	$\mathrm{AII_{8}}$	$\mathrm{BII_{12}}$	$\mathrm{DII_{13}}$	$\mathrm{DII_{1}}$	$\mathrm{DII_{4}}$	$\mathrm{DII_{10}}$	$\mathrm{BI_{6}}$	$\mathrm{EI_{6}}$	－				
	1978	$\mathrm{AI_{2}}$	$\mathrm{FI_{1}}$	$\mathrm{EI_{4}}$	$\mathrm{DI_{4}}$	$\mathrm{EII_{5}}$	$\mathrm{EI_{3}}$	$\mathrm{BI_{7}}$	$\mathrm{BII_{13}}$	$\mathrm{BII_{6}}$	$\mathrm{EI_{11}}$	$\mathrm{DI_{1}}$	$\mathrm{DII_{8}}$	$\mathrm{EII_{10}}$	$\mathrm{BI_{2}}$	－				
	1979	$\mathrm{BI_{4}}$	$\mathrm{AI_{2}}$	$\mathrm{FI_{1}}$	$\mathrm{EI_{4}}$	$\mathrm{BII_{10}}$	$\mathrm{EII_{7}}$	$\mathrm{EII_{16}}$	$\mathrm{BII_{8}}$	$\mathrm{DI_{3}}$	$\mathrm{DII_{3}}$	$\mathrm{DII_{2}}$	$\mathrm{DI_{6}}$	$\mathrm{BII_{3}}$	$\mathrm{EI_{8}}$	－				
	1980	$\mathrm{CI_{2}}$	$\mathrm{BI_{4}}$	$\mathrm{AI_{2}}$	$\mathrm{FI_{1}}$	$\mathrm{FI_{6}}$	$\mathrm{EII_{9}}$	$\mathrm{EII_{17}}$	$\mathrm{BII_{5}}$	$\mathrm{AI_{10}}$	$\mathrm{EI_{13}}$	$\mathrm{DI_{2}}$	$\mathrm{DII_{9}}$	$\mathrm{AI_{11}}$	$\mathrm{AII_{2}}$	－				
	1981	$\mathrm{DI_{5}}$	$\mathrm{CI_{2}}$	$\mathrm{BI_{4}}$	$\mathrm{AI_{2}}$	$\mathrm{BII_{9}}$	$\mathrm{EII_{8}}$	$\mathrm{BII_{11}}$	$\mathrm{DII_{12}}$	$\mathrm{EI_{12}}$	$\mathrm{AII_{12}}$	$\mathrm{BI_{1}}$	$\mathrm{FII_{5}}$	$\mathrm{FII_{6}}$	$\mathrm{AII_{13}}$	－				
第Ⅱ誘導計画期	1982	$\mathrm{EI_{2}}$	$\mathrm{DI_{5}}$	$\mathrm{CI_{2}}$	$\mathrm{BI_{4}}$	$\mathrm{EI_{1}}$	$\mathrm{BII_{10}}$	$\mathrm{EII_{6}}$	$\mathrm{AII_{8}}$	$\mathrm{BII_{12}}$	$\mathrm{DII_{13}}$	$\mathrm{FII_{3}}$	$\mathrm{EII_{15}}$	$\mathrm{FII_{7}}$	$\mathrm{FII_{1}}$	$\mathrm{EI_{7}}$	－			
	1983	$\mathrm{FI_{2}}$	$\mathrm{EI_{2}}$	$\mathrm{DI_{5}}$	$\mathrm{CI_{2}}$	$\mathrm{BII_{4}}$	$\mathrm{EII_{5}}$	$\mathrm{EI_{3}}$	$\mathrm{BI_{7}}$	$\mathrm{BII_{13}}$	$\mathrm{BII_{6}}$	$\mathrm{DII_{1}}$	$\mathrm{CII_{7}}$	$\mathrm{EII_{11}}$	$\mathrm{CI_{7}}$	$\mathrm{EII_{14}}$	－			
	1984	$\mathrm{AI_{3}}$	$\mathrm{FI_{2}}$	$\mathrm{EI_{2}}$	$\mathrm{DI_{5}}$	$\mathrm{DII_{5}}$	$\mathrm{BII_{10}}$	$\mathrm{EII_{7}}$	$\mathrm{EII_{16}}$	$\mathrm{BII_{8}}$	$\mathrm{DI_{3}}$	$\mathrm{EI_{11}}$	$\mathrm{DII_{4}}$	$\mathrm{EII_{2}}$	$\mathrm{EI_{10}}$	$\mathrm{CII_{10}}$	－			
	1985	$\mathrm{BI_{5}}$	$\mathrm{AI_{3}}$	$\mathrm{FI_{2}}$	$\mathrm{EI_{2}}$	$\mathrm{DII_{6}}$	$\mathrm{FI_{6}}$	$\mathrm{EII_{9}}$	$\mathrm{EII_{17}}$	$\mathrm{BII_{5}}$	$\mathrm{AI_{10}}$	$\mathrm{DII_{3}}$	$\mathrm{DI_{1}}$	$\mathrm{DII_{10}}$	$\mathrm{FII_{8}}$	$\mathrm{EII_{1}}$	－			
	1986	$\mathrm{CI_{3}}$	$\mathrm{BI_{5}}$	$\mathrm{AI_{3}}$	$\mathrm{FI_{2}}$	$\mathrm{DII_{7}}$	$\mathrm{BII_{9}}$	$\mathrm{EII_{8}}$	$\mathrm{BII_{11}}$	$\mathrm{DII_{12}}$	$\mathrm{EI_{12}}$	$\mathrm{EI_{13}}$	$\mathrm{DII_{2}}$	$\mathrm{DII_{8}}$	$\mathrm{BI_{6}}$	$\mathrm{CII_{15}}$	－			
	1987	$\mathrm{DI_{7}}$	$\mathrm{CI_{3}}$	$\mathrm{BI_{5}}$	$\mathrm{AI_{3}}$	$\mathrm{AI_{1}}$	$\mathrm{EI_{1}}$	$\mathrm{BII_{10}}$	$\mathrm{EII_{6}}$	$\mathrm{AII_{8}}$	$\mathrm{BII_{12}}$	$\mathrm{AII_{12}}$	$\mathrm{DI_{2}}$	$\mathrm{DI_{6}}$	$\mathrm{EII_{10}}$	$\mathrm{EI_{6}}$	－			
	1988	$\mathrm{EI_{5}}$	$\mathrm{DI_{7}}$	$\mathrm{CI_{3}}$	$\mathrm{BI_{5}}$	$\mathrm{BI_{3}}$	$\mathrm{BII_{4}}$	$\mathrm{EII_{5}}$	$\mathrm{EI_{3}}$	$\mathrm{BI_{7}}$	$\mathrm{BII_{13}}$	$\mathrm{DII_{13}}$	$\mathrm{BI_{1}}$	$\mathrm{DII_{9}}$	$\mathrm{BII_{3}}$	$\mathrm{BI_{2}}$	－			
	1989	$\mathrm{FI_{3}}$	$\mathrm{EI_{5}}$	$\mathrm{DI_{7}}$	$\mathrm{CI_{3}}$	$\mathrm{CI_{1}}$	$\mathrm{DII_{5}}$	$\mathrm{BII_{10}}$	$\mathrm{EII_{7}}$	$\mathrm{EII_{16}}$	$\mathrm{BII_{8}}$	$\mathrm{BII_{6}}$	$\mathrm{FII_{3}}$	$\mathrm{FII_{5}}$	$\mathrm{AI_{11}}$	$\mathrm{EI_{8}}$	－			
	1990	$\mathrm{AI_{4}}$	$\mathrm{FI_{3}}$	$\mathrm{EI_{5}}$	$\mathrm{DI_{7}}$	$\mathrm{DI_{4}}$	$\mathrm{DII_{6}}$	$\mathrm{FI_{6}}$	$\mathrm{EII_{9}}$	$\mathrm{EII_{17}}$	$\mathrm{BII_{5}}$	$\mathrm{DI_{3}}$	$\mathrm{DII_{1}}$	$\mathrm{EII_{15}}$	$\mathrm{FII_{6}}$	$\mathrm{AII_{2}}$	－			
	1991	$\mathrm{CI_{4}}$	$\mathrm{AI_{4}}$	$\mathrm{FI_{3}}$	$\mathrm{EI_{5}}$	$\mathrm{EI_{4}}$	$\mathrm{DII_{7}}$	$\mathrm{BII_{9}}$	$\mathrm{EII_{8}}$	$\mathrm{BII_{11}}$	$\mathrm{DII_{12}}$	$\mathrm{AI_{10}}$	$\mathrm{EI_{11}}$	$\mathrm{CII_{7}}$	$\mathrm{FII_{7}}$	$\mathrm{AII_{13}}$	－			
第Ⅲ誘導計画期	1992	$\mathrm{DI_{8}}$	$\mathrm{CI_{4}}$	$\mathrm{AI_{4}}$	$\mathrm{FI_{3}}$	$\mathrm{FI_{1}}$	$\mathrm{AI_{1}}$	$\mathrm{EI_{1}}$	$\mathrm{BII_{10}}$	$\mathrm{EII_{6}}$	$\mathrm{AII_{8}}$	$\mathrm{EI_{12}}$	$\mathrm{DII_{3}}$	$\mathrm{DII_{4}}$	$\mathrm{EII_{11}}$	$\mathrm{FII_{1}}$	－			
	1993	$\mathrm{EI_{9}}$	$\mathrm{DI_{8}}$	$\mathrm{CI_{4}}$	$\mathrm{AI_{4}}$	$\mathrm{AI_{2}}$	$\mathrm{BI_{3}}$	$\mathrm{BII_{4}}$	$\mathrm{EII_{5}}$	$\mathrm{EI_{3}}$	$\mathrm{BI_{7}}$	$\mathrm{BII_{12}}$	$\mathrm{EI_{13}}$	$\mathrm{DI_{1}}$	$\mathrm{EII_{2}}$	$\mathrm{CI_{7}}$	$\mathrm{EI_{7}}$			
	1994	$\mathrm{FI_{4}}$	$\mathrm{EI_{9}}$	$\mathrm{DI_{8}}$	$\mathrm{CI_{4}}$	$\mathrm{BI_{4}}$	$\mathrm{CI_{1}}$	$\mathrm{DII_{5}}$	$\mathrm{BII_{10}}$	$\mathrm{EII_{7}}$	$\mathrm{EII_{16}}$	$\mathrm{BII_{13}}$	$\mathrm{AII_{12}}$	$\mathrm{DII_{2}}$	$\mathrm{DII_{10}}$	$\mathrm{EI_{10}}$	$\mathrm{EII_{14}}$	－		
	1995	$\mathrm{AI_{5}}$	$\mathrm{FI_{4}}$	$\mathrm{EI_{9}}$	$\mathrm{DI_{8}}$	$\mathrm{CI_{2}}$	$\mathrm{DI_{4}}$	$\mathrm{DII_{6}}$	$\mathrm{FI_{6}}$	$\mathrm{EII_{9}}$	$\mathrm{EII_{17}}$	$\mathrm{BII_{8}}$	$\mathrm{DII_{13}}$	$\mathrm{DI_{2}}$	$\mathrm{DII_{8}}$	$\mathrm{FII_{8}}$	$\mathrm{CII_{10}}$	－		
	1996	$\mathrm{CI_{5}}$	$\mathrm{AI_{5}}$	$\mathrm{FI_{4}}$	$\mathrm{EI_{9}}$	$\mathrm{DI_{5}}$	$\mathrm{EI_{4}}$	$\mathrm{DII_{7}}$	$\mathrm{BII_{9}}$	$\mathrm{EII_{8}}$	$\mathrm{BII_{11}}$	$\mathrm{BII_{5}}$	$\mathrm{BII_{6}}$	$\mathrm{BI_{1}}$	$\mathrm{DI_{6}}$	$\mathrm{BI_{6}}$	$\mathrm{EII_{1}}$	－		
	1997	$\mathrm{DI_{9}}$	$\mathrm{CI_{5}}$	$\mathrm{AI_{5}}$	$\mathrm{FI_{4}}$	$\mathrm{EI_{2}}$	$\mathrm{FI_{1}}$	$\mathrm{AI_{1}}$	$\mathrm{EI_{1}}$	$\mathrm{BII_{10}}$	$\mathrm{EII_{6}}$	$\mathrm{DII_{12}}$	$\mathrm{DI_{3}}$	$\mathrm{FII_{3}}$	$\mathrm{DII_{9}}$	$\mathrm{EII_{10}}$	$\mathrm{CII_{15}}$	－		
	1998	$\mathrm{FI_{5}}$	$\mathrm{DI_{9}}$	$\mathrm{CI_{5}}$	$\mathrm{AI_{5}}$	$\mathrm{FI_{2}}$	$\mathrm{AI_{2}}$	$\mathrm{BI_{3}}$	$\mathrm{BII_{4}}$	$\mathrm{EII_{5}}$	$\mathrm{EI_{3}}$	$\mathrm{AII_{8}}$	$\mathrm{AI_{10}}$	$\mathrm{DII_{1}}$	$\mathrm{FII_{5}}$	$\mathrm{BII_{3}}$	$\mathrm{EI_{6}}$	－		
	1999	$\mathrm{AI_{6}}$	$\mathrm{FI_{5}}$	$\mathrm{DI_{9}}$	$\mathrm{CI_{5}}$	$\mathrm{AI_{3}}$	$\mathrm{BI_{4}}$	$\mathrm{CI_{1}}$	$\mathrm{DII_{5}}$	$\mathrm{BII_{10}}$	$\mathrm{EII_{7}}$	$\mathrm{BI_{7}}$	$\mathrm{EI_{12}}$	$\mathrm{EI_{11}}$	$\mathrm{EII_{15}}$	$\mathrm{AI_{11}}$	$\mathrm{BI_{2}}$	－		
	2000	$\mathrm{CI_{6}}$	$\mathrm{AI_{6}}$	$\mathrm{FI_{5}}$	$\mathrm{DI_{9}}$	$\mathrm{BI_{5}}$	$\mathrm{CI_{2}}$	$\mathrm{DI_{4}}$	$\mathrm{DII_{6}}$	$\mathrm{FI_{6}}$	$\mathrm{EII_{9}}$	$\mathrm{EII_{16}}$	$\mathrm{BII_{12}}$	$\mathrm{DII_{3}}$	$\mathrm{CII_{7}}$	$\mathrm{FII_{6}}$	$\mathrm{EI_{8}}$	－		
	2001	$\mathrm{FI_{7}}$	$\mathrm{CI_{6}}$	$\mathrm{AI_{6}}$	$\mathrm{FI_{5}}$	$\mathrm{CI_{3}}$	$\mathrm{DI_{5}}$	$\mathrm{EI_{4}}$	$\mathrm{DII_{7}}$	$\mathrm{BII_{9}}$	$\mathrm{EII_{8}}$	$\mathrm{EII_{17}}$	$\mathrm{BII_{13}}$	$\mathrm{EI_{13}}$	$\mathrm{DII_{4}}$	$\mathrm{FII_{7}}$	$\mathrm{AII_{2}}$	－		

第Ⅳ誘導計画期	2002	A I$_{7}$	F I$_{7}$	C I$_{6}$	C I$_{6}$	D I$_{7}$	E I$_{2}$	F I$_{1}$	A I$_{1}$	E I$_{1}$	B II$_{10}$	B II$_{11}$	B II$_{8}$	A II$_{12}$	D I$_{1}$	E II$_{11}$	A II$_{13}$	—		
	2003	C I$_{8}$	A I$_{7}$	F I$_{7}$	F I$_{7}$	E I$_{5}$	F I$_{2}$	A I$_{2}$	B I$_{3}$	B II$_{4}$	E II$_{5}$	E II$_{6}$	B II$_{5}$	D II$_{13}$	D II$_{2}$	E II$_{2}$	F II$_{1}$	—		
	2004	F I$_{8}$	C I$_{8}$	A I$_{7}$	F I$_{7}$	F I$_{3}$	A I$_{3}$	B I$_{4}$	C I$_{1}$	D II$_{5}$	B II$_{10}$	E I$_{3}$	D II$_{12}$	B II$_{6}$	D I$_{2}$	D II$_{10}$	C I$_{7}$	—		
	2005	A I$_{8}$	F I$_{8}$	C I$_{8}$	A I$_{7}$	A I$_{4}$	B I$_{5}$	C I$_{2}$	D I$_{4}$	D II$_{6}$	F I$_{6}$	E II$_{7}$	A II$_{8}$	D I$_{3}$	B I$_{1}$	D II$_{8}$	E I$_{10}$	E I$_{7}$	—	
	2006	C I$_{9}$	A I$_{8}$	F I$_{8}$	C I$_{8}$	C I$_{4}$	C I$_{3}$	D I$_{5}$	E I$_{4}$	D II$_{7}$	B II$_{9}$	E II$_{9}$	B I$_{7}$	A I$_{10}$	F II$_{3}$	D I$_{6}$	F II$_{8}$	E II$_{14}$	—	
	2007	A I$_{9}$	C I$_{9}$	A I$_{8}$	F I$_{8}$	D I$_{8}$	D I$_{7}$	E I$_{2}$	F I$_{1}$	A I$_{1}$	E I$_{1}$	E II$_{8}$	E II$_{16}$	E I$_{12}$	D II$_{1}$	D II$_{9}$	B I$_{6}$	C II$_{10}$	—	
	2008	C I$_{10}$	A I$_{9}$	C I$_{9}$	A I$_{8}$	E I$_{9}$	E I$_{5}$	F I$_{2}$	A I$_{2}$	B I$_{3}$	B II$_{4}$	B II$_{10}$	E II$_{17}$	B II$_{12}$	E I$_{11}$	F II$_{5}$	E II$_{10}$	E II$_{1}$	—	
	2009	A I$_{12}$	C I$_{10}$	A I$_{9}$	C I$_{9}$	F I$_{4}$	F I$_{3}$	A I$_{3}$	B I$_{4}$	C I$_{1}$	D II$_{5}$	E II$_{5}$	B II$_{11}$	B II$_{13}$	D II$_{3}$	E II$_{15}$	B II$_{3}$	C II$_{15}$	—	
	2010	B II$_{2}$	A I$_{12}$	C I$_{10}$	A I$_{9}$	A I$_{5}$	A I$_{4}$	B I$_{5}$	C I$_{2}$	D I$_{4}$	D II$_{6}$	B II$_{10}$	E II$_{6}$	B II$_{8}$	E I$_{13}$	C II$_{7}$	A I$_{11}$	E I$_{6}$	—	
	2011	C II$_{1}$	B II$_{2}$	A I$_{12}$	C I$_{10}$	C I$_{5}$	C I$_{4}$	C I$_{3}$	D I$_{5}$	E I$_{4}$	D II$_{7}$	F I$_{6}$	E I$_{3}$	B II$_{5}$	A II$_{12}$	D II$_{4}$	F II$_{6}$	B I$_{2}$	—	
第Ⅴ誘導計画期	2012	D II$_{11}$	C II$_{1}$	B II$_{2}$	A I$_{12}$	D I$_{9}$	D I$_{8}$	D I$_{7}$	E I$_{2}$	F I$_{1}$	A I$_{1}$	B II$_{9}$	E II$_{7}$	D II$_{12}$	D II$_{13}$	D I$_{1}$	F II$_{7}$	E I$_{8}$	—	
	2013	E II$_{3}$	D II$_{11}$	C II$_{1}$	B II$_{2}$	F I$_{5}$	E I$_{9}$	E I$_{5}$	F I$_{2}$	A I$_{2}$	B I$_{3}$	E I$_{1}$	E II$_{9}$	A II$_{8}$	B II$_{6}$	D II$_{2}$	E II$_{11}$	A II$_{2}$	—	
	2014	F II$_{2}$	E II$_{3}$	D II$_{11}$	C II$_{1}$	C I$_{6}$	F I$_{4}$	F I$_{3}$	A I$_{3}$	B I$_{4}$	C I$_{1}$	B II$_{4}$	E II$_{8}$	B I$_{7}$	D I$_{3}$	D I$_{2}$	E II$_{2}$	A II$_{13}$	—	
	2015	A II$_{12}$	F II$_{2}$	E II$_{3}$	D II$_{11}$	F I$_{7}$	A I$_{5}$	A I$_{4}$	B I$_{5}$	C I$_{2}$	D I$_{4}$	D II$_{5}$	B II$_{10}$	E II$_{16}$	A I$_{10}$	B I$_{1}$	D II$_{10}$	F II$_{1}$	—	
	2016	B II$_{7}$	A II$_{12}$	F II$_{2}$	E II$_{3}$	F I$_{7}$	C I$_{5}$	C I$_{4}$	C I$_{3}$	D I$_{5}$	E I$_{4}$	D II$_{6}$	E II$_{5}$	E II$_{17}$	E I$_{12}$	F II$_{3}$	D II$_{8}$	C I$_{7}$	—	
	2017	C II$_{12}$	B II$_{7}$	A II$_{12}$	F II$_{2}$	A I$_{7}$	D I$_{9}$	D I$_{8}$	D I$_{7}$	E I$_{2}$	F I$_{1}$	D II$_{7}$	B II$_{10}$	B II$_{11}$	B II$_{12}$	D II$_{1}$	D I$_{6}$	E I$_{10}$	—	
	2018	D II$_{14}$	C II$_{12}$	B II$_{7}$	A II$_{12}$	C I$_{8}$	F I$_{5}$	E I$_{9}$	E I$_{5}$	F I$_{2}$	A I$_{2}$	A I$_{1}$	F I$_{6}$	E II$_{6}$	B II$_{13}$	E I$_{11}$	D II$_{9}$	F II$_{8}$	E I$_{7}$	—
	2019	E II$_{4}$	D II$_{14}$	C II$_{12}$	B II$_{7}$	F I$_{8}$	C I$_{6}$	F I$_{4}$	F I$_{3}$	A I$_{3}$	B I$_{4}$	B I$_{3}$	B II$_{9}$	E I$_{3}$	B II$_{8}$	D II$_{3}$	F II$_{5}$	B I$_{6}$	E II$_{14}$	—
	2020	F II$_{4}$	E II$_{4}$	D II$_{14}$	C II$_{12}$	A I$_{8}$	F I$_{7}$	A I$_{5}$	A I$_{4}$	B I$_{5}$	C I$_{2}$	C I$_{1}$	E I$_{1}$	E II$_{7}$	B II$_{5}$	E I$_{13}$	E II$_{15}$	E II$_{10}$	C II$_{10}$	—
	2021	A II$_{3}$	F II$_{4}$	E II$_{4}$	D II$_{14}$	C I$_{9}$	F I$_{7}$	C I$_{5}$	C I$_{4}$	C I$_{3}$	D I$_{5}$	D I$_{4}$	B II$_{4}$	E II$_{9}$	D II$_{12}$	A II$_{12}$	C II$_{7}$	B II$_{3}$	E II$_{1}$	—
第Ⅵ誘導計画期	2022	C II$_{3}$	A II$_{3}$	F II$_{4}$	E II$_{4}$	A I$_{9}$	A I$_{7}$	D I$_{9}$	D I$_{8}$	D I$_{7}$	E I$_{2}$	E I$_{4}$	D II$_{5}$	E II$_{8}$	A II$_{8}$	D II$_{13}$	D II$_{4}$	A I$_{11}$	C II$_{15}$	—
	2023	D II$_{15}$	C II$_{3}$	A II$_{3}$	F II$_{4}$	C I$_{10}$	C I$_{8}$	F I$_{5}$	E I$_{9}$	E I$_{5}$	F I$_{2}$	F I$_{1}$	D II$_{6}$	B II$_{10}$	B I$_{7}$	B II$_{6}$	D I$_{1}$	F II$_{6}$	E I$_{6}$	—
	2024	E II$_{12}$	D II$_{15}$	C II$_{3}$	A II$_{3}$	A I$_{12}$	F I$_{8}$	C I$_{6}$	F I$_{4}$	F I$_{3}$	A I$_{3}$	A I$_{2}$	D II$_{7}$	E II$_{5}$	E II$_{16}$	D I$_{3}$	D II$_{2}$	F II$_{7}$	B I$_{2}$	—
	2025	F II$_{9}$	E II$_{12}$	D II$_{15}$	C II$_{3}$	B II$_{2}$	A I$_{8}$	F I$_{7}$	A I$_{5}$	A I$_{4}$	B I$_{5}$	B I$_{4}$	A I$_{1}$	B II$_{10}$	E II$_{17}$	A I$_{10}$	D I$_{2}$	E II$_{11}$	E I$_{8}$	—
	2026	A II$_{4}$	F II$_{9}$	E II$_{12}$	D II$_{15}$	C II$_{1}$	C I$_{9}$	F I$_{7}$	C I$_{5}$	C I$_{4}$	C I$_{3}$	C I$_{2}$	B I$_{3}$	F I$_{6}$	B II$_{11}$	E I$_{12}$	B I$_{1}$	E II$_{2}$	A II$_{2}$	—
	2027	C II$_{4}$	A II$_{4}$	F II$_{9}$	E II$_{12}$	D II$_{11}$	A I$_{9}$	A I$_{7}$	D I$_{9}$	D I$_{8}$	D I$_{7}$	D I$_{5}$	C I$_{1}$	B II$_{9}$	E II$_{6}$	B II$_{12}$	F II$_{3}$	D II$_{10}$	A II$_{13}$	—
	2028	D II$_{16}$	C II$_{4}$	A II$_{4}$	F II$_{9}$	E II$_{3}$	C I$_{10}$	C I$_{8}$	F I$_{5}$	E I$_{9}$	E I$_{5}$	E I$_{2}$	D I$_{4}$	E I$_{1}$	E I$_{3}$	B II$_{13}$	D II$_{1}$	D II$_{8}$	F II$_{1}$	—
	2029	E II$_{13}$	D II$_{16}$	C II$_{4}$	A II$_{4}$	F II$_{2}$	A I$_{12}$	F I$_{8}$	C I$_{6}$	F I$_{4}$	F I$_{3}$	F I$_{2}$	E I$_{4}$	B II$_{4}$	E II$_{7}$	B II$_{8}$	E I$_{11}$	D I$_{6}$	C I$_{7}$	—
	2030	A II$_{5}$	E II$_{13}$	D II$_{16}$	C II$_{4}$	A II$_{12}$	B II$_{2}$	A I$_{8}$	F I$_{7}$	A I$_{5}$	A I$_{4}$	A I$_{3}$	F I$_{1}$	D II$_{5}$	E II$_{9}$	B II$_{5}$	D II$_{3}$	D II$_{9}$	E I$_{10}$	—
	2031	C II$_{5}$	A II$_{5}$	E II$_{13}$	D II$_{16}$	B II$_{7}$	C II$_{1}$	C I$_{9}$	F I$_{7}$	C I$_{5}$	C I$_{4}$	B I$_{5}$	A I$_{2}$	D II$_{6}$	E II$_{8}$	D II$_{12}$	E I$_{13}$	F II$_{5}$	F II$_{8}$	—
第Ⅶ誘導計画期	2032	E II$_{18}$	C II$_{5}$	A II$_{5}$	E II$_{13}$	C II$_{12}$	D II$_{11}$	A I$_{9}$	A I$_{7}$	D I$_{9}$	D I$_{8}$	C I$_{3}$	B I$_{4}$	D II$_{7}$	B II$_{10}$	A II$_{8}$	A II$_{12}$	E II$_{15}$	B I$_{6}$	E I$_{7}$
	2033	A II$_{6}$	E II$_{18}$	C II$_{5}$	A II$_{5}$	D II$_{14}$	E II$_{3}$	C I$_{10}$	C I$_{8}$	F I$_{5}$	E I$_{9}$	D I$_{7}$	C I$_{2}$	A I$_{1}$	E II$_{5}$	B I$_{7}$	D II$_{13}$	C II$_{7}$	E II$_{10}$	E II$_{14}$
	2034	C II$_{6}$	A II$_{6}$	E II$_{18}$	C II$_{5}$	E II$_{4}$	F II$_{2}$	A I$_{12}$	F I$_{8}$	C I$_{6}$	F I$_{4}$	E I$_{5}$	D I$_{5}$	B I$_{3}$	B II$_{10}$	E II$_{16}$	B II$_{6}$	D II$_{4}$	B II$_{3}$	C II$_{10}$
	2035	E II$_{19}$	C II$_{6}$	A II$_{6}$	E II$_{18}$	F II$_{4}$	A II$_{12}$	B II$_{2}$	A I$_{8}$	F I$_{7}$	A I$_{5}$	F I$_{3}$	E I$_{2}$	C I$_{1}$	F I$_{6}$	E II$_{17}$	D I$_{3}$	D I$_{1}$	A I$_{11}$	E II$_{1}$
	2036	A II$_{7}$	E II$_{19}$	C II$_{6}$	A II$_{6}$	A II$_{3}$	B II$_{7}$	C II$_{1}$	C I$_{9}$	F I$_{7}$	C I$_{5}$	A I$_{4}$	F I$_{2}$	D I$_{4}$	B II$_{9}$	B II$_{11}$	A I$_{10}$	D II$_{2}$	F II$_{6}$	C II$_{15}$
	2037	C II$_{8}$	A II$_{7}$	E II$_{19}$	C II$_{6}$	C II$_{3}$	C II$_{12}$	D II$_{11}$	A I$_{9}$	A I$_{7}$	D I$_{9}$	C I$_{4}$	A I$_{3}$	E I$_{4}$	E I$_{1}$	E II$_{6}$	E I$_{12}$	D I$_{2}$	F II$_{7}$	E I$_{6}$
	2038	E II$_{20}$	C II$_{8}$	A II$_{7}$	E II$_{19}$	D II$_{15}$	D II$_{14}$	E II$_{3}$	C I$_{10}$	C I$_{8}$	F I$_{5}$	D I$_{8}$	B I$_{5}$	F I$_{1}$	B II$_{4}$	E I$_{3}$	B II$_{12}$	B I$_{1}$	E II$_{11}$	B I$_{2}$
	2039	A II$_{9}$	E II$_{20}$	C II$_{8}$	A II$_{7}$	E II$_{12}$	E II$_{4}$	F II$_{2}$	A I$_{12}$	F I$_{8}$	C I$_{6}$	E I$_{9}$	C I$_{3}$	A I$_{2}$	D II$_{5}$	E II$_{7}$	B II$_{13}$	F II$_{3}$	E II$_{2}$	E I$_{8}$
	2040	C II$_{9}$	A II$_{9}$	E II$_{20}$	C II$_{8}$	F II$_{9}$	F II$_{4}$	A II$_{12}$	B II$_{2}$	A I$_{8}$	F I$_{7}$	F I$_{4}$	D I$_{7}$	B I$_{4}$	D II$_{6}$	E II$_{9}$	B II$_{8}$	D II$_{1}$	D II$_{10}$	A II$_{2}$
	2041	E II$_{21}$	C II$_{9}$	A II$_{9}$	E II$_{20}$	A II$_{4}$	A II$_{3}$	B II$_{7}$	C II$_{1}$	C I$_{9}$	F I$_{7}$	A I$_{5}$	E I$_{5}$	C I$_{2}$	D II$_{7}$	E II$_{8}$	B II$_{5}$	E I$_{11}$	D II$_{8}$	A II$_{13}$

第VIII誘導計画期	2042	A II$_{10}$	E II$_{21}$	C II$_{9}$	A II$_{9}$	C II$_{4}$	C II$_{3}$	C II$_{12}$	D II$_{11}$	A I$_{9}$	A I$_{7}$	C I$_{5}$	F I$_{3}$	D I$_{5}$	A I$_{1}$	B II$_{10}$	D II$_{12}$	D II$_{3}$	D I$_{6}$	F II$_{1}$
	2043	C II$_{11}$	A II$_{10}$	E II$_{21}$	C II$_{9}$	D II$_{16}$	D II$_{15}$	D II$_{14}$	E II$_{3}$	C I$_{10}$	C I$_{8}$	D I$_{9}$	A I$_{4}$	E I$_{2}$	B I$_{3}$	E II$_{5}$	A II$_{8}$	E I$_{13}$	D II$_{9}$	C I$_{7}$
	2044	A II$_{11}$	C II$_{11}$	A II$_{10}$	E II$_{21}$	E II$_{13}$	E II$_{12}$	E II$_{4}$	F II$_{2}$	A I$_{12}$	F I$_{8}$	F I$_{5}$	C I$_{4}$	F I$_{2}$	C I$_{1}$	B II$_{10}$	B I$_{7}$	A II$_{12}$	F II$_{5}$	E I$_{10}$
	2045	C II$_{12}$	A II$_{11}$	C II$_{11}$	A II$_{10}$	A II$_{5}$	F II$_{9}$	F II$_{4}$	A II$_{12}$	B II$_{2}$	A I$_{8}$	C I$_{6}$	D I$_{8}$	A I$_{3}$	D I$_{4}$	F I$_{6}$	E II$_{16}$	D II$_{13}$	E II$_{15}$	F II$_{8}$
	2046	C II$_{13}$	C II$_{12}$	A II$_{11}$	C II$_{11}$	C II$_{5}$	A II$_{4}$	A II$_{3}$	B II$_{7}$	C II$_{1}$	C I$_{9}$	F I$_{7}$	E I$_{9}$	B I$_{5}$	E I$_{4}$	B II$_{9}$	E II$_{17}$	B II$_{6}$	C II$_{7}$	B I$_{6}$
	2047	C II$_{14}$	C II$_{13}$	C II$_{12}$	A II$_{11}$	E II$_{18}$	C II$_{4}$	C II$_{3}$	C II$_{12}$	D II$_{11}$	A I$_{9}$	F I$_{7}$	F I$_{4}$	C I$_{3}$	F I$_{1}$	E I$_{1}$	B II$_{11}$	D I$_{3}$	D II$_{4}$	E II$_{10}$
	2048	C II$_{16}$	C II$_{14}$	C II$_{13}$	C II$_{12}$	A II$_{6}$	D II$_{16}$	D II$_{15}$	D II$_{14}$	E II$_{3}$	C I$_{10}$	A I$_{7}$	A I$_{5}$	D I$_{7}$	A I$_{2}$	B II$_{4}$	E II$_{6}$	A I$_{10}$	D I$_{1}$	B II$_{3}$
	2049	C II$_{17}$	C II$_{16}$	C II$_{14}$	C II$_{13}$	C II$_{6}$	E II$_{13}$	E II$_{12}$	E II$_{4}$	F II$_{2}$	A I$_{12}$	C I$_{8}$	C I$_{5}$	E I$_{5}$	B I$_{4}$	D II$_{5}$	E I$_{3}$	E I$_{12}$	D II$_{2}$	A I$_{11}$
	2050	C II$_{18}$	C II$_{17}$	C II$_{16}$	C II$_{14}$	E II$_{19}$	A II$_{5}$	F II$_{9}$	F II$_{4}$	A II$_{12}$	B II$_{2}$	F I$_{8}$	D I$_{9}$	F I$_{3}$	C I$_{2}$	D II$_{6}$	E II$_{7}$	B II$_{12}$	D I$_{2}$	F II$_{6}$
	2051	C II$_{19}$	C II$_{18}$	C II$_{17}$	C II$_{16}$	A II$_{7}$	C II$_{5}$	A II$_{4}$	A II$_{3}$	B II$_{7}$	C II$_{1}$	A I$_{8}$	F I$_{5}$	A I$_{4}$	D I$_{5}$	D II$_{7}$	E II$_{9}$	B II$_{13}$	B I$_{1}$	F II$_{7}$
第IX誘導計画期	2052	E I$_{7}$	C II$_{19}$	C II$_{18}$	C II$_{17}$	C II$_{8}$	E II$_{18}$	C II$_{4}$	C II$_{3}$	C II$_{12}$	D II$_{11}$	C I$_{9}$	C I$_{6}$	C I$_{4}$	E I$_{2}$	A I$_{1}$	E II$_{8}$	B II$_{8}$	F II$_{3}$	E II$_{11}$
	2053	E II$_{14}$	E I$_{7}$	C II$_{19}$	C II$_{18}$	E II$_{20}$	A II$_{6}$	D II$_{16}$	D II$_{15}$	D II$_{14}$	E II$_{3}$	A I$_{9}$	F I$_{7}$	D I$_{8}$	F I$_{2}$	B I$_{3}$	B II$_{10}$	B II$_{5}$	D II$_{1}$	E II$_{2}$
	2054	C II$_{10}$	E II$_{14}$	E I$_{7}$	C II$_{19}$	A II$_{9}$	C II$_{6}$	E II$_{13}$	E II$_{12}$	E II$_{4}$	F II$_{2}$	C I$_{10}$	F I$_{7}$	E I$_{9}$	A I$_{3}$	C I$_{1}$	E II$_{5}$	D II$_{12}$	E I$_{11}$	D II$_{10}$
	2055	E II$_{1}$	C II$_{10}$	E II$_{14}$	E I$_{7}$	C II$_{9}$	E II$_{19}$	A II$_{5}$	F II$_{9}$	F II$_{4}$	A II$_{12}$	A I$_{12}$	A I$_{7}$	F I$_{4}$	B I$_{5}$	D I$_{4}$	B II$_{10}$	A II$_{8}$	D II$_{3}$	D II$_{8}$
	2056	C II$_{15}$	E II$_{1}$	C II$_{10}$	E II$_{14}$	E II$_{21}$	A II$_{7}$	C II$_{5}$	A II$_{4}$	A II$_{3}$	B II$_{7}$	B II$_{2}$	C I$_{8}$	A I$_{5}$	C I$_{3}$	E I$_{4}$	F I$_{6}$	B I$_{7}$	E I$_{13}$	D I$_{6}$
	2057	E I$_{6}$	C II$_{15}$	E II$_{1}$	C II$_{10}$	A II$_{10}$	C II$_{8}$	E II$_{18}$	C II$_{4}$	C II$_{3}$	C II$_{12}$	C II$_{1}$	F I$_{8}$	C I$_{5}$	D I$_{7}$	F I$_{1}$	B II$_{9}$	E II$_{16}$	A II$_{12}$	D II$_{9}$
	2058	B I$_{2}$	E I$_{6}$	C II$_{15}$	E II$_{1}$	C II$_{11}$	E II$_{20}$	A II$_{6}$	D II$_{16}$	D II$_{15}$	D II$_{14}$	D II$_{11}$	A I$_{8}$	D I$_{9}$	E I$_{5}$	A I$_{2}$	E I$_{1}$	E II$_{17}$	D II$_{13}$	F II$_{5}$
	2059	E I$_{8}$	B I$_{2}$	E I$_{6}$	C II$_{15}$	A II$_{11}$	A II$_{9}$	C II$_{6}$	E II$_{13}$	E II$_{12}$	E II$_{4}$	E II$_{3}$	C I$_{9}$	F I$_{5}$	F I$_{3}$	B I$_{4}$	B II$_{4}$	B II$_{11}$	B II$_{6}$	E II$_{15}$
	2060	A II$_{2}$	E I$_{8}$	B I$_{2}$	E I$_{6}$	C II$_{12}$	C II$_{9}$	E II$_{19}$	A II$_{5}$	F II$_{9}$	F II$_{4}$	F II$_{2}$	A I$_{9}$	C I$_{6}$	A I$_{4}$	C I$_{2}$	D II$_{5}$	E II$_{6}$	D I$_{3}$	C II$_{7}$
	2061	A II$_{13}$	A II$_{2}$	E I$_{8}$	B I$_{2}$	C II$_{13}$	E II$_{21}$	A II$_{7}$	C II$_{5}$	A II$_{4}$	A II$_{3}$	A II$_{12}$	C I$_{10}$	F I$_{7}$	C I$_{4}$	D I$_{5}$	D II$_{6}$	E I$_{3}$	A I$_{10}$	D II$_{4}$
第X誘導計画期	2062	F II$_{1}$	A II$_{13}$	A II$_{2}$	E I$_{8}$	C II$_{14}$	A II$_{10}$	C II$_{8}$	E II$_{18}$	C II$_{4}$	C II$_{3}$	B II$_{7}$	A I$_{12}$	F I$_{7}$	D I$_{8}$	E I$_{2}$	D II$_{7}$	E II$_{7}$	E I$_{12}$	D I$_{1}$
	2063	C I$_{7}$	F II$_{1}$	A II$_{13}$	A II$_{2}$	C II$_{16}$	C II$_{11}$	E II$_{20}$	A II$_{6}$	D II$_{16}$	D II$_{15}$	C II$_{12}$	B II$_{2}$	A I$_{7}$	E I$_{9}$	F I$_{2}$	A I$_{1}$	E II$_{9}$	B II$_{12}$	D II$_{2}$
	2064	E I$_{10}$	C I$_{7}$	F II$_{1}$	A II$_{13}$	C II$_{17}$	A II$_{11}$	A II$_{9}$	C II$_{6}$	E II$_{13}$	E II$_{12}$	D II$_{14}$	C II$_{1}$	C I$_{8}$	F I$_{4}$	A I$_{3}$	B I$_{3}$	E II$_{8}$	B II$_{13}$	D I$_{2}$
	2065	F II$_{8}$	E I$_{10}$	C I$_{7}$	F II$_{1}$	C II$_{18}$	C II$_{12}$	C II$_{9}$	E II$_{19}$	A II$_{5}$	F II$_{9}$	E II$_{4}$	D II$_{11}$	F I$_{8}$	A I$_{5}$	B I$_{5}$	C I$_{1}$	B II$_{10}$	B II$_{8}$	B I$_{1}$
	2066	B I$_{6}$	F II$_{8}$	E I$_{10}$	C I$_{7}$	C II$_{19}$	C II$_{13}$	E II$_{21}$	A II$_{7}$	C II$_{5}$	A II$_{4}$	F II$_{4}$	E II$_{3}$	A I$_{8}$	C I$_{5}$	C I$_{3}$	D I$_{4}$	E II$_{5}$	B II$_{5}$	F II$_{3}$
	2067	E II$_{10}$	B I$_{6}$	F II$_{8}$	E I$_{10}$	E I$_{7}$	C II$_{14}$	A II$_{10}$	C II$_{8}$	E II$_{18}$	C II$_{4}$	A II$_{3}$	F II$_{2}$	C I$_{9}$	D I$_{9}$	D I$_{7}$	E I$_{4}$	B II$_{10}$	D II$_{12}$	D II$_{1}$
	2068	B II$_{3}$	E II$_{10}$	B I$_{6}$	F II$_{8}$	E II$_{14}$	C II$_{16}$	C II$_{11}$	E II$_{20}$	A II$_{6}$	D II$_{16}$	C II$_{3}$	A II$_{12}$	A I$_{9}$	F I$_{5}$	E I$_{5}$	F I$_{1}$	F I$_{6}$	A II$_{8}$	E I$_{11}$
	2069	A I$_{11}$	B II$_{3}$	E II$_{10}$	B I$_{6}$	C II$_{10}$	C II$_{17}$	A II$_{11}$	A II$_{9}$	C II$_{6}$	E II$_{13}$	D II$_{15}$	B II$_{7}$	C I$_{10}$	C I$_{6}$	F I$_{3}$	A I$_{2}$	B II$_{9}$	B I$_{7}$	D II$_{3}$
	2070	F II$_{6}$	A I$_{11}$	B II$_{3}$	E II$_{10}$	E II$_{1}$	C II$_{18}$	C II$_{12}$	C II$_{9}$	E II$_{19}$	A II$_{5}$	E II$_{12}$	C II$_{12}$	A I$_{12}$	F I$_{7}$	A I$_{4}$	B I$_{4}$	E I$_{1}$	E II$_{16}$	E I$_{13}$
	2071	F II$_{7}$	F II$_{6}$	A I$_{11}$	B II$_{3}$	C II$_{15}$	C II$_{19}$	C II$_{13}$	E II$_{21}$	A II$_{7}$	C II$_{5}$	F II$_{9}$	D II$_{14}$	B II$_{2}$	F I$_{7}$	C I$_{4}$	C I$_{2}$	B II$_{4}$	E II$_{17}$	A II$_{12}$
第XI誘導計画期	2072	E II$_{11}$	F II$_{7}$	F II$_{6}$	A I$_{11}$	E I$_{6}$	E I$_{7}$	C II$_{14}$	A II$_{10}$	C II$_{8}$	E II$_{18}$	A II$_{4}$	E II$_{4}$	C II$_{1}$	A I$_{7}$	D I$_{8}$	D I$_{5}$	D II$_{5}$	B II$_{11}$	D II$_{13}$
	2073	E II$_{2}$	E II$_{11}$	F II$_{7}$	F II$_{6}$	B I$_{2}$	E II$_{14}$	C II$_{16}$	C II$_{11}$	E II$_{20}$	A II$_{6}$	C II$_{4}$	F II$_{4}$	D II$_{11}$	C I$_{8}$	E I$_{9}$	E I$_{2}$	D II$_{6}$	E II$_{6}$	B II$_{6}$
	2074	D II$_{10}$	E II$_{2}$	E II$_{11}$	F II$_{7}$	E I$_{8}$	C II$_{10}$	C II$_{17}$	A II$_{11}$	A II$_{9}$	C II$_{6}$	D II$_{16}$	A II$_{3}$	E II$_{3}$	F I$_{8}$	F I$_{4}$	F I$_{2}$	D II$_{7}$	E I$_{3}$	D I$_{3}$
	2075	D II$_{8}$	D II$_{10}$	E II$_{2}$	E II$_{11}$	A II$_{2}$	E II$_{1}$	C II$_{18}$	C II$_{12}$	C II$_{9}$	E II$_{19}$	E II$_{13}$	C II$_{3}$	F II$_{2}$	A I$_{8}$	A I$_{5}$	A I$_{3}$	A I$_{1}$	E II$_{7}$	A I$_{10}$
	2076	D I$_{6}$	D II$_{8}$	D II$_{10}$	E II$_{2}$	A II$_{13}$	C II$_{15}$	C II$_{19}$	C II$_{13}$	E II$_{21}$	A II$_{7}$	A II$_{5}$	D II$_{15}$	A II$_{12}$	C I$_{9}$	C I$_{5}$	B I$_{5}$	B I$_{3}$	E II$_{9}$	E I$_{12}$
	2077	D II$_{9}$	D I$_{6}$	D II$_{8}$	D II$_{10}$	F II$_{1}$	E I$_{6}$	E I$_{7}$	C II$_{14}$	A II$_{10}$	C II$_{8}$	C II$_{5}$	E II$_{12}$	B II$_{7}$	A I$_{9}$	D I$_{9}$	C I$_{3}$	C I$_{1}$	E II$_{8}$	B II$_{12}$
	2078	F II$_{5}$	D II$_{9}$	D I$_{6}$	D II$_{8}$	C I$_{7}$	B I$_{2}$	E II$_{14}$	C II$_{16}$	C II$_{11}$	E II$_{20}$	E II$_{18}$	F II$_{9}$	C II$_{12}$	C I$_{10}$	F I$_{5}$	D I$_{7}$	D I$_{4}$	B II$_{10}$	B II$_{13}$
	2079	E II$_{15}$	F II$_{5}$	D II$_{9}$	D I$_{6}$	E I$_{10}$	E I$_{8}$	C II$_{10}$	C II$_{17}$	A II$_{11}$	A II$_{9}$	A II$_{6}$	A II$_{4}$	D II$_{14}$	A I$_{12}$	C I$_{6}$	E I$_{5}$	E I$_{4}$	E II$_{5}$	B II$_{8}$
	2080	C II$_{7}$	E II$_{15}$	F II$_{5}$	D II$_{9}$	F II$_{8}$	A II$_{2}$	E II$_{1}$	C II$_{18}$	C II$_{12}$	C II$_{9}$	C II$_{6}$	C II$_{4}$	E II$_{4}$	B II$_{2}$	F I$_{7}$	F I$_{3}$	F I$_{1}$	B II$_{10}$	B II$_{5}$
	2081	D II$_{4}$	C II$_{7}$	E II$_{15}$	F II$_{5}$	B I$_{6}$	A II$_{13}$	C II$_{15}$	C II$_{19}$	C II$_{13}$	E II$_{21}$	E II$_{19}$	D II$_{16}$	F II$_{4}$	C II$_{1}$	F I$_{7}$	A I$_{4}$	A I$_{2}$	F I$_{6}$	D II$_{12}$

第XII誘導計画期	2082	D I$_{1}$	D II$_{4}$	C II$_{7}$	E II$_{15}$	E II$_{10}$	F II$_{1}$	E I$_{6}$	E I$_{7}$	C II$_{14}$	A II$_{10}$	A II$_{7}$	E II$_{13}$	A II$_{3}$	D II$_{11}$	A I$_{7}$	C I$_{4}$	B I$_{4}$	B II$_{9}$	A II$_{8}$
	2083	D II$_{2}$	D I$_{1}$	D II$_{4}$	C II$_{7}$	B II$_{3}$	C I$_{7}$	B I$_{2}$	E II$_{14}$	C II$_{16}$	C II$_{11}$	C II$_{8}$	A II$_{5}$	C II$_{3}$	E II$_{3}$	C I$_{8}$	D I$_{8}$	C I$_{2}$	E I$_{1}$	B I$_{7}$
	2084	D I$_{2}$	D II$_{2}$	D I$_{1}$	D II$_{4}$	A I$_{11}$	E I$_{10}$	E I$_{8}$	C II$_{10}$	C II$_{17}$	A II$_{11}$	E II$_{20}$	C II$_{5}$	D II$_{15}$	F II$_{2}$	F I$_{8}$	E I$_{9}$	D I$_{5}$	B II$_{4}$	E II$_{16}$
	2085	B I$_{1}$	D I$_{2}$	D II$_{2}$	D I$_{1}$	F II$_{6}$	F II$_{8}$	A II$_{2}$	E II$_{1}$	C II$_{18}$	C II$_{12}$	A II$_{9}$	E II$_{18}$	E II$_{12}$	A II$_{12}$	A I$_{8}$	F I$_{4}$	E I$_{2}$	D II$_{5}$	E II$_{17}$
	2086	F II$_{3}$	B I$_{1}$	D I$_{2}$	D II$_{2}$	F II$_{7}$	B I$_{6}$	A II$_{13}$	C II$_{15}$	C II$_{19}$	C II$_{13}$	C II$_{9}$	A II$_{6}$	F II$_{9}$	B II$_{7}$	C I$_{9}$	A I$_{5}$	F I$_{2}$	D II$_{6}$	B II$_{11}$
	2087	D II$_{1}$	F II$_{3}$	B I$_{1}$	D I$_{2}$	E II$_{11}$	E II$_{10}$	F II$_{1}$	E I$_{6}$	E I$_{7}$	C II$_{14}$	E II$_{21}$	C II$_{6}$	A II$_{4}$	C II$_{12}$	A I$_{9}$	C I$_{5}$	A I$_{3}$	D II$_{7}$	E II$_{6}$
	2088	E I$_{11}$	D II$_{1}$	F II$_{3}$	B I$_{1}$	E II$_{2}$	B II$_{3}$	C I$_{7}$	B I$_{2}$	E II$_{14}$	C II$_{16}$	A II$_{10}$	E II$_{19}$	C II$_{4}$	D II$_{14}$	C I$_{10}$	D I$_{9}$	B I$_{5}$	A I$_{1}$	E I$_{3}$
	2089	D II$_{3}$	E I$_{11}$	D II$_{1}$	F II$_{3}$	D II$_{10}$	A I$_{11}$	E I$_{10}$	E I$_{8}$	C II$_{10}$	C II$_{17}$	C II$_{11}$	A II$_{7}$	D II$_{16}$	E II$_{4}$	A I$_{12}$	F I$_{5}$	C I$_{3}$	B I$_{3}$	E II$_{7}$
	2090	E I$_{13}$	D II$_{3}$	E I$_{11}$	D II$_{1}$	D II$_{8}$	F II$_{6}$	F II$_{8}$	A II$_{2}$	E II$_{1}$	C II$_{18}$	A II$_{11}$	C II$_{8}$	E II$_{13}$	F II$_{4}$	B II$_{2}$	C I$_{6}$	D I$_{7}$	C I$_{1}$	E II$_{9}$
	2091	A II$_{12}$	E I$_{13}$	D II$_{3}$	E I$_{11}$	D I$_{6}$	F II$_{7}$	B I$_{6}$	A II$_{13}$	C II$_{15}$	C II$_{19}$	C II$_{12}$	E II$_{20}$	A II$_{5}$	A II$_{3}$	C II$_{1}$	F I$_{7}$	E I$_{5}$	D I$_{4}$	E II$_{8}$
第XIII誘導計画期	2092	D II$_{13}$	A II$_{12}$	E I$_{13}$	D II$_{3}$	D II$_{9}$	E II$_{11}$	E II$_{10}$	F II$_{1}$	E I$_{6}$	E I$_{7}$	C II$_{13}$	A II$_{9}$	C II$_{5}$	C II$_{3}$	D II$_{11}$	F I$_{7}$	F I$_{3}$	E I$_{4}$	B II$_{10}$
	2093	B II$_{6}$	D II$_{13}$	A II$_{12}$	E I$_{13}$	F II$_{5}$	E II$_{2}$	B II$_{3}$	C I$_{7}$	B I$_{2}$	E II$_{14}$	C II$_{14}$	C II$_{9}$	E II$_{18}$	D II$_{15}$	E II$_{3}$	A I$_{7}$	A I$_{4}$	F I$_{1}$	E II$_{5}$
	2094	D I$_{3}$	B II$_{6}$	D II$_{13}$	A II$_{12}$	E II$_{15}$	D II$_{10}$	A I$_{11}$	E I$_{10}$	E I$_{8}$	C II$_{10}$	C II$_{16}$	E II$_{21}$	A II$_{6}$	E II$_{12}$	F II$_{2}$	C I$_{8}$	C I$_{4}$	A I$_{2}$	B II$_{10}$
	2095	A I$_{10}$	D I$_{3}$	B II$_{6}$	D II$_{13}$	C II$_{7}$	D II$_{8}$	F II$_{6}$	F II$_{8}$	A II$_{2}$	E II$_{1}$	C II$_{17}$	A II$_{10}$	C II$_{6}$	F II$_{9}$	A II$_{12}$	F I$_{8}$	D I$_{8}$	B I$_{4}$	F I$_{6}$
	2096	E I$_{12}$	A I$_{10}$	D I$_{3}$	B II$_{6}$	D II$_{4}$	D I$_{6}$	F II$_{7}$	B I$_{6}$	A II$_{13}$	C II$_{15}$	C II$_{18}$	C II$_{11}$	E II$_{19}$	A II$_{4}$	B II$_{7}$	A I$_{8}$	E I$_{9}$	C I$_{2}$	B II$_{9}$
	2097	B II$_{12}$	E I$_{12}$	A I$_{10}$	D I$_{3}$	D I$_{1}$	D II$_{9}$	E II$_{11}$	E II$_{10}$	F II$_{1}$	E I$_{6}$	C II$_{19}$	A II$_{11}$	A II$_{7}$	C II$_{4}$	C II$_{12}$	C I$_{9}$	F I$_{4}$	D I$_{5}$	E I$_{1}$
	2098	B II$_{13}$	B II$_{12}$	E I$_{12}$	A I$_{10}$	D II$_{2}$	F II$_{5}$	E II$_{2}$	B II$_{3}$	C I$_{7}$	B I$_{2}$	E I$_{7}$	C II$_{12}$	C II$_{8}$	D II$_{16}$	D II$_{14}$	A I$_{9}$	A I$_{5}$	E I$_{2}$	B II$_{4}$
	2099	B II$_{8}$	B II$_{13}$	B II$_{12}$	E I$_{12}$	D I$_{2}$	E II$_{15}$	D II$_{10}$	A I$_{11}$	E I$_{10}$	E I$_{8}$	E II$_{14}$	C II$_{13}$	E II$_{20}$	E II$_{13}$	E II$_{4}$	C I$_{10}$	C I$_{5}$	F I$_{2}$	D II$_{5}$
	2100	B II$_{5}$	B II$_{8}$	B II$_{13}$	B II$_{12}$	B I$_{1}$	C II$_{7}$	D II$_{8}$	F II$_{6}$	F II$_{8}$	A II$_{2}$	C II$_{10}$	C II$_{14}$	A II$_{9}$	A II$_{5}$	F II$_{4}$	A I$_{12}$	D I$_{9}$	A I$_{3}$	D II$_{6}$
	2101	D II$_{12}$	B II$_{5}$	B II$_{8}$	B II$_{13}$	F II$_{3}$	D II$_{4}$	D I$_{6}$	F II$_{7}$	B I$_{6}$	A II$_{13}$	E II$_{1}$	C II$_{16}$	C II$_{9}$	C II$_{5}$	A II$_{3}$	B II$_{2}$	F I$_{5}$	B I$_{5}$	D II$_{7}$
第XIV誘導計画期	2102	A II$_{8}$	D II$_{12}$	B II$_{5}$	B II$_{8}$	D II$_{1}$	D I$_{1}$	D II$_{9}$	E II$_{11}$	E II$_{10}$	F II$_{1}$	C II$_{15}$	C II$_{17}$	E II$_{21}$	E II$_{18}$	C II$_{3}$	C II$_{1}$	C I$_{6}$	C I$_{3}$	A I$_{1}$
	2103	B I$_{7}$	A II$_{8}$	D II$_{12}$	B II$_{5}$	E I$_{11}$	D II$_{2}$	F II$_{5}$	E II$_{2}$	B II$_{3}$	C I$_{7}$	E I$_{6}$	C II$_{18}$	A II$_{10}$	A II$_{6}$	D II$_{15}$	D II$_{11}$	F I$_{7}$	D I$_{7}$	B I$_{3}$
	2104	E II$_{16}$	B I$_{7}$	A II$_{8}$	D II$_{12}$	D II$_{3}$	D I$_{2}$	E II$_{15}$	D II$_{10}$	A I$_{11}$	E I$_{10}$	B I$_{2}$	C II$_{19}$	C II$_{11}$	C II$_{6}$	E II$_{12}$	E II$_{3}$	F I$_{7}$	E I$_{5}$	C I$_{1}$
	2105	E II$_{17}$	E II$_{16}$	B I$_{7}$	A II$_{8}$	E I$_{13}$	B I$_{1}$	C II$_{7}$	D II$_{8}$	F II$_{6}$	F II$_{8}$	E I$_{8}$	E I$_{7}$	A II$_{11}$	E II$_{19}$	F II$_{9}$	F II$_{2}$	A I$_{7}$	F I$_{3}$	D I$_{4}$
	2106	B II$_{11}$	E II$_{17}$	E II$_{16}$	B I$_{7}$	A II$_{12}$	F II$_{3}$	D II$_{4}$	D I$_{6}$	F II$_{7}$	B I$_{6}$	A II$_{2}$	E II$_{14}$	C II$_{12}$	A II$_{7}$	A II$_{4}$	A II$_{12}$	C I$_{8}$	A I$_{4}$	E I$_{4}$
	2107	E II$_{6}$	B II$_{11}$	E II$_{17}$	E II$_{16}$	D II$_{13}$	D II$_{1}$	D I$_{1}$	D II$_{9}$	E II$_{11}$	E II$_{10}$	A II$_{13}$	C II$_{10}$	C II$_{13}$	C II$_{8}$	C II$_{4}$	B II$_{7}$	F I$_{8}$	C I$_{4}$	F I$_{1}$
	2108	E I$_{3}$	E II$_{6}$	B II$_{11}$	E II$_{17}$	B II$_{6}$	E I$_{11}$	D II$_{2}$	F II$_{5}$	E II$_{2}$	B II$_{3}$	F II$_{1}$	E II$_{1}$	C II$_{14}$	E II$_{20}$	D II$_{16}$	C II$_{12}$	A I$_{8}$	D I$_{8}$	A I$_{2}$
	2109	E II$_{7}$	E I$_{3}$	E II$_{6}$	B II$_{11}$	D I$_{3}$	D II$_{3}$	D I$_{2}$	E II$_{15}$	D II$_{10}$	A I$_{11}$	C I$_{7}$	C II$_{15}$	C II$_{16}$	A II$_{9}$	E II$_{13}$	D II$_{14}$	C I$_{9}$	E I$_{9}$	B I$_{4}$
	2110	E II$_{9}$	E II$_{7}$	E I$_{3}$	E II$_{6}$	A I$_{10}$	E I$_{13}$	B I$_{1}$	C II$_{7}$	D II$_{8}$	F II$_{6}$	E I$_{10}$	E I$_{6}$	C II$_{17}$	C II$_{9}$	A II$_{5}$	E II$_{4}$	A I$_{9}$	F I$_{4}$	C I$_{2}$
	2111	E II$_{8}$	E II$_{9}$	E II$_{7}$	E I$_{3}$	E I$_{12}$	A II$_{12}$	F II$_{3}$	D II$_{4}$	D I$_{6}$	F II$_{7}$	F II$_{8}$	B I$_{2}$	C II$_{18}$	E II$_{21}$	C II$_{5}$	F II$_{4}$	C I$_{10}$	A I$_{5}$	D I$_{5}$
第XV誘導計画期	2112	B II$_{10}$	E II$_{8}$	E II$_{9}$	E II$_{7}$	B II$_{12}$	D II$_{13}$	D II$_{1}$	D I$_{1}$	D II$_{9}$	E II$_{11}$	B I$_{6}$	E I$_{8}$	C II$_{19}$	A II$_{10}$	E II$_{18}$	A II$_{3}$	A I$_{12}$	C I$_{5}$	E I$_{2}$
	2113	E II$_{5}$	B II$_{10}$	E II$_{8}$	E II$_{9}$	B II$_{13}$	B II$_{6}$	E I$_{11}$	D II$_{2}$	F II$_{5}$	E II$_{2}$	E II$_{10}$	A II$_{2}$	E I$_{7}$	C II$_{11}$	A II$_{6}$	C II$_{3}$	B II$_{2}$	D I$_{9}$	F I$_{2}$
	2114	B II$_{1}$	E II$_{5}$	B II$_{10}$	E II$_{8}$	B II$_{8}$	D I$_{3}$	D II$_{3}$	D I$_{2}$	E II$_{15}$	D II$_{10}$	B II$_{3}$	A II$_{13}$	E II$_{14}$	A II$_{11}$	C II$_{6}$	D II$_{15}$	C II$_{1}$	F I$_{5}$	A I$_{3}$
	2115	F I$_{6}$	B II$_{1}$	E II$_{5}$	B II$_{10}$	B II$_{5}$	A I$_{10}$	E I$_{13}$	B I$_{1}$	C II$_{7}$	D II$_{8}$	A I$_{11}$	F II$_{1}$	C II$_{10}$	C II$_{12}$	E II$_{19}$	E II$_{12}$	D II$_{11}$	C I$_{6}$	B I$_{5}$
	2116	B II$_{9}$	F I$_{6}$	B II$_{1}$	E II$_{5}$	D II$_{12}$	E I$_{12}$	A II$_{12}$	F II$_{3}$	D II$_{4}$	D I$_{6}$	F II$_{6}$	C I$_{7}$	E II$_{1}$	C II$_{13}$	A II$_{7}$	F II$_{9}$	E II$_{3}$	F I$_{7}$	C I$_{3}$
	2117	E I$_{1}$	B II$_{9}$	F I$_{6}$	B II$_{1}$	A II$_{8}$	B II$_{12}$	D II$_{13}$	D II$_{1}$	D I$_{1}$	D II$_{9}$	F II$_{7}$	E I$_{10}$	C II$_{15}$	C II$_{14}$	C II$_{8}$	A II$_{4}$	F II$_{2}$	F I$_{7}$	D I$_{7}$
	2118	B II$_{4}$	E I$_{1}$	B II$_{9}$	F I$_{6}$	B I$_{7}$	B II$_{13}$	B II$_{6}$	E I$_{11}$	D II$_{2}$	F II$_{5}$	E II$_{11}$	F II$_{8}$	E I$_{6}$	C II$_{16}$	E II$_{20}$	C II$_{4}$	A II$_{12}$	A I$_{7}$	E I$_{5}$
	2119	D II$_{5}$	B II$_{4}$	E I$_{1}$	B II$_{9}$	E II$_{16}$	B II$_{8}$	D I$_{3}$	D II$_{3}$	D I$_{2}$	E II$_{15}$	E II$_{2}$	B I$_{6}$	B I$_{2}$	C II$_{17}$	A II$_{9}$	D II$_{16}$	B II$_{7}$	C I$_{8}$	F I$_{3}$
	2120	D II$_{6}$	D II$_{5}$	B II$_{4}$	E I$_{1}$	E II$_{17}$	B II$_{5}$	A I$_{10}$	E I$_{13}$	B I$_{1}$	C II$_{7}$	D II$_{10}$	E II$_{10}$	E I$_{8}$	C II$_{18}$	C II$_{9}$	E II$_{13}$	C II$_{12}$	F I$_{8}$	A I$_{4}$
	2121	D II$_{7}$	D II$_{6}$	D II$_{5}$	B II$_{4}$	B II$_{11}$	D II$_{12}$	E I$_{12}$	A II$_{12}$	F II$_{3}$	D II$_{4}$	D II$_{8}$	B II$_{3}$	A II$_{2}$	C II$_{19}$	E II$_{21}$	A II$_{5}$	D II$_{14}$	A I$_{8}$	C I$_{4}$

注：1）下種地拵→更新伐は，下種地拵→補播→種子覆土→更新伐の略記である。

2）枝条整理→補植は，枝条整理→更新面組織化→補植の略記である。

写真 4－11　ヤクスギ群状択伐作業法（屋久杉天然林施業）実験林の説明板
注：2000 年撮影，九州森林管理局の山崎前計画課長提供

1）立地概況

この作業法が適用される区域は，天然生のヤクスギが多く分布する海抜約 700～1,400 m の間の約 10,000 ha と想定した。この想定適用区域内のヤクスギ天然生林には，300～800 年生のヤクスギがあまり見られない。これは，今から約 300 年前に薩摩藩によってヤクスギ伐採が開始されて以来，明治維新に至る 200 年の間に，約 500 年生以下の良質木の大部分が伐採されたことを意味している。ここでは，その伐採後に更新した約 300 年生以下のヤクスギを「コスギ」，その伐採を免れた約 800 年生以上のヤクスギを「メイボクヤクスギ」とよぶことにする。

これらのヤクスギ天然林には，モミ・ツガ・ヤマグルマ等が混交して異齢複合林型を呈しているが，平均林齢は 240 年前後とされている。その高木層には大径木が多く，メイボクヤクスギでは 300 cm 以上，コスギでも 100 cm 以上であり，モミ・ツガ・ヤマグルマ等も 150 cm 以上の胸高直径に達している。なお，メイボクヤクスギの本数密度は全域の平均で 1 本／ha 未満とされている（井上ら 1982）。

このような天然生林のなかで，優良な林相を呈する小流域に適用実験林が設定された。本実験林は，旧下屋久営林署管内における 9 林班内の 1,000～1,150 m の間に位置し，その面積は約 12 ha で，その下部は林道に接している。その林床にはヤクスギ稚樹の発生が見られる。

２）生産林分・付帯設備配置

本作業法の基本設計を進めるにあたっては，次のような基本的条件を前提とした。

①　メイボクヤクスギ・優良コスギ群（健全木３～５本）は禁伐とし，保護樹群（モミ・ツガ・ヤマグルマ等）でとりかこみ（２重の樹冠）群状に保残する。その群状面は，メイボクヤクスギをほぼ中心とする半径約 25 m の円状面，優良コスギ群ではその群のほぼ中心点を中心とする半径 25 m の円状面とし，0.2 ha（≒ π ×25×25）を基準とする。

②　前述のメイボクヤクスギ保残面・コスギ保残面以外の群状択伐面（生産面）の面積基準も保残面と同一（0.2 ha）とし，群状択伐－天然下種更新方式を採用する。

③　群状択伐面を小面積皆伐面とみなして 240 年の伐期齢を想定し，循環期（回帰年）を国有林の当時における諸条件を総合的に判断して 30 年とする。

④　集材方式としては，保残面をさけて集材すべき点などを考慮して，当面は短スパンの架線集材方式を採用する。なお，将来においては元柱として人工タワー車両を導入して架線のより短スパン化を図る（現在ではタワーヤーダに相当）。

前述の基本的前提条件を総合調整して，基本的な保続生産システムを次のような手順で設計した。

①　本作業法の適用区域（約 10,000 ha 想定）には，循環期（回帰年）が 30 年であるから，30 個の択伐区（平均面積約 330 ha）が設定される。その各択伐区内には，メイボクヤクスギ保残面・コスギ保残面・群状択伐面が配置されるが，現状の林相維持を考慮して，その三者の基準面積比率をそれぞれ 10％・30％・60％とする。この基準比率を，端数処理の便宜上２ha を単位として各群状面の設定個数に変換すると次のようになる。

メイボクヤクスギ保残面：１個（１×0.2 ha＝0.2 ha）
コ　ス　ギ　保　残　面：３個（３×0.2 ha＝0.6 ha）
群　状　択　伐　面：６個（６×0.2 ha＝1.2 ha）
合　計　：10 個（10×0.2 ha＝2.0 ha）

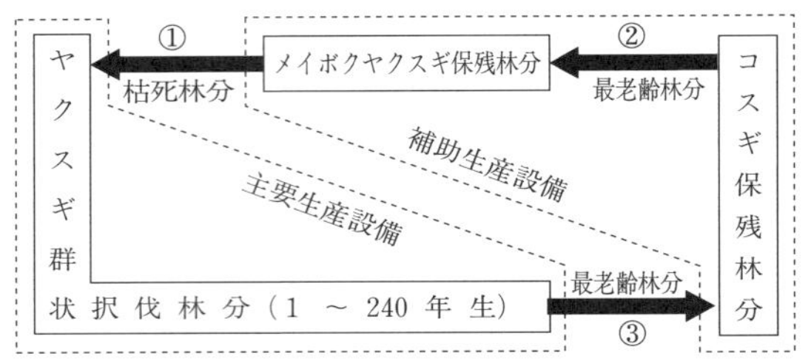

図 4 − 31　ヤクスギ群状択伐作業法におけるメイボクヤクスギ保残林分，コスギ保残林分，ヤクスギ群状択伐林分の振替処理の概念図

②　メイボクヤクスギ保残面（1個／2 ha）・コスギ保残面（3個／2 ha）の分画位置は，既存の両者の分布位置に制約されるから，それの設計考慮の余地はない。したがって，両者の保残面が当初において偏在していても差し支えないものとする。

③　前記両保残面を除き，さらに林道・山土場・保護樹帯等の付帯設備用地を除いた林面には群状択伐面が6個／2 ha を基準として設定される。それらの個々の群状択伐面（基準面積 0.2 ha）の分画にあたっては，地形に順応させることを基本とし，小流域，尾根，沢，等高線に着目する。さらに，林道路線との関連性も考慮し，保残面が損傷を受けないように開設される林道路線を群状択伐面の境界線に一致させるように調整する。

④　ヤクスギの永続的保全のために禁伐とするメイボクヤクスギ保残面・コスギ保残面を移動予備林（補助生産設備）として活用する。いかに長寿をほこるヤクスギといえども，生物であるからにはいずれは枯死，倒伏する。そのメイボクヤクスギ保残面（1個／2 ha）の主である超高齢ヤクスギが枯死，倒伏した保残面は，その目的を完遂したことになるから，それ以降は，図 4 - 31 の①に示すように群状択伐面（主要生産設備：生産林面）に移動（振替）させる。この移動によって，その個数分だけ当該択伐区内のメイボクヤクスギ保残面個数が減少するから，コスギ保残面（3個／2 ha）の中から，高林齢順にその減少個数分だけメイボクヤクスギ保残面に格上移動する（図 4 - 31 の②）。その格上移動によって，その個数分だけコスギ保残面個数が減少するから，群状択伐面（6個／2 ha）の中から，高林齢順にその減少

個数分だけコスギ保残面に格上移動する（図 4－31 の③）。

⑤　このように連動した移動（振替）処理は，当該択伐区に 30 年ごとの群状択伐が循環（回帰）してきたときに，メイボクヤクスギがその天寿を全うしていた場合である。もし，各択伐区に群状択伐が循環（回帰）したとき，天寿を全うして枯死し倒伏したメイボクヤクスギが幸いにもなかった場合には前述の移動処理は必要なく，30 個の全択伐区における各群状択伐面上の小面積皆伐林分（0.2 ha）は，何事もなかったかのように，想定輪伐期 240 年をもって保続生産システムに組み込まれ無事に一生を終えることになる。この作業級が適用され始めて第 8 循環期が終了した以降（240 年以降）では，1 年生から 240 年生までのすべての齢階の群状択伐林分（小面積皆伐林分）がいずれかの択伐区内に複雑に配置されているからである。なお，群状択伐が回帰してくるまでの 30 年の間に，メイボクヤクスギが倒伏しても慌てることはない。ヤクスギは，次の群状択伐までの最長 29 年間にわたって林地で眠りについていたとしても，いわゆる“土埋木”としてその経済価値が衰えないからである。

本作業法のキーポイントは，ヤクスギの永続的保全のために設定された保残面を移動予備林とみなした点にある。元来，移動予備林は皆伐方式の不備な点を補完するために設定されるものであるが，ここではそれを群状択伐方式を採用した保続生産システムに有機的に組み込んだ。それによって，生産と保全とを調和させた独特の技術的システムをもつ群状択伐作業法となっている。

その調和という点に着目すると，群状択伐面（基準面積比率 60 %）で育成されているヤクスギ生産林分は，保残面（基準面積比率：40 %）に生立する高齢ヤクスギ保全林分の後継林分とも考えられる。したがって，この群状択伐作業法に内包されているヤクスギの保続生産システムは，別の観点からするとヤクスギの永続的保全システムとも考えられる。

以上のようなヤクスギ群状択伐作業法の適用に具体的指針を与えるために，本作業法の適用実験林が設定された。この実験林を 1 択伐区と想定し，各種の必要設備の配置計画を示したのが図 4－32 であり，その配置計画を総括して示したのが表 4－14 である。なお，本適用試験林内における群状択伐

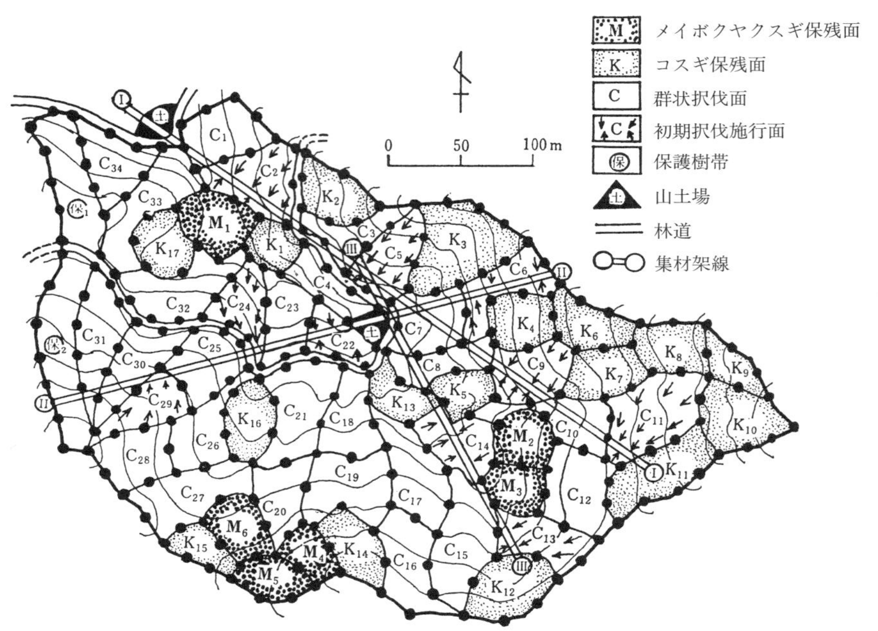

図 4－32 ヤクスギ群状択伐作業法の適用実験林の状況

表 4－14 ヤクスギ群状択伐作業法実験林における組織区画の空間配置計画の総括

組織区画 大別		組織区画 細別	面積 (ha)	備考
主要生産設備区画		群状択伐面	7.67	34 個
付帯設備区画	補助生産設備区画	保残面	3.93	23 個
	運搬設備区画	林道	0.27	1 路線
	貯蔵設備区画	山土場	0.05	1 ヵ所
	保全設備区画	保護樹帯	0.72	1 ヵ所
合計			12.64	—

写真 4－12　ヤクスギ群状択伐作業法実験林における群状択伐面の天然更新状況
注：2000 年撮影，九州森林管理局の山崎前計画課長提供

面の天然更新状況（2000 年現在）の一例を示すと写真 4－12 のとおりである。

(8)　細胞式皆伐作業法

九州山地の奥地山岳林一帯も，戦後における大面積連続皆伐方式による拡大造林の奥地化の例外ではなかった。その奥地山岳林の中央部に所在する九州大学宮崎演習林（総面積 2,925 ha）でも，広葉樹を主とする天然生林からスギ・ヒノキの人工林へ林種転換を図る試験研究が進められていた。その試験研究は，必ずしも小面積皆伐方式によるものではなかった。そこで，その試験研究を小面積皆伐方式に転換することを目指し，当時宮崎演習林長の職にあった今田が「細胞式皆伐作業法」（九州大学演習林 1986）を設計し，その適用試験が 1978（昭和 53）年度から開始された。

この試験林は，海抜 1,000 m 以上の高冷地に位置しており，年平均気温は 10℃で，脊梁部に接していることから風衝地でもあり，更新面の保護を必要とする条件下にある。このようにきびしい気象条件とともに，近年ではシカの食害が急増していることから，不成績造林地も生じており（寺岡ら 1992），この適用試験は当初の計画通りには進展していないのが現状である。

このようなスギ・ヒノキ人工林の実状は，わが国の奥地山岳林に広く見られ，その改善策が重要視されるに至っている。そこで，その改善策に多少なりとも参考資料を提供する意図を込めて，本作業法の適用試験当初における計画を明らかにしておきたい。

1）立地概況

本試験林は，宮崎県椎葉村に所在するが，諸塚村を中心とする林業地帯が属する耳川流域ではなく，一ツ瀬川流域の源流部に位置しており，周辺一帯でも林種転換が進み，スギ・ヒノキ人工林が広く分布している。その気象条件は前述したようにきびしく，加えて年降水量は3,500 ㎜にも達し，地質の面においても延岡－紫尾山構造線上の花崗岩もしくは千枚岩地帯に属していることから，地滑りや崩壊の多発地帯でもある。

本作業法の適用試験林面積は約950 haであり，本演習林の10年を1期とする第4次森林管理計画期が終了した1995年度末現在では，本作業法適用試験前の人工林も含めて約300 haが林種転換されている（九州大学演習林1996）。その適用試験前の林況は，モミ・ツガ・アカマツが混交する広葉樹天然生林であって，全域としては複雑な林相・林型を呈し，上層木の樹齢は100～150年と推定される。そのうち，アカマツを主体とする天然生林分の育林プロセスについては4.1.3で明らかにしたとおりである。

2）生産林分・付帯設備配置

本作業法の基本設計を進めるにあたっては，次のような基本的条件を前提とした。

① 本作業法に採用される育林方式は皆伐－人工植栽方式であるのはいうまでもないが，その1皆伐面の面積を5 ha以下の小面積に抑え，その周囲に基準幅15～20 m の保護樹帯を設定する。したがって，各皆伐面は基準幅30～40 m の保護樹帯で抱護されることになる。

② 標準年伐（皆伐）面積を10 haとし，前述の細胞式伐区を皆伐面が10 haに達するまで等高線方向に連結して1年伐区とする。

③ 細胞式伐区内の皆伐面の上限標高を1,200 m とする。したがって，本作業法適用試験林内の皆伐面は，1,000～1,200 m の間に配置される結果となる。

④ 林道の年開設延長は250 m を基準とする。なお，本作業法適用試験前の既設路線はほとんどなく，この林道新設進度に合わせて年伐区を設定せ

ざるを得ない条件下にあった。

⑤　林道開設進度，上限伐採標高，地形等を総合判断して，架線集材方式を採用せざるを得ず，その集材距離は 500 m 以内とする。

以上のような条件を総合調整して，生産林分（細胞式伐区）と林道配置計画・山土場設置計画等を進めたが，その配置結果の一部（第Ⅳ伐採列区）を示すと図 4 - 33 のとおりであり，主伐進行順序も西暦年の下 2 ケタで示されている。

なお，この第Ⅳ伐採列区の主伐は，予定通り 1978 年度から開始されたが，1999 年度に予定通り終了しなかったことは前述したとおりである。この適用試験開始前にはまったく予想もしなかったシカ食害がその主因である。大自然の真っ只中で，しかも長期にわたって進められる保続生産システムの適用試験が，もちろん保続生産そのものも含めて，いかに困難であるかだけは十分に学び得た。

(9)　魚骨状択伐作業法

前述の九州大学宮崎演習林には，モミ・ツガを主体とする天然生林もまとまった面積で分布している。そのような天然生林は，九州地方では本演習林のほかに，五木・五家荘一帯や霧島地域の国有林の一部（国立公園・国定公園内）等に保残されているにすぎず，今やかつての九州地方の森林生態系をとどめる貴重な森林となった。そこで，そのような森林生態系をなるべく維持しながら，より健全なモミ・ツガ天然生林へ徐々に誘導する保続生産システムとして，「魚骨状択伐作業法」（九州大学演習林 1986）というシステムが構想されたことがある。

この保続生産システムは，諸般の事情によって基本構想に止まり，残念ながら適用試験されるには至らなかったが，そのシステムの基本構想は，対象をかえて本演習林のスギ人工林の間伐に一部取り入れられた。その間伐方法の説明を通じて，魚骨状択伐作業法の基本システムを説明し得ると判断し，その間伐方法をここに明らかにし将来の参考に供したい。

1）立地概況

間伐の対象林分は，53 年生スギ人工林分であり，本演習林の最老齢林分

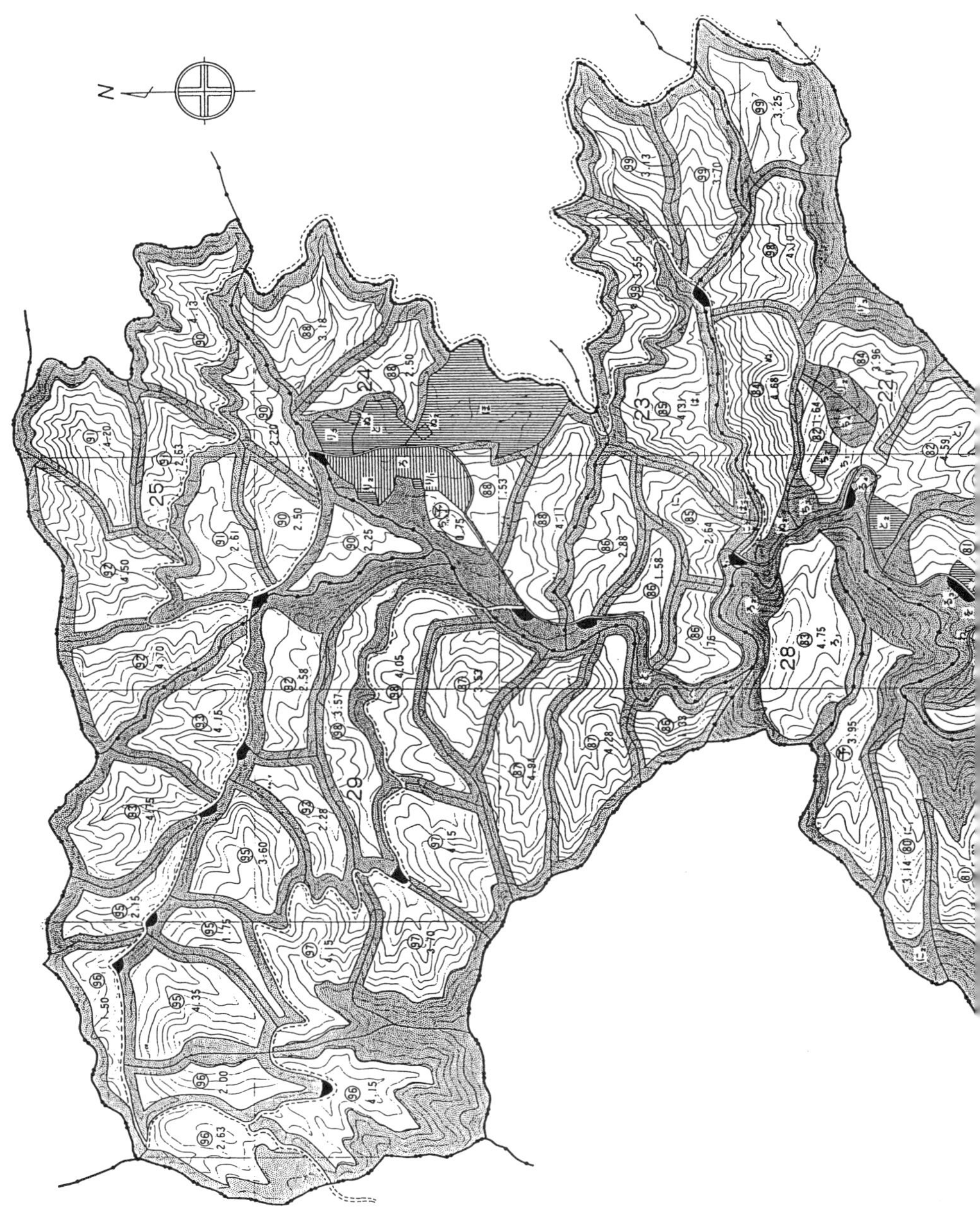

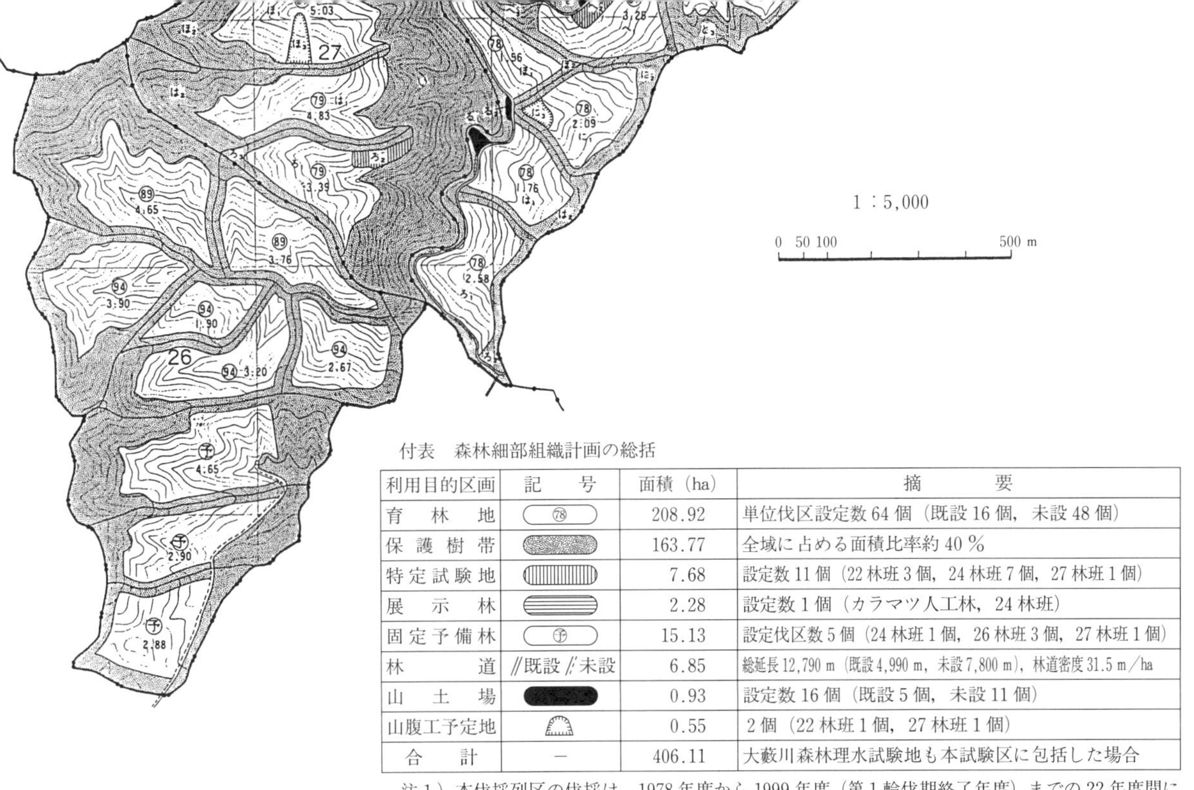

付表　森林細部組織計画の総括

利用目的区画	記　号	面積（ha）	摘　要
育林地	(78)	208.92	単位伐区設定数64個（既設16個，未設48個）
保護樹帯		163.77	全域に占める面積比率約40％
特定試験地		7.68	設定数11個（22林班3個，24林班7個，27林班1個）
展示林		2.28	設定数1個（カラマツ人工林，24林班）
固定予備林	(予)	15.13	設定伐区数5個（24林班1個，26林班3個，27林班1個）
林道	//既設 //:未設	6.85	総延長12,790 m（既設4,990 m，未設7,800 m），林道密度31.5 m／ha
山土場		0.93	設定数16個（既設5個，未設11個）
山腹工予定地		0.55	2個（22林班1個，27林班1個）
合計	－	406.11	大藪川森林理水試験地も本試験区に包括した場合

注1）本伐採列区の伐採は，1978年度から1999年度（第1輪伐期終了年度）までの22年度間にわたって継続される。したがって，単位伐区で構成される年伐区の設定数は22個となる。

2）単位伐区内の○印内数字は，各単位伐区の西暦年で表示した伐採年度の下2ケタを示す。たとえば，(78)は1978年度が当該単位伐区の伐採年度であることを示す。

図4－33　細胞式皆伐作業法試験区　第IV伐採列区　森林細部組織計画図

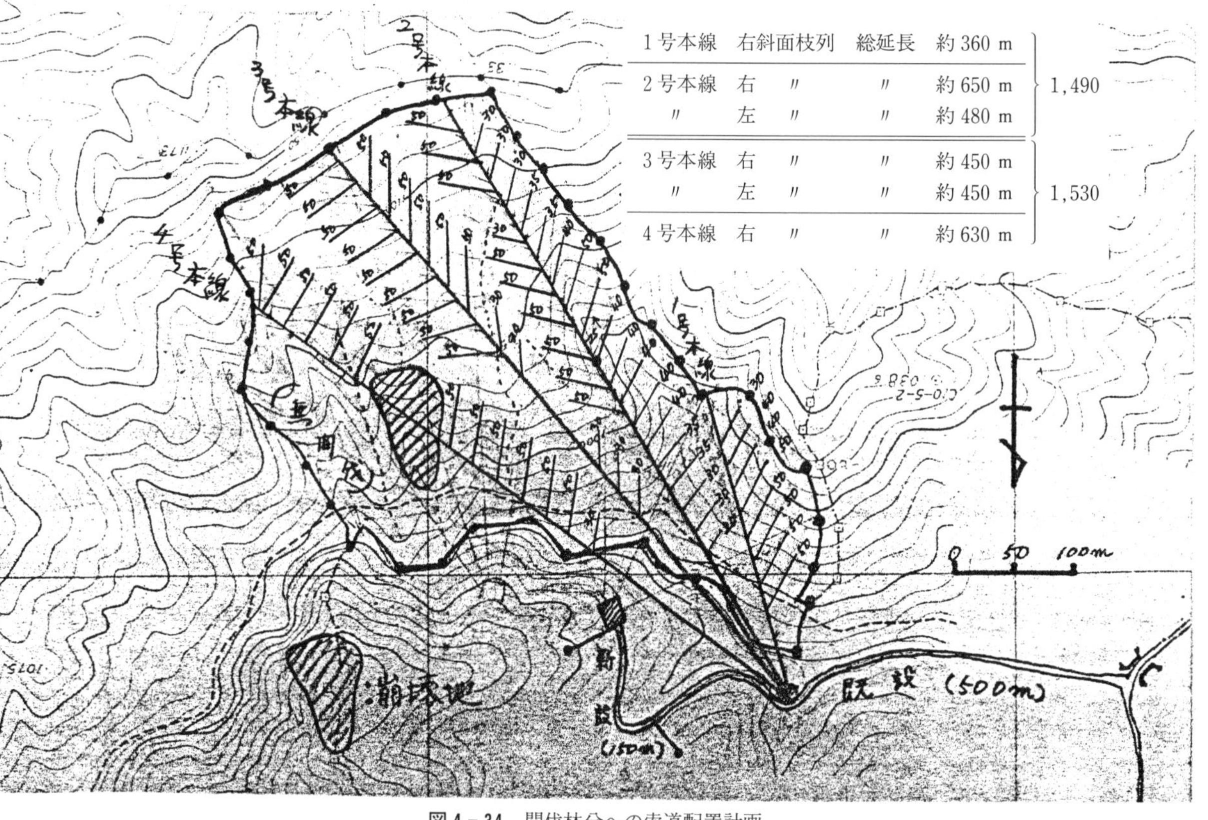

1号本線	右斜面枝列	総延長	約 360 m	
2号本線	右 〃	〃	約 650 m	1,490
〃	左 〃	〃	約 480 m	
3号本線	右 〃	〃	約 450 m	1,530
〃	左 〃	〃	約 450 m	
4号本線	右 〃	〃	約 630 m	

図 4－34　間伐林分への索道配置計画

でもある。その面積は約 10 ha で，図 4－34 に示すように一山腹斜面の尾根から沢にかけて生立しており，地床傾斜度は 25°～35° で林内作業車による集材方式は導入できない条件下にある。この間伐方法に重要な関連性をもつ平均樹高は約 20 m である。

図 4－34 に示すように，林道はこの対象林分の生立する斜面の対向斜面に開設されており，その林道に接した地点を中心にして 4 本の主索道（魚骨状の主骨に相当）は実際に伐開作設された。ただし，多数の横取索道（魚骨状の小骨に相当）は，この主索道と同時には伐開作設されなかった。

2）間伐方法

この林分の間伐にあたっては，次のような基本的条件を前提とした。

① 間伐材の集材は架線によらざるを得ず，索張方式はエンドレスタイラー式を採用する。その横取距離を 50 m とする。

② 横取索道の基準間隔は，図 4－35 に示すように平均樹高に合わせて 20 m とし，横取作業で間伐材が回転しないように伐倒方向を制御し，全間伐面をカバーするように配置する。

③ 横取索道が多数配置されることを考慮し，主索道も含め幅員は 5 m と狭くし，全幹集材とする。なお，横取索道に接し損傷を受ける立木はいわば防護壁として固定する。

④ 横取索道間の 20 m 幅の林面には，伐期齢を考慮せず，上層間伐によって超高齢大径木を仕立てる。なお，椎葉村の耳川流域には，推定樹齢 850 年，胸高直径 5 m，樹高 60 m にも達するスギ（那須大八郎御手植とされる“八村杉”）が現存している。

⑤ 索道敷は固定し，間伐間隔年数も 10 年に固定する。その 10 年間に，固定された索道敷で 10 年で収穫され得る適当な副産物を生産する。したがって，運搬設備である索道敷は副産物生産のための補助生産設備ともなり，その副産物を収穫すれば索道敷が整備される結果となる。

以上のような基本的条件を総合調整して，主索道・横取索道の配置状態を模式図として示したのが図 4－35 であり，それによって実際の間伐面における主索道・横取索道の配置計画を示したのが図 4－34 である。

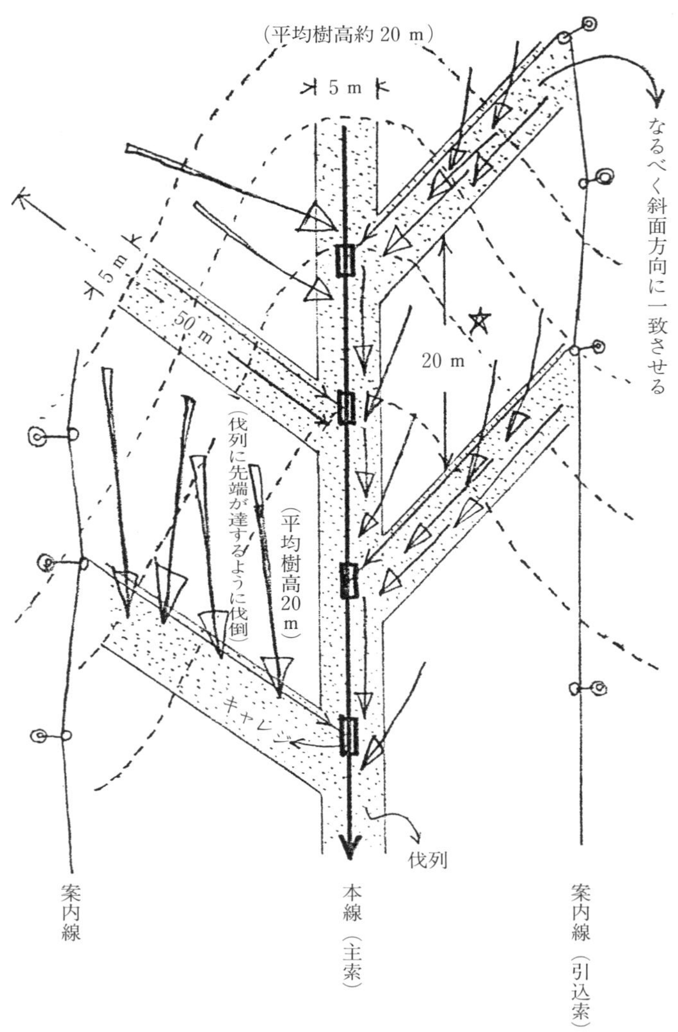

図 4 − 35　索道の配置方法

3）魚骨状択伐作業法への応用可能性

図 4－34 がスギ人工林分の間伐面ではなく，モミ・ツガ天然生林の一定の択伐区内林面であった場合を想定すれば，この間伐方法が魚骨状択伐作業法へ応用できるか否かが検討できる。

まず，一定化された間伐間隔を回帰年（循環期）とみなせば，この間伐方法の基本的枠組みは魚骨状択伐作業法へ応用できると考えられる。ただし，回帰年の年数は，この択伐システムに包括されている他の要因との関連から，変更されるのは言うまでもない。

次に，間伐と択伐の決定的な相違点は，伐出後における更新樹確保に対する考慮の要否にある。択伐方式（単木・群状）によって，モミ・ツガの天然更新が可能か否かは，魚骨状択伐作業法を構想した段階（今から約 25 年前）では不明であり，現在でもその事情は大きくは変わっていない。その構想段階では，当地域では林床に 2 m 前後のスズタケが密生している場合が多いことから，当面は林床にスズタケが繁茂していない群状面上の立木を択伐し，その群状択伐面にはモミ・ツガの苗木（山引苗・養成苗の両者）を人工植栽する他ないと考えられていた。なお，群状択伐面の位置は，図 4－34 に示すように主索道・横取索道・左右列によって図上標示ができることから，群状択伐面の更新状況の調査が的確に進められるという利点がこの魚骨状択伐作業法にはある。

このような群状択伐面（面積規模は現状では不明）への人工植栽が可能か否かが，ここで明らかにした間伐方法の基本的枠組みを魚骨状択伐作業法へ応用できるか否かを左右する具体的な技術的要因と考えられる。もちろん，この人工植栽の可否は経済的要因でもあり，他の関連要因も総合して，モミ・ツガ天然生林に対する魚骨状択伐作業法の適用可能性究明のための，少なくとも試験研究の価値はあろう。

⑽　連進帯状皆伐作業法

九州大学福岡演習林では，大面積皆伐方式によって育成されてきたヒノキ人工林を小面積皆伐方式へ誘導する技術的手法の一つとして，連進帯状皆伐作業法の適用に着手されたことがある（九州大学演習林 1967）。

この作業法の適用は，諸般の事情により，一部のヒノキ人工林に止まっている。しかしながら，この作業法に内包されている保続生産システムは，大面積皆伐方式から小面積皆伐方式への転換手法として，将来にわたって検討の価値はあると考え，その基本的枠組みをここに明らかにして参考に供したい。

1）立地概況

この作業法が一部適用されたヒノキ人工林は，地床傾斜度35°前後で，斜面長が約125 m でほぼ一定の山腹斜面に育成されていた。このような立地条件を考慮して，尾根から沢にかけての落水線方向に一定幅の帯状区を設定しやすいことから，この人工林が本作業法の適用対象地に選定されたと推察される。

適用当時のヒノキ人工林は52年生であり，その上層木平均樹高は樹幹解析結果から約15 m と推定されるが，この樹高を考慮して，落水線方向の帯幅15 m と25 m の2本の帯状区が間隔を置いて設定され，その帯状区の皆伐後ヒノキが人工植栽された。現状では，帯状区のヒノキは約35年生に成長し，それを挟み込む当初からの人工林は約90年生に達している。残念ながら，この2本の帯区に隣接する帯区は設定されるに至らなかったのは前述のとおりである。

2）生産林分・付帯設備配置

この連進帯状皆伐作業法の適用は不十分ではあるが，それに内包されている保続生産システムは概ね次のとおりである。

① 輪伐期は，当時の本演習林におけるヒノキ人工林の輪伐期80年が採用された。なお，説明の便宜上，標準年伐面積を1 ha とする。したがって，本作業級の面積は，説明の都合上付帯設備の面積を考慮外におくと80 ha となる。

② 1つの帯区は，帯幅20 m（現存帯区2本の平均値），帯長125 m（現地斜面長に同一化）で一定とし，帯区面積も0.25 ha（＝20 m×125 m）で一定となる。したがって，標準年伐面積が1 ha であるから，各年度に皆伐される帯区の個数は4個となる。

③ 一定方向（主風方向）へ皆伐を規則的に連進させる場合の帯区間林齢

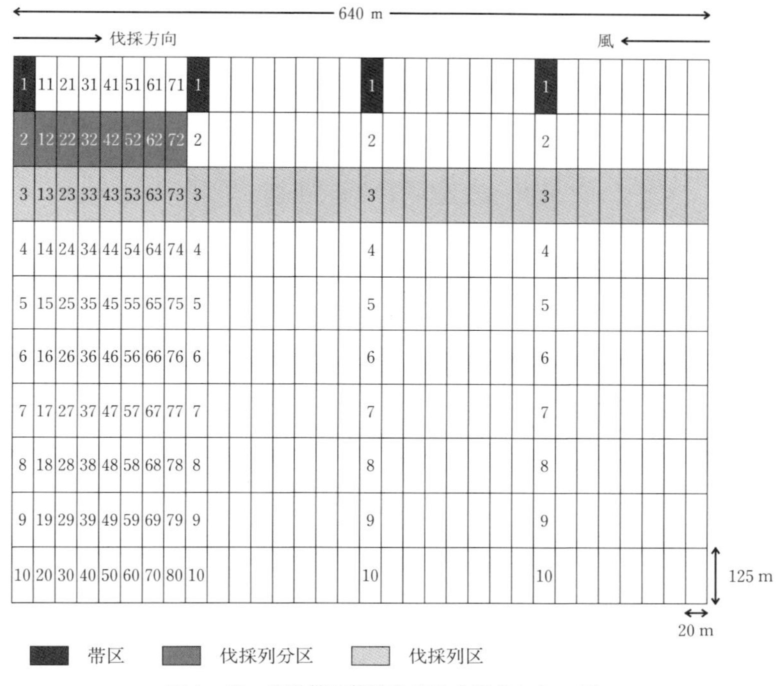

図 4 − 36　連進帯状皆伐作業法を適用したモデル

較差を 10 年（九州大学演習林 1967）とする。

④　以上の条件を総合して，作業級全域（80 ha）の生産林分配置をモデルとして示すと図 4 − 36 のとおりであって，10 個の「伐採列区」，その内部に 4 個の「伐採列分区」，さらにその内部に 8 個の「帯区」が設定されており，各帯区の皆伐順序も明示されている。

⑤　このモデルから，輪伐期 80 年により，毎年 4 個の帯区を主伐（皆伐）する保続生産システムが円滑に稼働することは明らかであるが，それには次のような調整が必要である。

(a)　帯区間の林齢較差の年数（10 年）が，輪伐期の年数（80 年）の約数になるように調整する。

(b)　伐採列区の設定数（10 個）を，帯区間の林齢較差の年数（10 年）に一致させる。ただし，大規模作業級の場合には前者の設定数が，後者の年数の整数倍になるように調整する。

(c) 帯区間の林齢較差の年数（10年）を，間伐間隔年数を一定化した上で一致させるように調整する。この調整によって，同一伐採列分区内の間伐が同一年度に集中化できる。

以上のような生産林分配置に応じて，伐採列区間に林道を配置するのが得策であり，それを林道網に展開する場合には伐採列分区間にも林道を配置するのが得策であろう。また，保護樹帯の設定が必要な場合には，各伐採列分区（あるいは１つおき）の風上側に適当に設定する方法も考えられる。

4.3 生産林分配置

前述のような保続生産システムが各作業級ごとに設計されたら，その設計システムに基づいて，各作業級の内部に配置すべき主要生産設備としての生産林分とそれに密接に関連する必要付帯設備の配置位置を，図面上に細部に至るまで具体的に標示するのがA計画チームの次の仕事である。換言すれば，各作業級内におけるすべての林面の種々の使用目的を，図面上で具体的に明確化するのが次の仕事である。

図１－３に示した「生産林分・付帯設備配置計画」は，このような計画作業を意味している。したがってここでは，各種設備の空間配置の図上標示について，実際に設計された保続生産システムが採用される作業級を例としながら言及するのが本来であるが，その図上標示については図４－25（交互区画皆伐作業法），図４－27（掌状作業法），図４－30（細胞式舌状皆伐作業法），図４－32（ヤクスギ群状択伐作業法），図４－33（細胞式皆伐作業法）の具体例で十分であり，これ以上の言及はフォレスターに対する“釈迦に説法”となろう。

そこで，ここでは釈迦に説法の無駄を省き，先例の保続生産システムに内包されている生産林分と付帯設備の基本的配置手法ともいうべきものを抽出して，それを将来において新しい保続生産システム設計が必要になった際の参考資料に供した方が有益と判断した。

ところで，生産林分配置は，保続生産システムに組み込まれている育林方式によって，その手法が大きく異なるのは先例からも明らかであるから，生産林分配置と付帯設備配置とを分け，まず異なった育林方式が組み込まれた作業級ごとに生産林分配置の基本的手法の抽出を試みる。

その生産林分配置の基本的手法の抽出にあたっては，皆伐－人工植栽方式という育林方式が組み込まれた作業級が普遍的である（南雲・岡 2002）という実状を考慮し，この育林方式が組み込まれた作業級（皆伐作業級）をベースとして，他の育林方式が組み込まれた作業級に言及する方法をとる。このような解説方法をとった方が，残伐作業級・漸伐作業級・択伐作業級の生産林分配置手法が理解されやすいと判断したからでもある。

さらに，先述したように，保続生産システムに内包された生産林分配置の時空間制御システムのモデルとみなされる“法正林”が，皆伐作業級をベースとして発想され，その“法正状態”が皆伐作業級をベースとして，他3作業級の場合に論及されているのと同様の文脈でもある。

4.3.1　皆伐作業級

1）年伐区の設定手法

皆伐－人工植栽作業級においては，年伐区はその作業級の輪伐期年数と同数個設定されるのは自明であるが，大面積作業級では，適当数の「単位伐区」によって1年伐区が構成される場合があるのは4.2.3の(6)細胞式舌状皆伐作業法（図4－29参照）のところでふれたとおりである。

第3章の3.3.1（林型）で先述したように，A計画チームは5,000 haの事業区に2,500 haの皆伐作業級を設定したと想定した。この作業級の輪伐期を100年と想定すると，付帯設備用地を無視すれば1年伐区の標準面積は25 haとなる。これを森林環境保全の観点から1皆伐面にし得ない場合には，図4－37に示すように上限皆伐基準面積（たとえば5 ha）以下の「単位伐区」に分割する必要がある。したがって，この場合には，1皆伐面が5 ha以下の5個の「単位伐区」によって1「年伐区」が構成されることになる。

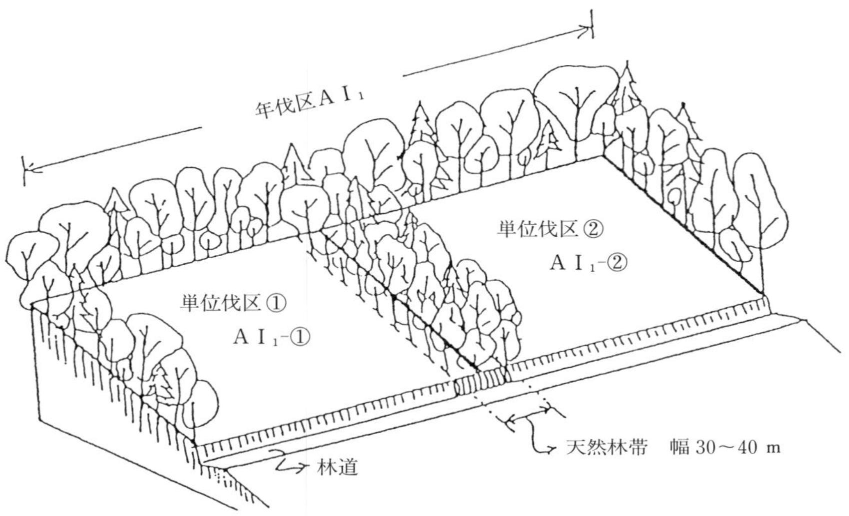

図４－37　年伐区分割（単位伐区設定）方法

注：１）ＡＩ$_1$年伐区（面積約 10 ha）を想定した場合である。
　　２）単位伐区名は，年伐区名（ＡＩ$_1$）にさらに支番を付して表示されている。

２）皆伐面の分散手法

さらに，森林環境保全の観点から，１年伐区内の皆伐面が保護樹帯を介して空間的に連続するのは許容されるが，年度間では皆伐面の空間的連続は許容されない場合には，それを時間的，空間的に分散させる手法が必要となる。

その皆伐面の分散手法も，4.2.3の(6)細胞式舌状皆伐作業法（図４－29参照）のところでふれたとおりであるが，その皆伐面分散手法は，この作業法に限定されるものではなく，生産林分配置の基本的手法の一つとして一般化できる。

図４－29に示すように，流域区→流域分区→伐採列区という３レベルの皆伐面分散に応じた区画を設定し，次のように皆伐（主伐）を時間的，空間的に制御する。

①　同一流域区において，年度間での連続皆伐を回避する

②　同一流域分区において，年度間での連続皆伐を回避する

③　同一流域分区内の伐採列区間では，皆伐を山腹上部から下部へ進行させる

このように皆伐（主伐）を制御すると，皆伐面は空間的に一定の流域，さらにその内部の山腹斜面に集中することなく，しかも皆伐がその下部山腹斜面に安定化（高齢化）林分をなるべく多く存置しながら進められ，流域保全（生産林地保全）ひいては森林環境保全に有効である。ただし，各流域分区の最下部斜面には十分な幅（水平距離 30 m 以上）の保護樹帯（流域分区保護樹帯：保全設備）を設定しておく必要がある。

さらに，森林環境保全に対する社会的要請が高まると，前述の手法に加えて別の観点から皆伐面の分散度をより大きくする必要に迫られる。その皆伐面分散度という空間的手法に，輪伐期という時間的手法が密接に関連している。たとえば，先例のように 2,500 ha の作業級における輪伐期が 100 年の場合には，25 ha の同一年度皆伐面が，中間に保護樹帯を介するものの集中する。その輪伐期を 200 年に倍化すると，同一年度皆伐面は 12.5 ha に半減し，他の半減した皆伐面（12.5 ha）は別の流域区へ空間的に分散しているはずである。したがって，前述のような皆伐面の時間的空間的な制御手法を前提とすれば，皆伐面の分散度をより大きくするには，輪伐期を長期化する必要がある。

3）皆伐－天然更新作業級における手法

以上は皆伐－人工植栽作業級の場合であるが，皆伐方式に応ずる更新方式が天然更新方式の場合についても検討を要する。まず，その天然更新方式が上方天然下種更新方式および萌芽更新方式の場合は，皆伐面の分散手法に関しては人工植栽方式と同一条件下にあるのは明らかである。

次に，皆伐－側方あるいは林縁天然下種更新方式の場合には，母樹林からの距離が限定され，個々の皆伐面は小規模に抑えられるのが通例である。その小面積皆伐更新面に隣接する林分相互間の林齢較差が大きくなるように（たとえば 20 年以上）計画されている場合には，皆伐面分散の計画考慮の必要はないと考えられる。しかし，その林齢較差が小さい場合には，個々の皆伐更新面は小面積であっても，それらが連結された一定の範囲では一つの皆伐面の様相を呈する結果となるから，前述した皆伐面分散手法を考慮する必

要が生じる。

4.3.2　残伐作業級

残伐とは，それに対応した更新方式としては天然下種更新方式であると考えるのが一般的であった。ところが，佐藤敬二氏は，残伐に対応する更新方式として人工植栽方式も包括させて，残伐を２伐と別称し「２伐－人工植栽方式」を提唱している（佐藤 1971)。その方式は，同一林分に対して主伐を２回に分け，それぞれの主伐のたびごとに人工植栽を行う方式である。この方式は，皆伐を回避するのに有効であるから，ここでも実用性のある育林方式として認める立場をとる。

したがって，残伐方式を組み込んだ作業級は，２伐－人工植栽作業級と残伐－天然更新作業級とに２大別されることになる。この両育林方式がそれぞれ組み込まれた作業級における生産林分配置の手法には大きな相違が認められるから，別々に明らかにする。

(1)　２伐－人工植栽作業級

１）２伐結合年伐区の設定手法

説明の便宜上，180 ha の天然生林を１作業級とし，それに輪伐期60年の皆伐－人工植栽方式を採用して森林細部組織計画を策定したと仮定する。この作業級内には，付帯設備用地を無視した場合，標準面積３ha の年伐区が60個設定される。さらに，この皆伐－人工植栽作業級の森林組織をそのままにして，その作業級に２伐－人工植栽方式を適用したと仮定する。

その場合の各年伐区（標準面積３ha）における育林プロセスは図４-38の模式図のとおりである。すなわち，第１回目の主伐により１年伐区内の立木材積の約１／２が収穫され，その伐採跡地に人工植栽が行われる。その植栽樹が安定した時期，すなわち基準的には植栽樹が２ｍ前後に達する５年前後（佐藤 1971）に，第２回目の主伐により残りの約１／２の立木材積が収穫され，その伐採跡地に人工植栽が行われて，１年伐区の更新が完了する。

ところで，第１回目の主伐にあたって，散状・列状・帯状・群状等のいずれの方法で伐採するか，換言すれば第２回目の主伐木を前述のいずれの方法

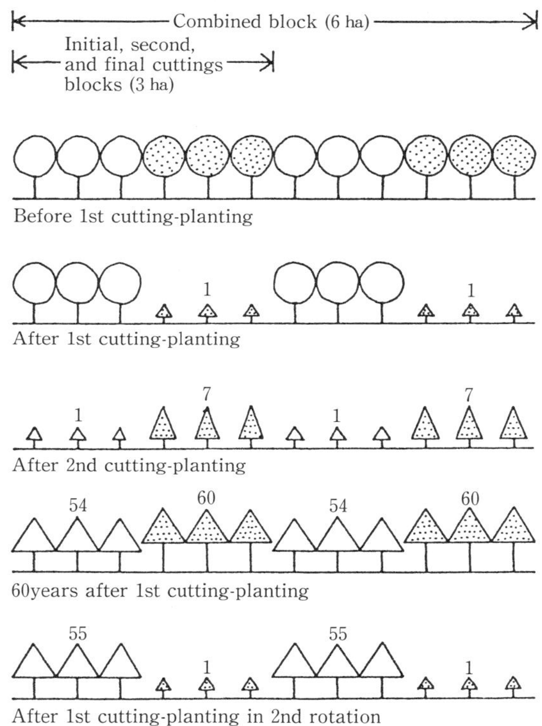

図 4－38　2 伐－人工植栽作業級における 2 伐結合年伐区の伐採－更新過程（輪伐期：60 年，主伐間隔年数： 6 年）

で保残するか，という点についてはここでは問わないものとする。それは，1 年伐区内の林木配置の手法であるから，基本的には森林組織技術上の問題ではなく，育林技術上ないしは伐出技術上の問題に属するからである。

このような伐採－更新過程をたどると，主伐年伐量（以下，年伐量という）に関しては皆伐－人工植栽作業級の場合とは異なった手法をとらねばならない。すなわち，皆伐－人工植栽作業級の場合には各生産年度（以下，年度という）の年伐量は単一の年伐区（標準面積 3 ha）の主伐によって得られるが，2 伐－人工植栽作業級の場合には単一の年伐区からは年伐量の約 1 ／ 2 しか得られないために，2 個の年伐区からそれぞれ約 1 ／ 2 ずつの立木材積

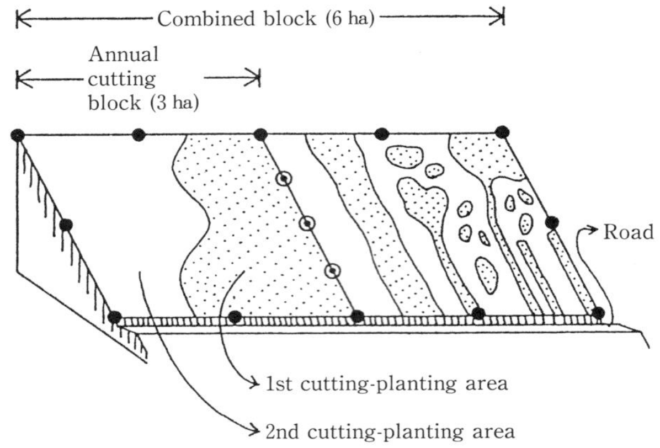

図 4－39　２伐－人工植栽作業級における２伐結合年伐区の構成状態

を収穫して各年度の年伐量としなければならない。

したがって，２伐－人工植栽作業級では，各年度における新植・下刈・除伐・枝打・間伐等を包括した森林施業（森林誘導の段階も含めて）は，単一の年伐区ではなく，つねに２個の年伐区を一組とし，それを単位として進められる必要がある。このような森林施業の実態に対応して，図 4－39 のように，年伐区をあらかじめ２個結合させて配置しておくのが妥当である。

このように２伐－人工植栽作業級を皆伐－人工植栽作業級と想定した場合の年伐区（以下，皆伐年伐区という）を２個結合した区画を「２伐結合年伐区」（今田 1988）と称するものとする。なお，この呼称は，ドイツのかつてのプロイセン国有林における「結合作業級」（井上 1974）の例にならったものである。

２）２伐結合年伐区の標準面積と設定数

前述のような２伐結合年伐区を計画対象の作業級に具体的に設定する段階では，その２伐結合年伐区の標準面積と設定数が明らかになっておらねばならない。その標準面積は，図 4－39 から明らかなように皆伐年伐区の２倍（6 ha）に拡大され，それに伴って設定数は皆伐年伐区の１／２（30 個）に半減する。

このような計画措置は，先述の交互帯状皆伐作業法（4.2.3 の(3)参照）および交互区画皆伐作業法（4.2.3の(4)参照）による作業級においても，保続生産システムを円滑に稼働させるためにとられている。これらの皆伐方式を組み込んだ保続生産システムとこの２伐方式のそれとの基本的な相違点は，前者には作業級全域を対象とした皆伐面の配置に時間的空間的規則性が計画考慮されているのに対して，後者には個々の２伐結合年伐区内における２伐面の空間的配置に融通性をもたせるところにある。

３）輪伐期の調整

皆伐作業級のところでもふれたように，輪伐期という時間的手法が生産林分配置という空間的手法と密接に関連する。輪伐期が同一２伐結合年伐区に対する主伐（残伐）回数（換言すれば皆伐年伐区の結合数）と，その主伐間隔年数とに密接に関係することから，この２因子と輪伐期との関係が無視された場合には，生産林分配置手法の基礎的前提としての保続生産システムに支障を生じる結果となる。

したがって，２伐－人工植栽作業級における輪伐期は，一般的な技術的，経済的諸条件から算定されたものをそのまま採用できない場合があり，具体的な生産林分配置に着手する前に，前述の２因子との関係から次のような修正が必要となる場合がある。

①　同一２伐結合年伐区に対して，１輪伐期の間に２回ずつ主伐（残伐）が行われる。このような主伐を，１輪伐期の間にすべての２伐結合年伐区に一巡させるためには，輪伐期が２の倍数に調整される必要がある。

②　第１回目主伐（残伐）と第２回目主伐との間隔年数をここでは「主伐間隔年数」（先述のように５年前後が基準）とすると，この間隔年数での主伐を，１輪伐期の間にすべての２伐結合年伐区に一巡させるためには，輪伐期が主伐間隔年数の倍数に調整される必要がある。

さらに，輪伐期は５年単位という通例も含め，前述の輪伐期調整に関連する２因子を総括して，２伐－人工植栽作業級の輪伐期（U_2）を式で表すと次のとおりである。

$$U_2=(2\times5\times n_2)\times m \quad (n_2：主伐間隔年数，m=1，2，\cdots)$$

n_2（主伐間隔年数）＝6，m＝1の場合（輪伐期：60年）の２伐－人工植栽作業級における２伐結合年伐区の設定数とその主伐順序の一例を模式的に示

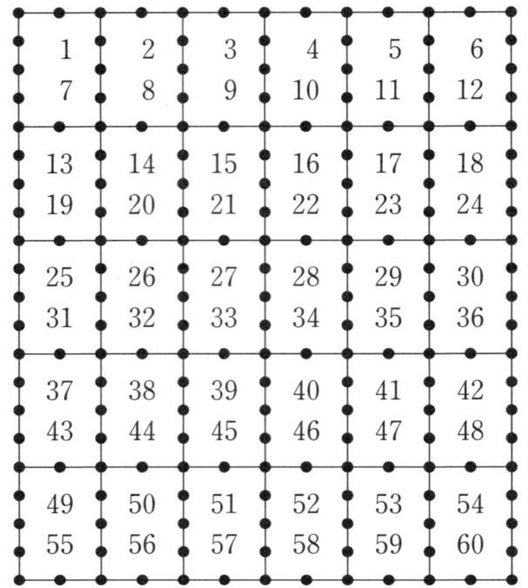

図 4－40　２伐－人工植栽作業級における２伐結合年伐区の主伐順序（輪伐期：60 年，主伐間隔年数：６年）

したのが図 4－40 である。この図から明らかなように，１作業級内に２伐結合年伐区が 30 個設定され，すべての２伐結合年伐区が１輪伐期の 60 年間に６年間隔で２回ずつ主伐されており，第２輪伐期以降もこの主伐順序が原則として繰り返されるのはもちろんであるから，輪伐期 60 年の保続生産システムが森林組織上支障なく維持されることになる。したがって，育林技術上ないしは森林経営上からは，主伐間隔年数を６年とし，輪伐期をたとえば 65 年程度とするのが妥当な場合，森林組織技術上から，その前後で前式（U_2）を満足する 60 年に修正する必要がある。なお，この図 4－40 の一つの２伐結合年伐区における伐採－更新過程を時系列と示したのが図 4－38 である。

４）伐採列区の面積調整

個々の２伐結合年伐区は，２回に分けて主伐（２伐）されるが，第２回目の主伐が終了した段階では，第１回目との間隔年数が短い（５年前後）ために，一つの皆伐面とほぼ同様の条件下にある。したがって，先述の皆伐面の分散手法を準用し，２伐面の分散配置のために，直接的には伐採列区の設定を必要とする。

その伐採列区の設定にあたっては，2 伐結合年伐区の標準面積（たとえば 6 ha）が皆伐年伐区のそれに比較して大きいことから，地形に制約されながらも，個々の伐採列区の面積をなるべく前述の標準面積の倍数（12，18，24，30 ha など）前後に調整しておく必要がある。

⑵　残伐－天然更新作業級

残伐－天然更新作業級においては，2 伐－人工植栽作業級における人工植栽方式を上方天然下種更新方式に替えることになる。この天然下種更新方式では，第 1 回目の主伐によって，約 5 ～20 本／ha の母樹（群）（佐藤 1971）を保残して大部分の材積が収穫され，第 2 回目の主伐による収穫材積（母樹材積）はわずかにすぎない点が 2 伐－人工植栽作業級と相違する。

この相違点は，残伐－天然更新作業級に対して，2 伐－人工植栽作業級とは異なった生産林分配置の必要性をもたらす。すなわち，同一更新面に対して主伐が 2 回行われるが，年伐量の観点からは，第 2 回目の年伐量はわずかにすぎないことから無視して差し支えない。それに応じて，生産林分配置上では，残伐－天然更新作業級における残伐面（すなわち残伐年伐区）は，皆伐－天然更新作業級における皆伐面（すなわち皆伐年伐区）とほぼ同一条件下にあるとみなして差し支えない。したがって，2 伐－人工植栽作業級のように皆伐年伐区を結合する必要はなく，輪伐期の調整や伐採列区の面積調整も必要ではなく，皆伐面の分散手法を準用して，残伐面を時間的空間的に分散させればよい。

なお，保残された母樹（約 5 ～20 本／ha）を第 2 回目の残伐（主伐）年度で伐採せず，次の第 1 回目残伐（主伐）まで成長させて大径材生産を目指す保残木方式（複合育林方式）が採用された作業級（保残木作業級）の場合においても，この残伐－天然更新作業級の生産林分配置の手法がそのまま適用できる。

4.3.3　漸伐作業級

漸伐とは，前の残伐の場合と同様に，それに対応した更新方式として天然下種更新方式がその概念に含まれているというのが従来の一般的な考え方であった。ところが，佐藤敬二氏は，漸伐を「３伐」と別称し，それに対応する更新方式として人工植栽方式も包括させ，「３伐－人工植栽方式」を提唱している（佐藤 1971）。漸伐方式は，同一更新面に対して，予備伐→下種伐→後伐という３段階の主伐をそれぞれ複数回実施して更新を完了するものであるが，その各段階の主伐回数を１回とし，それぞれ３回の主伐ごとに３回の人工植栽を実施する方式である。このような方式は，佐藤敬二氏によれば実施可能とされており，ここでも実用性のある一育林方式として認める立場をとる。

したがって，漸伐方式は，３伐－人工植栽方式と漸伐－天然更新方式に２大別されることになる。この両育林方式がそれぞれ組み込まれた作業級における生産林分配置の手法には，大きな相違点が認められるから，別々に明らかにする。

(1)　３伐－人工植栽作業級

３伐－人工植栽作業級における生産林分配置の手法は，前の２伐－人工植栽作業級の場合と基本的枠組みに関しては同様であるから，ここでも前の180 ha の天然生林を１作業級と想定し，両作業級の相違点に着目しながら説明を進める。

１）３伐結合年伐区の設定

前の場合と同様に，各皆伐年伐区（標準面積３ha）における育林プロセスは図４‐41の模式図のとおりである。すなわち，第１回目の主伐により１皆伐年伐区内の立木材積の約１／３が収穫され，その伐採跡地に人工植栽が行われる。ついで，その植栽樹が安定した時期，すなわち基準的には植栽樹が２ｍ前後に達する５年前後に，第２回目の主伐により残りの約１／２（当初の立木材積に対しては約１／３）の立木材積が収穫され，その伐採跡地に人工植栽が行われる。さらに，５年前後（当初からでは通算10年前後）が経過した時期に，第３回目の主伐により残存立木材積の全部（当初の立木材積に対しては約１／３）が収穫された後に人工植栽が行われ，１皆伐年伐区の更新が完了する。

このような伐採－更新過程をたどると単一の皆伐年伐区からは年伐量の約

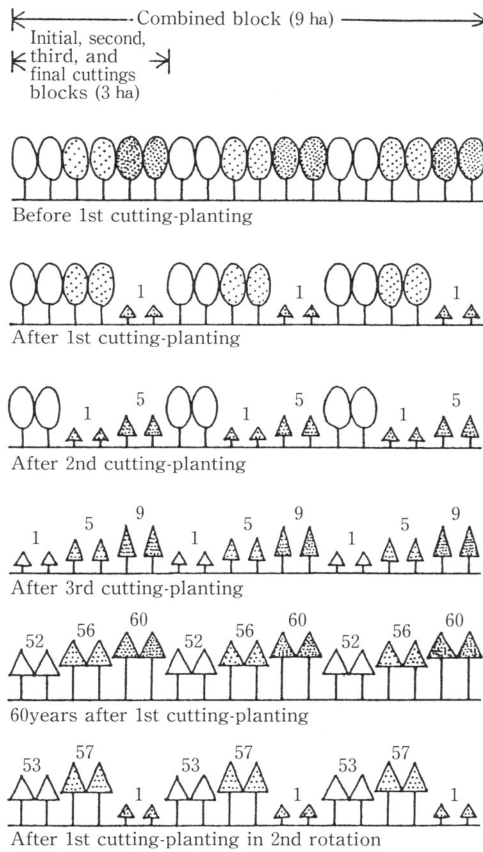

図4－41　3伐－人工植栽作業級における3伐結合年伐区の伐採－更新過程
（輪伐期：60年，主伐間隔年数：4年）

1／3しか得られないから，図4－42のように常に3個の皆伐年伐区を一組とし，それを単位とする森林施業が必要であるのは明らかである。その皆伐年伐区を3個結合した区画を「3伐結合年伐区」（今田 1988）とするのは前の場合と同様である。

なお，この3伐－人工植栽作業級における3伐結合年伐区の標準面積は，前の2伐－人工植栽作業級の場合と同様にして，皆伐年伐区の3倍（9 ha：

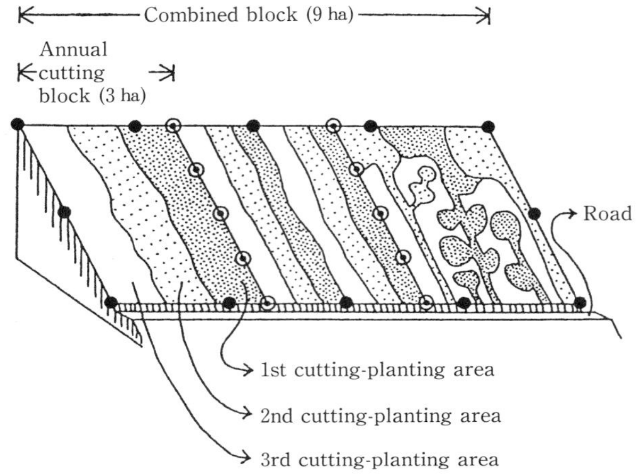

図 4－42　3伐－人工植栽作業級における3伐結合年伐区の構成状態

図4－42参照）であり，その設定数は輪伐期年数（60年）の1／3個（20個）となる。

2）輪伐期の調整

前の2伐－人工植栽作業級の場合と同様に，主伐回数（3回）と主伐間隔年数に基づいた輪伐期の調整が必要であるが，3伐－人工植栽作業級の輪伐期（U_3）を式で表すと次のとおりである。

$$U_3=(3\times5\times n_3)\times m \quad (n_3：主伐間隔年数，m=1，2，\cdots)$$

n_3（主伐間隔年数）＝4，m＝1の場合（輪伐期：60年）の3伐－人工植栽作業級における3伐結合年伐区の設定数とその主伐順序の一例を模式的に示したのが図4－43である。この図から明らかなように，1作業級内に3伐結合年伐区が20個設定され，すべての3伐結合年伐区が1輪伐期の60年間に4年間隔で3回ずつ主伐されており，第2輪伐期以降もこの主伐順序が原則として繰り返されるのはもちろんであるから，輪伐期60年の保続生産システムが森林組織上支障なく維持されることがわかる。

3）伐採列区の面積調整

個々の3伐結合年伐区は，3回に分けて主伐（漸伐）されるが，第3回目

1	2	3	4
5	6	7	8
9	10	11	12
13	14	15	16
17	18	19	20
21	22	23	24
25	26	27	28
29	30	31	32
33	34	35	36
37	38	39	40
41	42	43	44
45	46	47	48
49	50	51	52
53	54	55	56
57	58	59	60

図 4 − 43　3 伐－人工植栽作業級における 3 伐結合年伐区の主伐順序（輪伐期：60 年，主伐間隔年数：4 年）

の主伐が終了した段階では，第 1 回目と第 2 回目，また第 2 回目と第 3 回目との間隔年数（両者とも同一年数とする）がそれぞれ短い（5 年前後）ために，図 4 - 43 に示すように（1，5，9 年生など）一つの皆伐面とほぼ同様の条件下にあるのは前の 2 伐－人工植栽作業級の場合と変わらない。したがって，先述の皆伐面の分散手法を準用し，3 伐結合年伐面の分散配置のために，直接的には伐採列区の設定を必要とする。

その伐採列区の設定にあたっては，3 伐結合年伐区の標準面積（たとえば 9 ha）が皆伐年伐区のそれに比較して大きいことから，地形に制約されながらも，個々の伐採列区の面積をなるべく前述の標準面積の倍数（18，27，36，45 ha など）前後に調整しておく必要がある。

(2)　漸伐－天然更新作業級

4.2.3 で明らかにした帯状画伐作業法・楔状傘伐作業法の実例にみられるように，漸伐－天然下種更新方式に基づく更新プロセスは，同一更新面に対して，予備伐→下種伐→後伐という3段階の主伐（更新伐）をそれぞれ複数回実施して，少量ずつの材積を収穫しながら更新を完了するものである。その各段階の主伐回数は10〜15回にも及び，その主伐間隔年数が2〜3年とされることから，その更新期間は20〜40年にも達している。

A計画チームとしては，5,000 haの事業区には，1,000 haの複層林作業級，1,000 haの択伐作業級，2,500 haの皆伐作業級を設定する方針が当社の経営トップ層で承認済みであることを前提として計画作業を進めてきた。ところが，ある日，当社の社長から次のような指示が現地作業所に入った。「A計画チームが，現在，鋭意計画中の新設事業区が属する流域社会のリーダーから，2,500 haの皆伐作業級を半減して，漸伐方式を組み込んだ作業級に変更してほしい旨の要請があった。この漸伐方式による更新樹確保が困難なのは，君たちの先日の説明からよく分かる。天然更新不十分の場合には補植用苗木の調達に責任をもつ。この流域社会からの要請に社長としては応じざるを得ない。よろしく頼む」。このいわゆる社長命令には，A計画チームとしては従わざるを得ない。そこで，早速，2,500 haの皆伐作業級の中から，その約半分に相当する緩傾斜林地部分の1,200 haを漸伐－天然更新作業級へ変更する作業を開始した。

1）漸伐伐採列区の設定

まず，その1,200 haの漸伐－天然更新作業級に対して，ドイツの実例等を参考にし，輪伐期を120年，主伐回数を計10回，その主伐間隔年数を3年とした。したがって，その更新期間は27年となる。次に，この輪伐期・主伐回数・主伐間隔年数の3要因に基づき，前述の3伐－人工植栽作業級の場合と同様にして，漸伐結合年伐区面積を算出すると，100 ha（=《1,200 ha／120年》×10回）となり，その設定数は12個となる。この場合の主伐（漸伐）順序を図4－43と同様にして示すと図4－44のとおりである。

図4－42に示した3伐結合年伐区の内部には，育林技術者や伐出技術者の判断による種々の形状（散状・列状・帯状・群状等）の3伐面が不規則に配置されている。ところが，図4－44のように漸伐結合年伐区に対する主伐回数（10回）が多くなり，それに伴ってその面積が大きくなると，漸伐面はその相対的に大面積（100 ha）内にわたってますます不規則に分散配置され

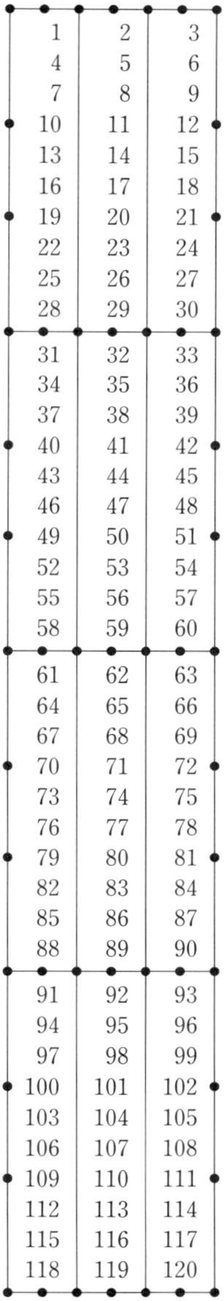

1	2	3
4	5	6
7	8	9
10	11	12
13	14	15
16	17	18
19	20	21
22	23	24
25	26	27
28	29	30
31	32	33
34	35	36
37	38	39
40	41	42
43	44	45
46	47	48
49	50	51
52	53	54
55	56	57
58	59	60
61	62	63
64	65	66
67	68	69
70	71	72
73	74	75
76	77	78
79	80	81
82	83	84
85	86	87
88	89	90
91	92	93
94	95	96
97	98	99
100	101	102
103	104	105
106	107	108
109	110	111
112	113	114
115	116	117
118	119	120

図 4－44　漸伐－天然更新作業級における漸伐結合年伐区（漸伐伐採列区）の主伐順序（輪伐期：120 年，主伐間隔年数：3 年）

る結果となり，伐採－更新作業が複雑化して，育林技術者や伐出技術者の判断に混乱を生じやすくなる。そこで，その不備な点を解消するために，漸伐面の空間配置に規則性を付与する必要がある。その規則性の付与には，これまでの皆伐－人工植栽方式をベースとした方策のみでは対処できず，この漸伐－天然更新方式独特の方策を付加する必要がある。

図 4－44 に示した各漸伐結合年伐区（100 ha）における計 10 回の主伐（伐採－更新）が，一定方向に向かって規則的に 3 年間隔で，27 年間にわたって進められる状態を思い描くと，この 12 個の漸伐結合年伐区それぞれが，実は伐採列区とみなして差し支えない。

したがって，前述の 3 伐－人工植栽作業級における 3 伐結合年伐区が，この漸伐－天然更新作業級においては伐採列区としての機能を果たすことになる。3 伐－人工植栽作業級までの皆伐－人工植栽方式をベースとした作業級では，伐採列区は皆伐年伐区・残伐年伐区（残伐－天然更新作業級の場合）・2 伐結合年伐区・3 伐結合年伐区を構成単位とする包括的組織区画としての機能を果たすものであって，この漸伐－天然更新作業級における伐採列区とは果たす機能には差異がある。そこで，前四者と後一者の伐採列区間での混同を避けるため，漸伐－天然更新作業級における伐採列区を「漸伐伐採列区」と称して区別する。

ただし，この「漸伐伐採列区」の基準面積（A）を算定する段階では，これまでの「3 伐結合年伐区」の算定方法（A＝《作業級面積／輪伐期》×主伐回数）が生きている点に注意を要する。

２）伐区列の設定

漸伐伐採列区の面積は相対的に大きくなるから，伐採－更新面の空間配置に的確な規則性を付与するために，ドイツの実例にならって，その内部に適当数の「伐区列」を配置する。たとえば，図 4－44 に示した 12 個の各漸伐伐採列区（100 ha）が図 4－45 のように規則的（1,000 m×1,000 m）に配置され，その内部に 5 個の伐区列が規則的（200 m×1,000 m）に配置されている場合を想定すれば，各伐区別の面積は 20 ha となる。

したがって，「各漸伐伐採列区 100 ha を一括して，27 年間に伐採－更新する」という計画は，「各漸伐伐採列区 100 ha を 5 個に分割した伐区列 20 ha

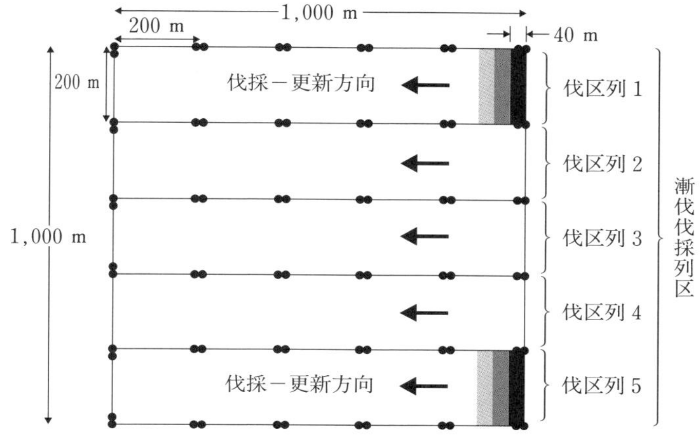

図 4－45　漸伐－天然更新作業級における「伐区列」の設定方法

注 1）各伐区列の伐採－更新の進行状態は，図 4－10 と図 4－11 を参照
　2）各伐区列の配置は，縦列に限定することを意味するものではなく，横 1 列配置等もあり得る。

ごとに，それぞれ 27 年間に伐採－更新する」という計画に変換されることになる。すなわち，200 m×1,000 m（20 ha）の伐区列を対象として，ある一定方向から，規則的に一定幅（年平均更新進度）すなわち 1,000 m／27 年≒40 m／年で更新を進行させるのが基準となる。

3）サブ伐区列の設定

前述の場合には，各年度の伐採－更新面は各漸伐伐採列区の内部で 5 個所となるが，これよりも集約的な伐採－更新作業が可能な場合，あるいは伐採－更新面の幅が約 40 m／年では更新の確実が期しがたい場合には，この伐区列をさらに「サブ伐区列」に細分する。たとえば，図 4－46 のように各伐区列をいずれも 4 個のサブ伐区列に細分した場合には，そのサブ伐区列は 200 m×250 m（＝5 ha）となり，各年度の伐採－更新面は各漸伐伐採列区の内部で 20 個所（5 伐区列× 4 サブ伐区列）に分散することになる。この場合の伐採－更新面の幅は 250 m／27 年≒10 m／年が基準となる。

このようにして設定されるサブ伐区列の個数が，その前提となる伐区列の個数も含めて多いほど，伐採－更新面の漸伐伐採列区内部における分散度が大きくなると同時に，伐採－更新面の幅員が狭小化（小面積化）する。その

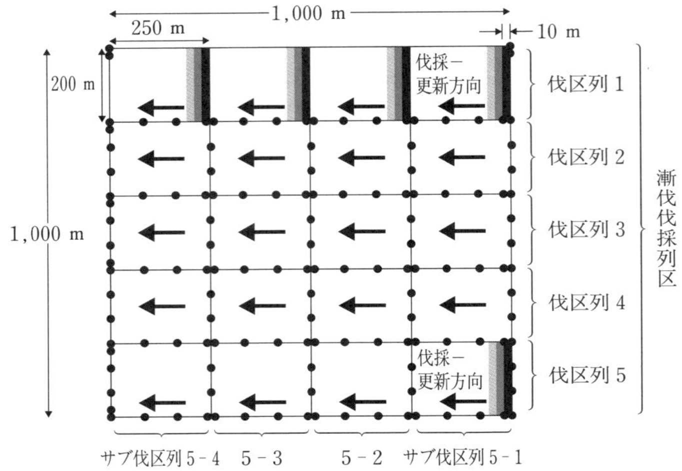

図 4 − 46　漸伐－天然更新作業級における「サブ伐区列」の設定方法

注 1）各サブ伐区列の伐採－更新の進行状態は，図 4 - 10 と図 4 - 11 を参照

2）各サブ伐区列の配置は，各伐区列に 4 個配置を縦列に限定することを意味しない。

分散度と狭小化のレベルは，伐区列・サブ伐区列の設定個数によって制御可能であるが，その実際のレベルはこの漸伐－天然更新作業級を設定しようとする林業経営体の技術的経済的諸条件によって異なるのは言うまでもない。

なお，図 4 - 45 および 4 -46 では，説明の便宜上，ある一定方向に向かう一定幅の伐採－更新面を帯状としているが，楔状・階段状・湾入状・舌状等の形状であってもさしつかえない。その形状は林分内立木配置の手法に相当するとみなされるから，基本的には森林組織計画技術上ではなく，育林技術上あるいは伐出技術上の問題に属する。

（今田盛生）

参考文献

Cha, Du-Song, Morio Imada, Toshihiro Masutani and Yuui Sekiya (1987) : Planning of forest road network in Palm Form Working System (I) Establishment of unit block, *J. Fac. Agr.*, Kyushu Univ., 32 (1･2), 129-139.

Cha, Du-Song, Toshihiro Masutani, Morio Imada and Yuui Sekiya (1989) : Planning of forest road network in Palm Form Working System (II) Selection of representative unit block and estimation of its stand volume by aerial photographs, *J. Fac.*

Agr., Kyushu Univ., 33 (3･4), 167-175.
Gerhart Speidel (1967)：林業経営経済学，有賀美彦・中村省三訳，地球出版，東京。
Imada, M. (1996) : Management system for Japanese oak on the Kyushu University Forest in Hokkaido : 20-year report, *J. For. Plann.*, 43-50.
井上由扶（1940）：天然生林に対する選木方針，御料林，181。
井上由扶（1954）：北海道風害森林総合調査報告，経営(1)，333-436頁。
井上由扶（1974）：森林経理学，地球社，東京。
井上由扶・蘇原郷介（1940）：苫小牧事業区の施業計画(一)・(二)・(三)，御料林，149，2-17頁・150，2-14頁・151，13-27頁。
井上由扶・野田敏彦（1953）：交互区画皆伐作業法の基本とその応用，九州大学演習林集報，1，31-45頁。
井上由扶・橋本与良・水野遵一・今田盛生ほか（1982）：屋久島国有林の森林施業，熊本営林局。
今田盛生（1972）：ミズナラの構造材林作業法に関する研究，九州大学農学部演習林報告，45，1-225頁。
今田盛生（1973）：細胞式舌状皆伐作業法の基本とその応用，九州大学農学部演習林報告，47，147-164頁。
今田盛生（1974 a）：ミズナラ構造材保続生産林への誘導試験　第1報　試験林の概況と誘導の基本計画，九州大学演習林集報，25，21-43頁。
今田盛生（1974 b）：ミズナラ構造材保続生産林への誘導試験　第2報　林道網の開設と森林区画の設定，九州大学演習林集報，25，45-54頁。
今田盛生（1976 a）：ミズナラ構造材保続生産林への誘導試験　第3報　第I誘導計画期の誘導実施計画，九州大学演習林集報，26，17-29頁。
今田盛生（1976 b）：「森林作業法」についての一考察，日本林学会北海道支部講演集，25，48-50頁。
今田盛生（1977）：「森林作業種」についての一考察，北方林業29(11)，25，14-18頁。
今田盛生（1982）：ミズナラの良質大径材生産林分育林工程の実用化に関する研究，文部省科研報告書。
今田盛生（1986）：ヤクスギ群状択伐作業法の基本設計とその適用実験林の設定，日本林学会誌，68(1)，35-40頁。
今田盛生（1988）：2伐，3伐人工造林作業級における林分配置の手法，日本林学会誌，70(10)，425-432頁。
今田盛生・荒上和利（1995）：交互区画皆伐作業級に内包されたサブ作業級，九州大学農学部演習林報告，72，125-145頁。
今田盛生・荒上和利・野上啓一郎・井上　晋（1985）：交互区画皆伐作業法の30年間適用結果に基づく理論的・実践的改良に関する研究，文部省科研報告書。
大田勇治郎（1976）：保続林業の研究，日本林業研究会，東京，59-63頁。
柿原道喜（1973）：交互区画皆伐作業法20年間の実行結果，九州大学農学部演習林報告，47，125-145頁。
片山茂樹・田中祐一（1934）：森林経理，林野共済会，東京。

九州大学演習林（1967）：九州大学農学部附属演習林粕屋演習林第 4 次経営案。
九州大学演習林（1986）：九州大学農学部附属演習林宮崎演習林第 4 次森林管理計画書。
九州大学演習林（1996）：九州大学農学部附属演習林宮崎演習林第 5 次森林管理計画書。
九州大学演習林（2002）：九州大学農学部附属演習林北海道演習林第 6 次森林管理計画書。
栗村哲象（1970）：林業経営計算学，養賢堂，東京。
佐藤敬二（1971）：新造林学，地球出版，東京。
寺岡行雄・増谷利博・今田盛生・溝上展也・荒上和利・椎葉康喜（1992）：細胞式皆伐作業法適用試験林における造林木の残存率と樹種，植栽年度及び立地因子との関係解析，九州大学農学部演習林報告，65，47-66 頁。
南雲秀次郎・岡　和夫（2002）：森林経理学，森林計画学会出版局，東京。
藤島信太郎（1960）：森林経理精義，養賢堂，東京。
矢野虎雄・今田盛生（1966）：掌状作業法の研究，九州大学農学部演習林報告，40，1－90 頁。
吉田正男（1952）：改訂　理論森林経理学，地球出版，東京。

4.3.4　択伐作業級

択伐とは，前述の漸伐や残伐と同様に，それに対応した更新方式として天然下種更新方式がその概念に含まれているのが一般的な考え方である。しかし，わが国においては択伐跡地にスギやヒノキの人工植栽を行う育林方式が古くから採用されている（佐藤 1971；大金 1981)。佐藤敬二氏は択伐を「多伐」と別称し，多伐－人工植栽方式は択伐－天然更新方式の欠点を回避し，その長所を活かした我が国特有の育林方式であると述べ，先人達の発想の高さに驚異を表している。よって，ここでも実用性のある一育林方式として認める立場をとる。

したがって，択伐方式を組み込んだ作業級は多伐－人工植栽作業級と択伐－天然更新作業級とに 2 大別されることになる。しかし，この両者には，生産林分配置上の差異は基本的にはないと認められるから，択伐－天然更新作業級の場合を主対象とする。

1）単木択伐と群状択伐

択伐は単木的に伐採する単木択伐と群団状に伐採する群状択伐に 2 大別される。これらの方式がとられた場合の各作業級あるいは択伐区における育林プロセスは図 4－47 と図 4－48 の模式図の通りである。単木式択伐について

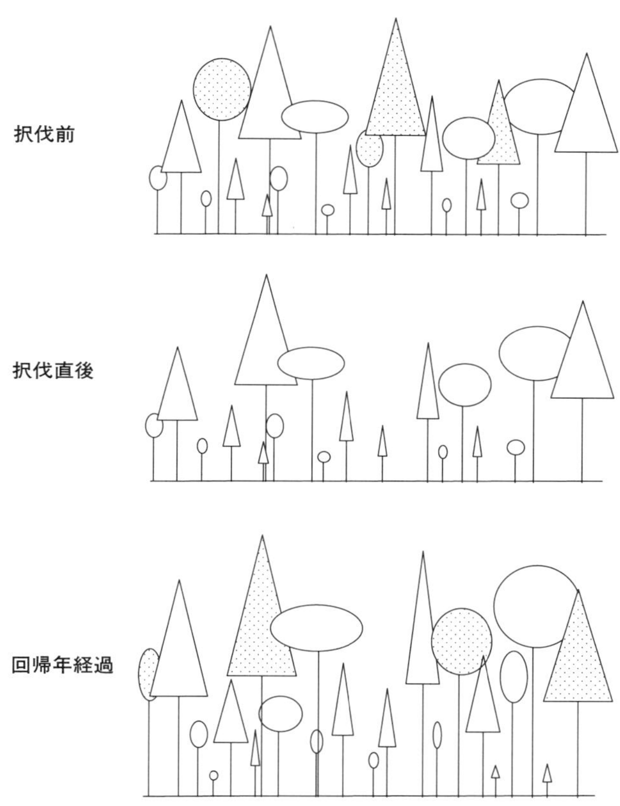

図 4－47　単木択伐－天然更新作業級における育林プロセスの模式図

みてみると，まず，ある択伐率に基づいて伐採木が単木的に選択され，その立木が収穫される。ついで，その伐採跡地では上方天然下種または萌芽による後継樹の発生・定着を経て更新が完了する。群状択伐についてみると，まず，ある択伐率に基づいて，伐採木が群団状に選択され，それらの立木が収穫される。ついで，その伐採跡地では側方天然下種更新または萌芽による後継樹の発生・定着を経て更新が完了する。

ところで，択伐方式を組み込んだ作業級の生産林分配置の手法は，２つの場合に分けて考察される必要がある（吉田 1950；南雲・岡 2002)。すなわち，

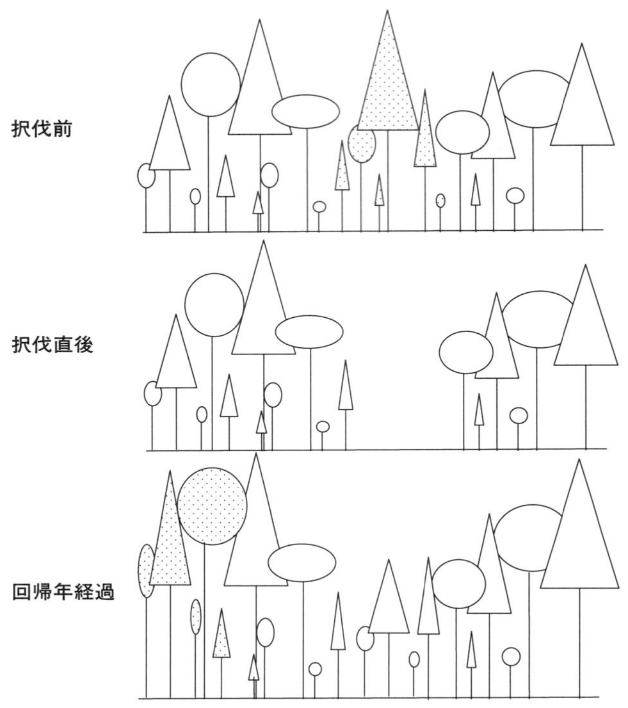

図 4 − 48　群状択伐−天然更新作業級における育林プロセスの模式図

①　作業級の全林に対して毎年択伐を行う場合

②　作業級をいくつかの区域（択伐区）に分けて，１年に１択伐区ずつを択伐する場合

前者は，択伐作業の本来の形態であり，理想的な択伐である。この場合において，生産林分は作業級全体であるので，生産林分の配置手法を計画考慮する必要はない。なお，伐採（択伐）木あるいは伐採（択伐）群落の選定手法については，林分内における立木配置の手法に相当するとみなされるから，基本的には森林組織計画上ではなく，育林技術上あるいは伐出技術上の問題に属する。

後者では，択伐作業級をいくつかの択伐区と称される区域に分割し，１年

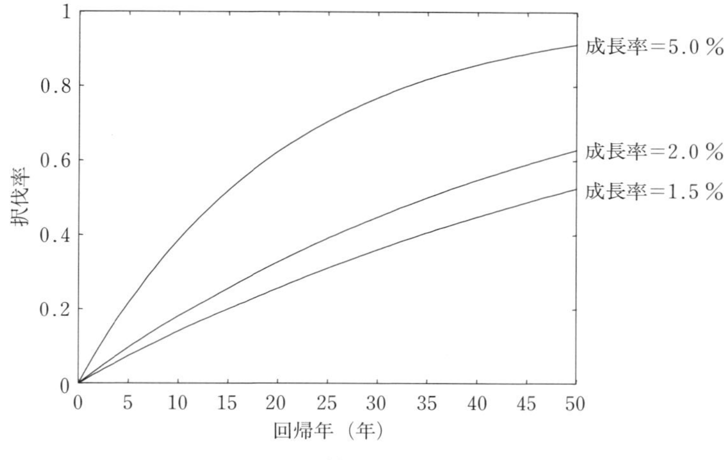

図４－49　回帰年と択伐率との関係

に１択伐区のみを択伐し，全林を一巡したならば再び最初に択伐した択伐区に伐採を回帰させる方法がとられる。この方法がとられるのは収益性の面などから毎年全林にわたって伐採することが困難な場合である。この伐採の回帰に要する期間を回帰年といい，原則として，その長さは択伐された林分の蓄積が再び択伐直前の蓄積に回復するまでに要する期間と一致する。この択伐区を設定する場合においては，択伐区の配置手法がすなわち生産林分の配置手法ということができる。

そこで，以下においては，単木択伐作業級と群状択伐作業級の両者を考慮しながら，主に第２の場合における生産林分の配置手法について明らかにする。

２）択伐区の設定手法

今，回帰年を l 年とすると，毎年１択伐区で伐採を行うから択伐区の個数は l 個となる。択伐率をどの程度にするかという問題は，伐採後の更新，残存木の成長および伐採事業の採算性などに関して，極めて重要な問題である。この択伐率 s と回帰年 l（年）の関係は，林分成長率 p（％）を媒介として以下のように表すことができる。

$$s=((1+p/100)^{l}-1)/(1+p/100)^{l} \quad (1)$$

この式は回帰年が経過すると択伐後の林分材積が択伐前の林分材積 m に回復するという関係を示した次式より導出できる。

$$(m-ms)(1+p/100)^{t}=m \tag{2}$$

(1)式の回帰年と択伐率との関係を図示すると，図 4 - 49 のようになる。この図より，回帰年が長くなればなるほど択伐率は大きくなることがわかる。しかしながら，実際には択伐率の違いは択伐林の林分構造や下層植生に変化を与えるため，択伐後の更新，残存木の成長・枯損に大きな影響を与える。よって，択伐率の違いによって林分成長率に違いが生じる可能性が大きいので注意が必要である。

第 3 章の 3.3.1 で先述したように，A計画チームは 5,000 ha の事業区に 1,000 ha の択伐作業級を設定したと想定した。この作業級の回帰年を 30 年と想定すると，付帯設備用地を無視すれば，択伐区の個数は 30 個であり，その標準面積は 33.3 haとなる。また，収益性または自然保護等の観点からこれらの択伐区をさらに分割することも想定される。例えば，先述のヤクスギ群状択伐作業法（今田 1986）においては，一つの択伐区が群状択伐が実行される群状択伐面と択伐の実行されない保残面とに分割されている。

3）択伐面の分散手法

単木択伐においては，伐採面が現れることがないが，群状択伐においては，択伐面の状態が小面積皆伐面と同様になることが考えられる。したがって，皆伐面と同様に択伐面の分散手法を適用する必要が生じるかもしれない。択伐面の分散手法は基本的には 4.3.1 で述べた皆伐面の分散手法と同様であるが，一点のみ違いが認められる。群状択伐方式を組み込んだ作業級においては，群状択伐林分相互間の空間配置には規則性を与えず，逆に複雑性の保持を指向する。すなわち，各択伐区では，群状林分単位ではあるが，複雑な林冠が形成されるように配慮する。この点が，群状択伐方式と小面積皆伐方式を採用した場合の生産林分配置上の根本的相違点である（今田 1986）。

なお，作業級の全林に対して群状択伐を行う場合においても，前述の択伐面分散手法を考慮する場合が生じる。

４）多伐－人工植栽作業級における手法

択伐－天然更新作業級では，択伐を行う際に後継樹の発生・定着を考慮する必要があるが，多伐－人工植栽作業級においては，択伐後の後継樹の発生を人為によって行う。この点が両者の相違である。このことは，伐採（択伐）木あるいは伐採（択伐）群落の選定手法などの育林技術上あるいは伐出技術上の違いを両者にもたらすが，両作業級の生産林分配置の基本的枠組みには影響を与えない。

（西園朋広）

参考文献

今田盛生（1986）：ヤクスギ群状択伐作業法の基本設計とその適用実験林の設定，日本林学会誌，68(1)，35-40 頁。
大金永治（1981）：日本の択伐，日本林業調査会，東京。
佐藤敬二（1971）：新造林学，地球出版，東京。
南雲秀次郎・岡　和夫（2002）：森林経理学，森林計画学出版局，東京。
吉田正男（1950）：改訂　理論森林経理学，地球出版，東京。

4.3.5　複層林作業級

森林の公益的機能が重視されるに至って，わが国では大面積皆伐方式によって造成された一斉林の複層林化が推進されてきた。複層林とは２層以上の林冠層を有する森林のことをいい，樹冠層が２つあるものを二段林，３つ以上あるものを層の数によって三段林，四段林あるいは多段林とよび，樹冠層が連続してその数を決めにくいものを択伐林（型）とか連続層林と呼んでいる（安藤 1985）。林野庁の森林資源に関する基本計画（昭和 62 年度改定）では，「複層林施業とは，人工更新により造成され，一斉林型を呈している森林において，森林を構成する林木を部分的に伐採し，人工更新により，林冠層が二個以上（施業体系上一時的に単層となるものを含む）である複層林型の森林を構成する施業である」と定義している（藤森 1989，1991）。ここでは，林野庁の定義に従い，複層林とは天然更新によるものを含めず人工更新によって造成されるものとし，多段林や択伐林については前項 4.3.4 に譲り，主に２段林について言及する。また，藤森（1991）の定義に従い，伐区幅が保残木の樹高程度と狭い帯状伐採や群状伐採方式が採用された場合も広

表 4 − 15　複層林の類型

単木の配置の均等性	重複期間	林木の配置の形
均等（ランダム）	常時二段林（上木交替型） 一時二段林（短期型，長期型）	
集中		群状複層林（交互型，連進型） 帯状複層林（交互型，連進型）

注：安藤（1989）と藤森（1991）を一部改変

義の複層林方式とし，帯状複層林および群状複層林と呼ぶ。

複層林は幾何学的構造と階層の重複期間の組み合わせにより，表 4 - 15 のような具体的方式に分けることができる（藤森 1991）。本項では，各複層林方式が採用された場合の作業級の林分配置手法について述べるが，基本的には前述の残伐作業級の配置手法（4.3.2 参照）を応用することができる（今田 1988）。帯状複層林および群状複層林については連進伐採方式によるもの（藤森 1991）と交互伐採方式によるもの（溝上ら 2002）が考えられるが，ここでは後者に限定して話を進める。この場合，帯状および群状複層林作業級の配置手法として，残伐作業級のみならず交互帯状皆伐作業法（4.2.3 参照）および交互区画皆伐作業法（4.2.3 参照）による作業級の手法も応用できる。

複層林方式には様々な長所・短所があるが，ここで特に留意したいことは，間伐後の樹冠閉鎖速度の早い，若い一斉林では複層林，なかでも二段林への誘導は得策ではないことである。このような場合，下木の健全な成長を維持させるには上木の頻繁な間伐が必要であり，かなり集約的になるため一般的には実現性に欠ける。すなわち，一斉林を複層林へ誘導するのは成長速度の衰えた壮齢林や老齢林に限定すべきであり，言い換えれば，複層林の上木と下木の樹齢較差を大きくすることが肝要である。

1）複層林結合年伐区の設定

いま，360 ha の人工林を 1 作業級とし，それに輪伐期 120 年の皆伐－人工植栽方式を採用して森林組織計画を策定したとする。その場合には標準面積 3 ha の年伐区が 120 個設定される。その皆伐－人工植栽作業級の森林組織をそのままにして，その作業級に複層林方式を適用したと仮定する。

その場合の各年伐区（標準面積 3 ha）における育林プロセスは，輪伐期を

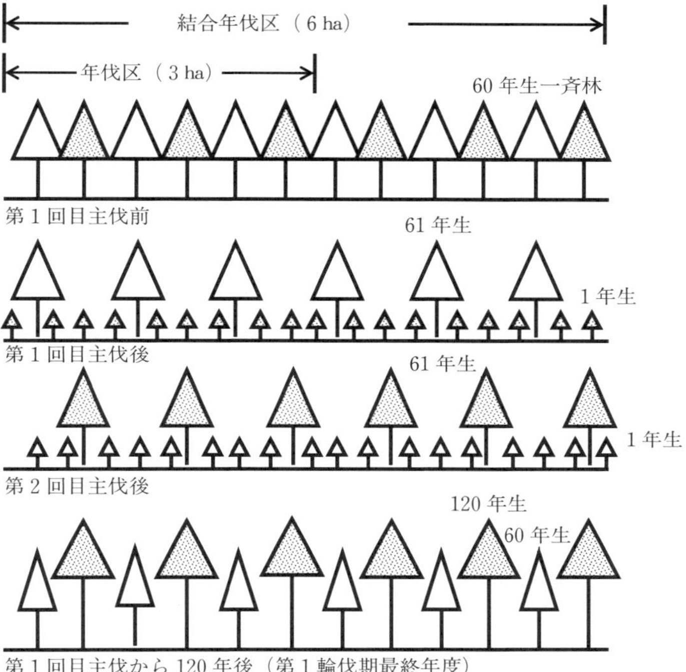

図４－50　常時二段林作業級における結合年伐区の伐採－更新過程
（輪伐期：120 年，主伐間隔年数：60 年）

皆伐作業級の場合と同一の 120 年とし，上木と下木の樹齢較差が常時二段林および帯状・群状複層林では 60 年，一時二段林では 100 年の場合を例として模式的に示すと，それぞれ図４－50，図４－51，図４－52 のとおりである。すなわち，第１回目の主伐により１年伐区内の立木材積の約１／２が収穫され，伐採跡地に人工植栽が行われる。その第１回目の主伐にあたって，散状，帯状および群状のいずれの方法で伐採するかによって，それぞれ二段林，帯状複層林，群状複層林へと誘導される。なお，常時二段林や帯状および群状複層林では第２回目の主伐後にも人工植栽が行われるが，一時二段林の場合には第２回目主伐後には人工植栽が行われないのが一般的である。

このような伐採－更新過程をたどると，２伐－人工植栽作業級と同様（図

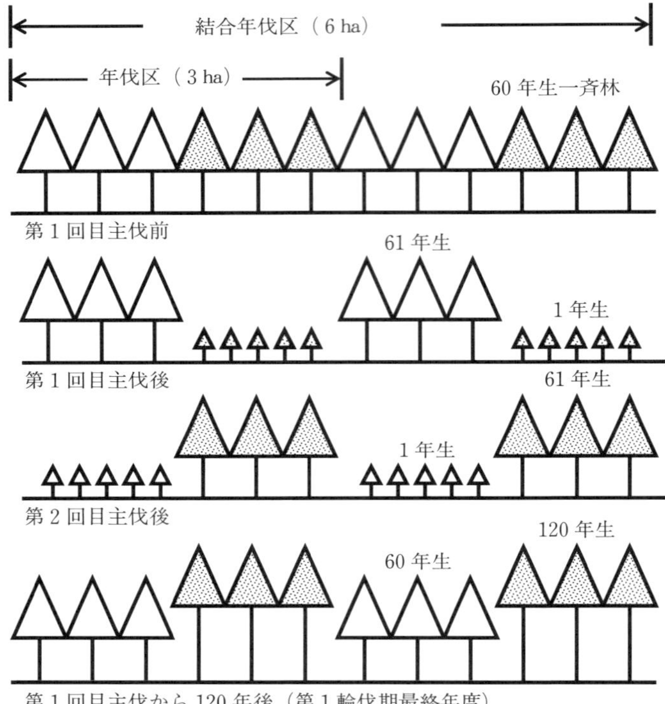

図 4 − 51　帯状および群状複層林作業級における結合年伐区の伐採−更新過程（輪伐期：120 年，主伐間隔年数：60 年）

4 − 38)，複層林作業級においても各年度における単一年伐区からは年伐量の約 1 ／ 2 しか得られない。したがって，常に 2 個の皆伐年伐区を一組とした「複層林結合年伐区」を単位とする森林施業が必要である。

なお，この複層林結合年伐区の標準面積は，2 伐−人工植栽作業級の場合と同様，皆伐年伐区の 2 倍（6 ha）であり，その設定数は輪伐期年数（120 年）の 1 ／ 2 個（60 個）となる。

2 ）輪伐期の調整

上述のように複層林作業級の林分配置手法は残伐作業級の手法に基づいており，輪伐期の調整も残伐作業級における式 U_2（4.3.2 参照）を応用できる。しかしながら，複層林作業級では前述のように上木と下木の樹齢較差を

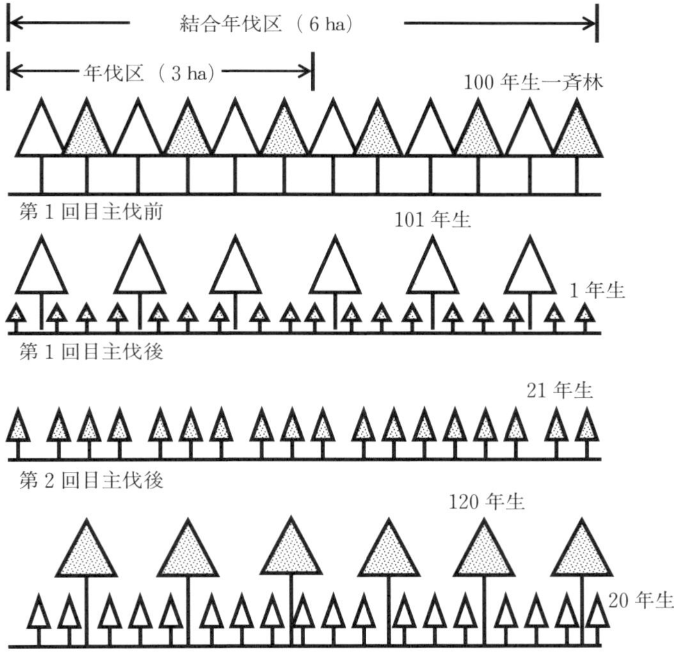

図 4 − 52　一時二段林作業級における結合年伐区の伐採−更新過程
（輪伐期：120 年，主伐間隔年数：20 年）

大きくする必要があり，この場合，主伐間隔年数（n_2）も数十年となるため U_2 を若干修正する必要がある。複層林作業級の輪伐期（U_2'）を式で表すと以下のようになる。

$$U_2' = (2 \times n_2') \times m \quad (m = 1,\ 2,\ \cdots)$$

ただし，輪伐期は 5 年単位という通例を考慮し，主伐間隔年数 n_2' は 5 の倍数とする。

$n_2' = 60$，$m = 1$ の場合（輪伐期：120 年）の常時二段林作業級および帯状・群状複層林作業級，そして $n_2' = 20$，$m = 3$ の場合（輪伐期：120 年）の一時二段林における結合年伐区の設定数とその主伐順序の一例を模式的に示したのが図 4 − 53 と図 4 − 54 である。これらの図から明らかなように，1 作

1 61	2 62	3 63	4 64	5 65	6 66	7 67	8 68	9 69	10 70
11 71	12 72	13 73	14 74	15 75	16 76	17 77	18 78	19 79	20 80
21 81	22 82	23 83	24 84	25 85	26 86	27 87	28 88	29 89	30 90
31 91	32 92	33 93	34 94	35 95	36 96	37 97	38 98	39 99	40 100
41 101	42 102	43 103	44 104	45 105	46 106	47 107	48 108	49 109	50 110
51 111	52 112	53 113	54 114	55 115	56 116	57 117	58 118	59 119	60 120

図 4－53　常時二段林作業級および帯状・群状複層林作業級における結合年伐区の主伐順序（輪伐期：120 年，主伐間隔年数：60 年）

1 21	2 22	3 23	4 24	5 25	6 26	7 27	8 28	9 29	10 30
11 31	12 32	13 33	14 34	15 35	16 36	17 37	18 38	19 39	20 40
41 61	42 62	43 63	44 64	45 65	46 66	47 67	48 68	49 69	50 70
51 71	52 72	53 73	54 74	55 75	56 76	57 77	58 78	59 79	60 80
81 101	82 102	83 103	84 104	85 105	86 106	87 107	88 108	89 109	90 110
91 111	92 112	93 113	94 114	95 115	96 116	97 117	98 118	99 119	100 120

図 4－54　一時二段林作業級における結合年伐区の主伐順序（輪伐期：120 年，主伐間隔年数：20 年）

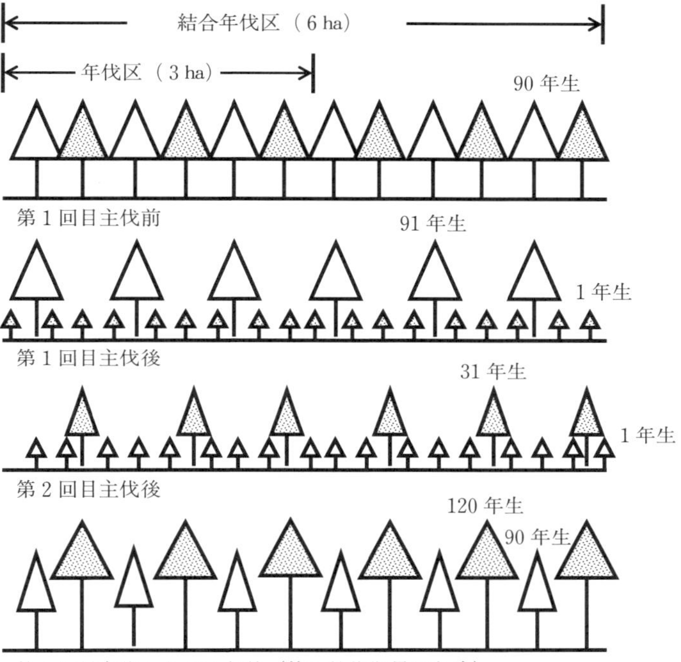

図 4 − 55　常時二段林作業級における結合年伐区の伐採－更新過程
（輪伐期：120 年，主伐間隔年数：30 年）

業級内に複層林結合年伐区が 60 個設定され，すべての結合年伐区が 1 輪伐期の 120 年間に 2 回ずつ主伐されており，第 2 輪伐期以降もこの主伐順序が繰り返されることになる。

ここで留意しなければならないことは，まず，常時二段林作業級と帯状・群状複層林作業級において上木と下木の樹齢較差を常に一定に維持するためには以下のように輪伐期は主伐間隔年数n_2'の 2 倍に調整する必要があることである。

$$U_2' = 2 \times n_2'$$

例えば，輪伐期 120 年，主伐間隔年 30 年とした場合の常時二段林の育林プロセスの模式図（図 4 - 55）をみてみよう。第 1 回目主伐後から第 2 回目主伐前までの30年間は上木－下木樹齢較差は90年であるが，第2回目主伐後からの第1輪伐期最終年度の90年間は30年となる。すなわち，主伐間隔年数が輪伐期の1／2（＝60年）から離れれば離れるほど上木－下木の樹齢較差が主伐前後で大きく異なるため，保続収穫を維持することが困難となる。

また，一時二段林においては第1回目主伐時と第2回目主伐時で主伐木の樹齢が異なるため，上木と下木の重複期間が長いほど主伐2回の収穫量の相違が大きくなることに留意する必要がある。

（溝上展也）

参考文献

安藤　貴（1985）：複層林施業の要点，　林業科学技術振興所，東京。

今田盛生（1988）：複層林作業級における保続生産の基本システム――上木交替型常時二段・三段林の場合――，日本林学会九州支部研究論文集，41，39-40頁。

藤森隆郎（1989）：複層林の生態と取扱い，林業科学技術振興所，東京。

藤森隆郎（1991）：多様な森林施業，全国林業改良普及協会，東京。

溝上展也・伊藤　哲・井　剛（2002）：宮崎県諸塚村における帯状複層林のスギ・ヒノキ下木の成長特性，日本林学会誌，84，151-158頁。

4.4　付帯設備配置

前述の主要生産設備としての生産林分配置との有機的関連性を考慮しながら，各種の付帯設備の配置を計画する必要があり，それらの付帯設備相互間の有機的関連性もまた配慮すべきことは言うまでもない。

得られた付帯設備の配置計画結果は，各作業級ごとの図面上に，細部に至るまで具体的に標示するのもまたA計画チームの仕事であるのは，生産林分配置の場合と同様である。その各種付帯設備の空間配置の図上標示について言及する“釈迦に説法”をここでも避け，付帯設備の基本的配置手法ともいうべきものを抽出して，それを将来において新しい保続生産システム設計が必要になった際の参考資料に供したい。

なお，各種の付帯設備は，第1章で示した表1-1のとおりであるが，これらすべてがどの事業区あるいは作業級にも常に必要になるのではなく，各作業級で稼働する保続生産システムによってそれらの常置度には差異があることに注意を要する。

4.4.1　運搬設備

付帯設備のなかで，最も重要なのが運搬設備であり，これには林道・索道・ヘリポート・林業用モノレール等が属する（表１-１参照)。ヘリポート・林業用モノレールについては，現在では常置度が大きくないことから，ここでは省略する。

運搬設備のなかでも，林道の重要度はきわめて大きいのに伴って，その常置度も大きいのは周知のとおりである。なお，ここでは，幹線林道配置計画（第３章3.6）の場合と同様に，林道路線の森林施業上の空間的配置状態を問題とし，林道・作業道・作業路等の路体構造については，森林利用学あるいは森林工学等の専門分野にゆずることにする。

⑴　林道

林道は，主要生産設備としての生産林分配置ときわめて密接な関連性のある付帯設備であるが，さらに他の多くの付帯設備（索道・山土場・林内貯木場・保護樹帯・排土場・防火線・林内仮設格納庫等）の空間配置を規制することすらあって，その果たす機能はきわめて重要である。

その重要度に応じて，先述した幹線林道を中心として，それから分岐する支線・分線林道によって林道網が形成される。この第３段階の森林細部組織計画における各作業級を対象とした林道配置計画は，その林道網において，いわば毛細血管に相当する機能を果たすべき支線・分線林道が主対象となる。その支線・分線林道の機能は，いわば大動脈に相当する幹線林道とは異なるから，その配置計画にあたっては次のような配慮を必要とする。

１）集材方式に適応した配置

支線・分線林道は，主要生産設備としての生産林分配置との関連性から，当該作業級に採用されている集材方式に的確に適応させる必要がある。配置される支線・分線林道の大部分は，直接的機能として，「集材路」として利用されるのが通例だからである。

したがって，採用された集材方式によって，すべての生産林分の集材が可能な間隔をもって集材路が配置される必要がある。その集材方式に対応した集材路の配置間隔については，既刊専門書（上飯坂・神崎 1990；林内路網研究会 1992；南方 1991）にゆずる。

2）ネットワークとしての配置

配置される支線・分線林道の大部分は，集材路として直接的には機能するが，それを支障なく機能させるには，図 4－56 に示すように，当然のことながらその集材路相互間を連絡する路線，いわば「集材路連絡路」が必要である。集材路は，集材作業の安全性，流域保全の有効性などを配慮して，ほぼ等高線に沿って平行に開設される場合が多いから，その必要性は大きくなる。

支線・分線林道の大部分は，直接的には集材路として機能するが，間接的には森林誘導を介して，全般的な森林施業に種々の側面からも利用されるのは周知のとおりである。とくに，図 4－56 に示すように「対向斜面連絡路」（沢越路線），「流域連絡路」（峰越路線）の必要性を体験したフォレスターは少なくないはずである。これらの連絡路が開設されていないために，対向斜面や隣接流域へ移動するのに大きく迂回し，具体的作業ないしは管理活動に無駄な時間を費やした苦い経験はしたくない。ただし，この連絡路配置にあたっては，なるべく急勾配を避け，スイッチバック・ヘアピンカーブを作設しないように注意すべきである。

図 4－56 には，前述の「集材路」・「集材路連絡路」・「対向斜面連絡路」・「流域連絡路」の 4 機能路線を総括したネットワークが示されている。このネットワークは，あくまでも各作業級内の流域区における生産林分配置との関連性を重視して，森林組織計画の側面から提示したものである。このネットワークを形成する林道路線は，皆伐年伐区・伐採列区・流域分区（皆伐作業級），2 伐結合年伐区（残伐作業級），3 伐結合年伐区・漸伐伐採列区（漸伐作業級），択伐区（択伐作業級）等の生産林分配置に密接に関連する境界線として，森林組織計画上の重要な機能も果たす結果ともなる。

3）他付帯設備に関連した配置

前述したように，林道とくに支線・分線林道は，作業級内の索道・山土

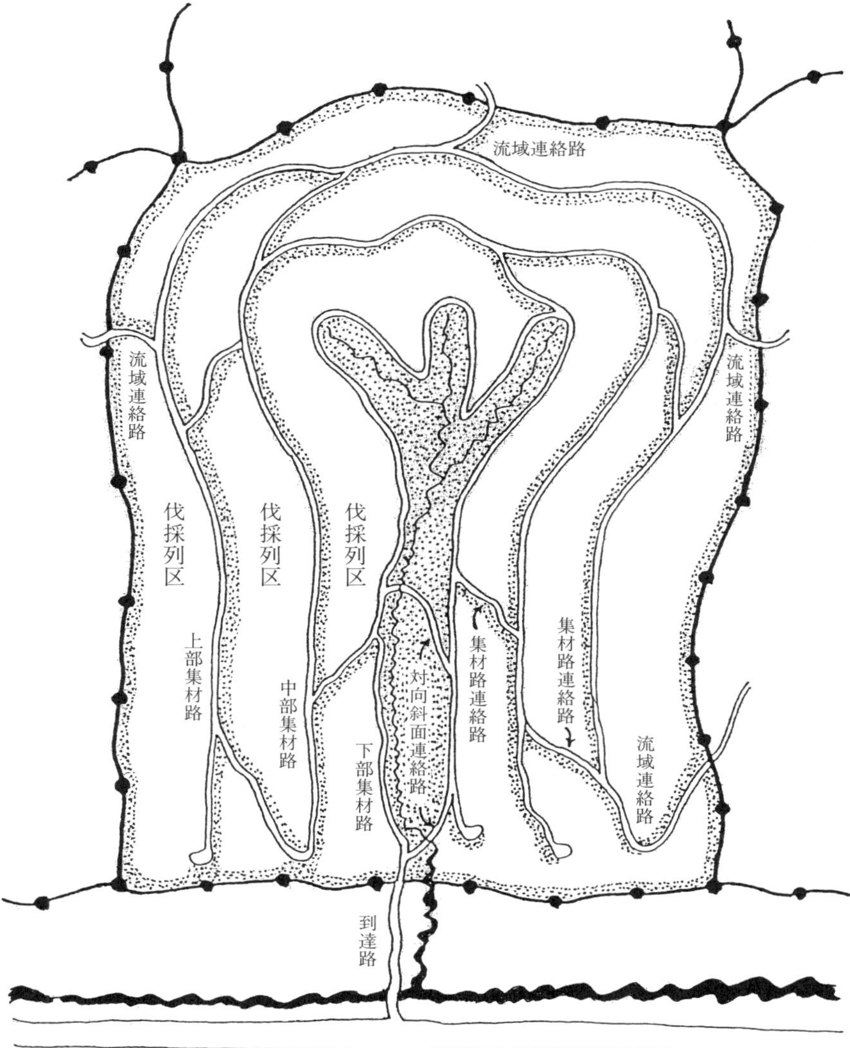

図 4－56　1 流域区を対象とした林道・保護樹帯の配置計画

注：1）山腹斜面（各流域分区）に等高線林道（集材路）を 3 路線開設する場合。
　　2）網掛状部分が保護樹帯で，下部集材路の下部保護樹帯が「流域分区保護樹帯」。
　　3）流域分区は併示されていないが，伐採列区は併示。

場・林内貯木場・保護樹帯・排土場・防火線・林内仮設格納庫等の他付帯設備ときわめて密接な関連性がある。したがって，幹線林道の場合と同様に計画勾配±５％（３°）の範囲内で，これらの付帯設備（保護樹帯を除く）の設置適地である局部的平坦地へ接するように，支線・分線林道を誘導配置すべきである。

この支線・分線林道は，先述のようにいわば毛細血管であるから，集材方式との対応，ネットワーク形成との関連等，多くの制約を受けながらも，各作業級における保続生産システムが円滑に稼働し得るように，要員・各種資材・生産品等の集散要所に連結しておかねば毛細血管の意味はない。多くのフォレスターは，相当期間にわたって，その点と線を連結するのに悪戦苦闘を強いられることを覚悟せねばならない。

⑵　索道

ここで主対象とすべき集材用索道は，同一林分に対する集材作業の間隔が長い場合には，その集材作業の都度，作設され固定されない場合が多いであろう。しかし，架線集材方式を採用した皆伐作業級・残伐作業級・３伐－人工植栽作業級において，長伐期化が進展し，それに伴って相対的に短期間隔での多間伐プロセスが導入される状況下に至ると，索道敷は横取敷も含めて，固定化される場合が予想される。もちろん，２～３年ごとに主伐が繰り返される漸伐－天然更新作業級や相対的に短い回帰年が採用された択伐作業級の場合においても同様である。

このように索道敷が固定化される状況下に至ると，その空間配置は森林細部組織計画の対象となり，次のような他計画要因との関連性が生じてくることは，本章の4.2.3⑼の魚骨状択伐作業法の場合を参照すれば首肯されるであろう。

１）山土場との関連性

前述したように支線・分線林道の大部分は集材路としての機能を果たすから，局部的平坦地を通過するように配置される。その局部的平坦地のうち，写真４－13に示すようにその周辺のなるべく多数の林分から架線集材が可能な地点が山土場適地として選定される。図４－33に示した細胞式皆伐作業級

写真4－13　架線集材方式による山土場と索道の作設状況

注：九州森林管理局耳川森林計画区の1976年撮影の空中写真の一部。一つの山土場から，5つの伐区へ放射状に主索が作設されている。

における山土場は，このような条件を考慮して配置計画されており，実際にもその計画地点に山土場が作設され，写真4－14のように集材作業が実施された。

したがって，主索道は山土場適地を起点として配置されるのが基本であり，同時に主索からの横取距離はその主索の地上高が高いほど大きいことから，集材林面における主要な沢筋を主索道敷にあてるのが妥当である。

2）副産物生産用地との関連性

本章の4.2.3(9)の魚骨状択伐作業法で明らかにしたように，索道敷が横取敷も含めて固定されると，まとまった面積に達することから，その帯状林面を副産物生産用地すなわち補助生産設備の一つである特用林産園（表1－1参照）として有効利用される状況も予想される。

その選択される副産物の要収穫期間と，間伐間隔年数や択伐回帰年との調整が必要となるが，その副産物の陽光要求度との関連性から，索道敷の幅員は写真4－15に示すように小さい方が望ましいが，一定限度内で拡張する必要が生じる場合がある。その副産物に関しては既報（今田 1996）にゆずるとして，要するに付帯設備配置の観点から索道敷の幅員が検討対象となる場合

写真４－14　山土場における架線集材作業中の状況
注：九州大学宮崎演習林の細胞式皆伐作業法適用試
験林に作設された山土場（図４－33に示されて
いる82伐区集材土場）での架線集材作業中。

写真４－15　間伐林分内に作設された小幅索道
注：九州森林管理局の白川・菊池川森林計画区
内における間伐林分。

が予想される。

4.4.2 貯蔵設備

作業級内の貯蔵設備として一般的なのは山土場であるが，大規模事業区の場合には，保続生産における有利な木材販売の必要性から，特定の作業級には専属させず，事業区全域を対象とした相当面積に及ぶ貯木場，いわば林内貯木場ともいうべき貯蔵設備の必要性も予想される（表１－１参照）。

１）山土場

山土場は，主伐材・間伐材の一時的ないしは短期的な集積場であるから，その面積は 15 m×15 m（約 200 m²）～20 m×20 m（約 400 m²）前後の小規模で十分である。その作設にあたっては，なるべく切取土量も少量に止めると同時に，林道開設に伴う排土場としての利用にも配慮すべきである。

なお，１回の主間伐材集積期間は短期であるが，次回以降の主間伐作業の度ごとに重ねて使用されるから，その用地そのものは長期にわたる固定的設備であるため，不使用期間中の維持管理にも配慮すべきであって，間伐材利活用による簡易な擁壁等の工作物が必要な場合がある。

その配置位置の要点は，次のとおりである。

①　先述したように，その周辺のなるべく多数の林分から，さらに多年度にわたって収穫材の集積が可能な地点を選定し，その配置数を少数に止める。

②　集積作業の容易性，集積材の材質劣化を防止するため，排水・通気性の良好な地点を選定する。

２）林内貯木場

林内貯木場は，都市計画上，市街地周辺部には貯木場存続が不可能などの外部事情により，保有事業区内に設置されるものである。一方，運材方式はトラック運材に変化し，山土場販売処分が増加してきた。しかも，その運材用トラックが大型化してきており，その大型トラックが事業区内の奥部まで進入してくる場合がある。それに伴って，林道の曲率半径が大きくなり，林道開設に伴う切取土砂量を多量化する結果となる。このような結果は，林地保全上さらには環境保全上得策でないことから，保有事業区内の到達林道の

写真４－16　林内貯木場としても利用され得る面積規模の排土場
注：九州森林管理局の球磨川森林計画区内における排土場。

到達地点付近に貯木場を設置し，そこまでは小型トラック（５ｔ程度）で運材することによって，林道の曲率半径を小さくし，切取土砂量の多量化を未然に防ぐ方策がとられることが予想され，そのような実例もわずかながら見られる。

前述したように，林内貯木場は作業級に専属させるべきものではないから，幹線林道と同様に，事業区全域を対象とした森林基本組織計画段階で配置計画をすべきとも考えられるが，ここでは便宜上作業級を対象とする森林細部組織計画段階に含める。

林内貯木場の配置位置については保有事業区内の到達林道の到達地点付近であるほか，山土場の場合と同様に排水・通気性の良好な地点を選定すべきである。その作設は，排土場として利用しながら進められる場合が予想される。その面積規模については，排土量にもよるが，その林内貯木場に林内仮設格納庫，作業員休憩所等の管理設備が併設される場合が予想されるから，必要余裕を見込んでおくべきである。写真４－16には，排土場として利用されながら，林内貯木場としての面積規模に達した実例が示されている。

4.4.3　保全設備

作業級内の保全設備に相当するのは，保護樹帯・渓流工・山腹工・排土場・防火線等である（表 1 - 1 参照）。そのうち，渓流工・山腹工の配置等に関しては，既刊専門書にゆずりたい。

1）保護樹帯

前述の保全設備のうち，生産林分配置と最も密接な関連性をもつのが保護樹帯であり，生産林分と密着した保護樹帯（細胞式造林法採用に伴う保護樹帯あるいは皆伐面縮小化のための保護樹帯）と，他方山腹斜面あるいは渓流保護のための保護樹帯に大別される。

前者の保護樹帯設定については，各種の保続生産システム設計の実例（4.2.3 参照）や生産林分配置（4.3 参照）のところでたび重ねてふれてきたように，水平距離 30～40 m の幅で組織的に設定計画される場合が多い。

他方，後者の保護樹帯設定については，組織的設定が明確化されている場合は意外に少ない。その一例を示したのが図 4 - 56 であり，次のような基準に基づいている。

①　流域界尾根への配置

流域界すなわち「流域区」周辺の尾根に，片側基準幅員 30～40 m（両側では 60～80 m）で配置する。したがって，各「流域区」は 30～40 m の保護樹帯によって抱護され，その結果として「流域区」の有機的集合体としての作業級も同様に 30～40 m 幅の天然生林で抱護されることになる。

②　流域内最大渓流への配置

流域内すなわち「流域区」内の最大渓流へ配置する。その基準幅員は前の場合と同様に片側 30～40 m（両側では 60～80 m）とする。これは，主として渓流保護とそれに基づく山腹斜面保護の機能を果たすものである。

③　林道下部斜面への配置

林道下部斜面へも基準幅員 30～40 m の保護樹帯を配置する。この林道には，集材路・各種連絡路も含める。この方策によって，結果的には「流域分区」と「伐採列区」も幅員 30～40 m の保護樹帯によって，林道が介在するもののほぼ抱護されることになる。ただし，上流部の集材路連絡路が「流域分区」界，したがって「伐採列区」界に一致している場合である。

以上のように組織的に保護樹帯を配置した場合には，その保護樹帯が作業級に占める面積比率が相対的に大きくなる。そこで，その保護樹帯を補助生産設備としての固定予備林として活用する。ただし，保護樹帯の保全設備としての機能を大幅に低下させない範囲内において，フォレスターの技術的良識に従い，高価値大径木の単木状伐採に止めるものとする。

さらに，同様の範囲内と技術的良識に従って，この保護樹帯の内部適地に，特用林産園（補助生産設備）・移動苗畑（原材料設備）・採種林（原材料設備）等を設置し，多目的利用も進める。

２）排土場

山土場・林内貯木場のところで前述したように，林道開設に伴う排土処理は下流部の渓流保全等の観点から強く要請されることになろう。その排土輸送距離を短縮する必要上，写真４－17に示すように小面積排土場が多数配置されることが予想される。その一部が山土場（貯蔵設備）として利用されるが，さらに客土によって林内苗畑（原材料設備），林内仮設格納庫（管理設備），作業員休憩所（管理設備）の用地としても有効利用されるであろう。

３）防火線

防火線は，写真４－18に示すように一定幅（４～10 m）の帯状地であり，その帯状地内の倒木・灌木・太枝等を除去して，消火機材を携行しての消火要員の移動が容易な状態で保持されている通路であるといえる。

その配置位置は，

① 迎え火を放つのに適切な地帯

② 火線の進行速度が低下する地帯

とされており，主要な適地帯は尾根筋である。ただし，事業区界が尾根筋でない場合には延焼を防ぐため，その境界線に沿って十分な幅の防火線は必須である。

主要な尾根筋には保護樹帯が設定されている場合が多いから，不用意に樹冠を伐開することは許されない。防火線設置の目的の一つは，消火要員の移動を容易にすることであるから，樹冠の疎開を伴う大径木の伐倒を避け，下層木の伐除，歩行の障害となる太枝の切除，灌木類の切除に止めるべきである。

迅速な移動という点からは，林道が主要な防火線を兼ねるのは言うまでもないから，その林道から尾根筋の防火線に到達するいわば到達歩道の作設も

写真 4 − 17　排土作業中の小面積排土場
注：九州森林管理局の球磨川森林計画区内における排土場。

写真 4 − 18　尾根筋に作設された防火線
注：九州森林管理局の大隈森林計画区内における防火線。

写真４－19　細胞式舌状皆伐作業法適用試験林に作設された移動苗畑

注：九州大学北海道演習林には，細胞式舌状皆伐作業法適用試験林が設定されている。その試験林の保護樹帯（図４－30に示されているＢⅠ$_3$伐区下部）に設置された移動苗畑（５ｍ×５ｍ前後）である。なお，4.2.3の(6)を参照されたい。

重要であって，その作設位置は図上に明示して，不測の事態に備えておく必要がある。

4.4.4　原材料設備

原材料設備には，移動苗畑・林内苗畑・採種林・採穂林等がある（表１－１)。ここでは，常置度の低い採種林・採穂林については省略し，自家用苗木生産に利用される移動苗畑・林内苗畑を取り上げる。

１）移動苗畑

移動苗畑が付帯設備の一つに組み込まれている保続生産システムには，楔状傘伐作業法と細胞式舌状皆伐作業法があるのは前述のとおりである。後者に組み込まれた移動苗畑の一例を示すと写真４－19のとおりであって，その面積はきわめて小さい。

この移動苗畑は，用水設備を伴わないことから，風衝地を避け（乾燥対策)，暖地では北～東斜面（乾燥対策)，寒地では南～西斜面（早期融雪対策）の緩傾斜地（５°前後）が適地として選定される。

２）林内苗畑

移動苗畑が一時的な設備であるのに対して，林内苗畑は面積規模も相対的に大きく，固定的設備となる。これも貯木場と同様に，市街地周辺部に苗畑存続が困難になったことから，事業区内に設置されるものである。また，特定の作業級に専属すべき設備でない点も林内貯木場の場合と同様である。

その配置位置選定の要点は次のとおりである。

①　用水確保が容易なこと

②　風衝地でないこと

③　管理作業の容易性から到達林道の到達地点から近いこと

このような条件を満足する地点として，相対的に面積の大きな排土場（保全設備）が利用される場合がある。もちろん，その排土場の土壌条件にもよるが，客土・電源確保を考慮しておく必要がある。

4.4.5　補助生産設備

補助生産設備には，表１－１に示すように移動予備林・固定予備林・特用林産園等が属する。これら三者は，いずれも組織的に設定されている保護樹帯（保全設備）に密接に関連している。

１）固定予備林

本来の固定予備林は，各作業級から独立して，事業区内に設定される設備であるが，このような予備林は動的経済下では妥当性を欠く点が多く，古い時代の歴史的手法としての意義をもつにすぎない。ここで検討対象とするのは，相対的に大きな面積比率を占める保護樹帯を対象とした，いわば“作業級内固定予備林”であって，保護樹帯が組織的に設定される状況下に対応した措置である。

このような固定予備林は，作業級内に組織的に設定され，しかもその面積占有率が大きい保護樹帯そのものである。その保護樹帯としての保全機能に支障のない範囲内での補助生産活動に止められるべきであるから，高価値大径木の単木状分散伐採に限定される。このような保護樹帯の有効活用措置は，先述の細胞式舌状皆伐作業法に組み込まれている。

2）移動予備林

この移動予備林は，本来，作業級内部に設定される性格のもので，先述のヤクスギ群状択伐作業法に，その考え方が適用された。林業生産活動は，大自然の真っ只中において人工的制御が不可能な状況下で進められることから，風害・崩壊等の自然災害に備えて，保全設備に属する保護樹帯と生産林分（主要生産設備）のそれぞれ一部間での移動振替措置を余儀なくされる場合があってもおかしくない。

3）特用林産園

森林は，まさに“宝の山”である。森林には，人間に役立つ物を生産する力，環境を保全する力，人間性を回復させせる力が眠っている。将来にわたる科学技術の進展が，種々の森林力を目覚めさせる可能性がある。

その目覚めた森林力を発揮させる場の一つが特用林産園である。当面は，キノコ・山菜・樹実・薬草・薬木等の補助生産適地が特用林産園となる。その候補対象地は前述の固定索道敷や保護樹帯であるが，さらに専用の特用林産園もあり得る。将来，どのような補助生産適地が特用林産園として設定されるか，予測することは困難である。

4.4.6 研究設備

育林技術の研究に長期を要するのは，多くのフォレスターの宿命である。とくに，育林プロセス設計を担当することになったフォレスターは，その設計に必要なデータの収集程度にかかわらず，その設計プロセスの実用化試験を実施し，その結果を待って実際の森林施業（森林誘導）に提供するには，余りにも人間と樹木の寿命のタイムスケールが違うことを思い知らされる場合が多い。したがって，その実用化試験の結果を待たずに，設計プロセスを森林施業（森林誘導）にひとまず提供する場合が多いから，それと同時にいわゆるパイロットプラントを設定して，関連する試験研究を並行させ，得られた結果に基づいて逐次森林施業（森林誘導）に必要な修正を加えていかざるを得ない。

そのパイロットプラントがここにいう研究設備であり，適応樹種（品種）試験地・植栽密度試験地・間伐試験地等（表1－1参照）がその一部に相当す

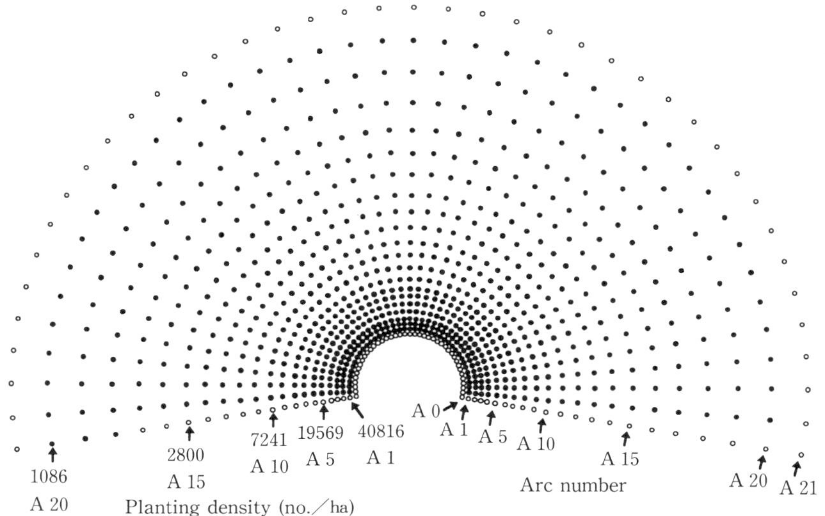

図 4－57　系統的配置による植栽密度試験地

注：植栽樹間隔がなるべく正方形になるように，同心円拡大率と放射線相互角度を組み合わせて植栽する。この図では，同心円拡大率を 1.1，放射線相互角度を 5 度とし，約 40,000 本／ha から 1,000 本／ha の植栽密度が，半径 35 m のほぼ半円状林面で得られる。

る。これらの試験地を事業区内あるいは各作業級内に適切に設定するには，相当な面積規模を要することから困難を伴う場合が多い。その困難を克服するには，図 4－57（Imada *et al*. 1997）に示すような扇形試験地の設定が有効である。

これらの試験地設定の候補地としては，各作業級における森林施業（森林誘導）に支障をきたさない周辺部分の保護樹帯が妥当であり，しかも立木・伐根によって植栽間隔が制約されない局地を選定するのが望ましい。

さらに，パイロットプラントには，植栽密度に直接的には関係しない試験として，天然更新プロセス試験地，択伐基準林試験地等が挙げられるが，これらも各作業級の周辺部分が設定候補地になるのは同様である。

4.4.7 管理設備

管理設備には，表1－1に示すように林内仮設格納庫・作業員休憩所・ゲート等が属する。林内仮設格納庫・作業員休憩所の配置については，山土場・林内貯木場（貯蔵設備），排土場（保全設備）のところで前述したように，これらの設備配置適地に併設するのが妥当であるが，さらに用水確保が容易という条件を加えるべきである。

ゲートは，従来，盗伐・盗掘（庭園樹・緑化樹等）・盗採（サカキ・シキミ等）予防の必要から設置されてきたが，最近では産業廃棄物の不法投棄を防止するためにも必要な事態となり，その設置の重要性がますます大きくなって要所への配置は必須といえる。

4.5 小班設定

以上のようにして各作業級ごとの生産林分（主要生産設備）と各種の付帯設備（表1－1参照）の配置計画が終了したら，生産外地も含めて，事業区内の林地各部分には，その使用目的が細大もらさず明確化され，図面上に標示されているはずである。この使用目的が付与された林地各部分が「小班」となるのが基本である。

しかしながら，小班設定方法の細部に立ち入ってみると，生産外地と生産用地では若干異なった点があり，さらに生産用地内の作業級においても，それに組み込まれている育林方式によって小班設定に差異が生じる場合がある。そこで，生産外地と生産用地に大別して小班設定方法を明らかにする。

4.5.1 生産外地

生産外地における小班設定は，林地各部分の「使用目的」というよりも，むしろ生産活動の場からの「除外事由」に着目して進められる，と考えるのが妥当である。その除外事由は，第3章の3.1で明らかにしたように，

① 法令制限地……………保安林・史跡名勝天然記念物・鳥獣保護区特別保護地区等

② 貸付契約地……………農業用地・鉱業用地・工業用地等

③　局部的特殊地形………崩壊地・崩壊危険地・岩石地・過湿地・急峻地・水源地等

④　レクリエーション適地…キャンプ場・自然学習適地・希少生物生息地等

の４種に大別され，さらに中別される。

上記の中別林地は，さらに細別されるものもある。その細別段階の林地各部分ごとに１小班とする。事業区内における生産外地管理の的確を期するには，その細別段階の林地各部分が小班とされている方が得策だからである。

4.5.2　生 産 用 地

⑴　生産林分用地

生産用地内の各作業級において小班を設定するにあたっては，それに組み込まれている育林方式によって，次のような差異が生じる点に注意を要する。

１）単位伐区の小班化

次の５つの作業級，すなわち①皆伐－人工植栽作業級，②皆伐－天然更新作業級，③２伐－人工植栽作業級，④残伐－天然更新作業級，⑤３伐－人工植栽作業級には，この章の4.3で明らかにしたように，文字どおり最小単位区画としての「単位伐区」が設定される。この単位伐区を「小班」とする。もちろん，１年伐区が１単位伐区で構成されている場合があるが，小班設定の対象はあくまでも最小単位区画としての単位伐区である点に注意を要する。

ところで，細胞式造林法を採用した作業級では，単位伐区の周囲に保護樹帯（保全設備）が配置される。この場合には，第２章の図２-２に示すように，単位伐区内の生産林分（主要生産設備）と保護樹帯を一体として処理し，それぞれに枝番を付して「い単位伐区」内の２要素であることを明示する。

２）伐区列の小班化

漸伐－天然更新作業級では，「伐区列」が設定されるのは先述したとおりである。この伐区列内部には，計画上では一定の基準幅で帯状等の小幅更新面が多数設定されることになっているが，実際には結実の豊凶によって更新面の帯状幅等は変動し複雑な状態を呈する（図4－10～4－12参照)。

したがって，複雑な状態を呈する小幅更新面を独立した小班とせず，「伐区列」を前述の「単位伐区」に相当する最小単位区画とみなして1小班とする。ただし，何らかの必要から1伐区列内部に細分区画を設定する場合には，単位伐区と同様に枝番を付して混乱を避ける。

3）択伐区内の小班設定

択伐作業級においては，回帰年（循環期）の年数と同数の択伐区が設定される。単木択伐作業級においては，林相・齢階（級）等が大きく異なった林地部分が複雑に混在し，しかも各択伐区（したがって択伐作業級）は相対的に小面積であるのが通例であるから，1択伐区を1小班とみなすのが基本であろう。ただし，択伐区が林道・尾根・沢等の明瞭な区画線によって分断されている場合には，その分断林地をそれぞれ1小班とすることになろう。

一方，群状択伐作業級においては，群状択伐面の基準面積が相対的に大きく（ヤクスギ群状択伐作業法では0.20 ha)，しかも各択伐区（したがって択伐作業級）の面積が相対的に大きい場合には，各群状択伐面を1小班化する必要があろう。

(2) 付帯設備用地

付帯設備用地には，小面積用地が含まれ，各付帯設備相互間の重複利用が多いのは先述の4.4で明らかにしたとおりである。これらの諸点を考慮し，複雑化を避けながら小班設定を進める。

1）運搬設備用地

林道敷は，この森林細部組織計画段階では，基準幅を10～20 mの範囲で一律化して，所属林班ごとに小班化する。もちろん，幹線・支線・分線あるいは集材路・連絡路等の別はこの小班設定過程では問題とならない。

次に，索道敷は，固定化され，しかもそこが副産物生産用地（補助生産設備用地）として重複利用されるために，通例の5 m前後の基準幅が拡幅される場合には小班設定の対象となり得る。なお，いずれの用地としてデータベース化されるかについては，各経営体の方針による。

2）貯蔵設備用地

山土場は，林道に接して作設され，しかも小面積であることから，後述する「森林細部組織計画図」上に作設地点を標示するに止め，小班化を必要としない場合が多いであろう。ただし，林道接続部分から突出し，しかも相当面積に達すると予想される場合には小班化の対象となる。

次に，林内貯木場は，当然のことながら 1 小班となる。その一部は，林内仮設格納庫や作業員休憩所等に利用されるが，複雑化を避けるため，一括して 1 小班とし，データベース化の段階では，備考欄等にその重複利用状況を記載しておく。

3）保全設備用地

保護樹帯が小班化の対象となるのは明らかであるが，単位伐区内に設定される場合には，前述のように生産林分との一体化を考慮する。この保護樹帯も防火線（保全設備）・移動苗畑・採種林（原材料設備）・固定予備林（補助生産設備）・各種試験地（研究設備）等に重複利用されるが，複雑化を避ける措置が求められる。

排土場も重複利用される場合が多い。しかし，他の設備用地として重複利用されないと予想され，しかも相当な面積に達する場合には 1 小班とするが，複雑化を避けるため，なるべく 1 小班として独立化させないように配慮する。

4）原材料設備・補助生産設備・研究設備・管理設備

林内苗畑の配置が計画されている場合には，当然その適地が 1 小班となる。また，特用林産園が，固定索道敷や保護樹帯の中にではなく，専用適地として設定計画されている場合も 1 小班となる。

上記 4 付帯設備に属する他の設備用地は，保護樹帯・林内貯木場・排土場を利用して設置される場合が多いと予想されるけれども，その付帯設備としての重要性が小さいというわけではない。

4.6　目標年伐量算定

以上のようにして小班設定が終了したら，各作業級ごとに，付帯設備総面積を除外した生産林分総面積が明らかになる。A計画チームの次の計画作業は，その各作業級ごとに明らかになった生産林分総面積を対象とする目標年伐量の算定である。

A計画チームが分画した4作業級の総面積は，皆伐作業級 1,300 ha，漸伐作業級 1,200 ha，複層林作業級 1,000 ha，択伐作業級 1,000 ha である。これらの総面積から付帯設備総面積を除外した生産設備本体としての生産林分総面積が目標年伐量算定の対象となる。付帯設備の中には，「予備林」・「保護樹帯」のような「補助生産設備」（表1-1参照）も含まれているが，そこからの伐採量は，あくまでも「森林施業」過程（「森林誘導」過程も含む，図1-3参照）における臨時的措置によって得られるものであって，「森林組織計画」過程における計画上の目標年伐量に加算されるべきではない点に注意を要する。

さらに十分に注意を要するのは，「森林組織計画」過程において算定されるべき“目標年伐量”は，「森林誘導」過程において，森林収穫規整法に基づき，誘導計画期間ごとに算定される“標準年伐量”（計画期間ごとの標準伐採量の年平均）ではない，という点である。その「森林誘導」を経て，各作業級ごとに設計された「保続生産システム」が正常に稼働し始めた「森林施業」過程における材積年産能力が“目標年伐量”である，という両者間の相違点を看過してはならない。

工場配置計画における工場内のプラント（作業級に相当）（今田 1986）の年産能力は，その工場配置計画担当者にとっては，経営トップ層からの初期計画段階における「与件」であるのに対して，「目標年伐量」は森林組織計画担当者の終期計画段階における「計画要件」である。各作業級の生産林分総面積が未確定で，しかも各作業級ごとの生産林分に対する育林プロセスが未設計の初期計画段階においては，経営トップ層といえども，“目標年伐量”を明示し得る条件下にはなく，森林組織計画担当者からのその算定結果を終期計画段階までじっと待つほかない。これも，人工的制御が可能な工業生産活動とは異なり，大自然に順応しながら生産活動を進めざるを得ない林業の宿命の一つと言えよう。

「森林組織計画」過程で対象とすべきは，「森林誘導」過程における“標準年伐量”（誘導計画期間ごとに変動）ではなく，「森林施業」過程における“目標年伐量”（単年度ごとの「森林施業」の目標でもある）であって，両者を混同してはならない。後者の“目標年伐量”の算定にあたっては，「林分」育林方式と「単木」育林方式（表 3 - 1 参照）を組み込んだ作業級，すなわち林分式作業級と単木式作業級とでは異なった方法がとられる。

4.6.1　林分式作業級における算定方法

林分式作業級に属するのは，皆伐作業級・残伐作業級（保残木作業級を含む）・漸伐作業級・複層林（二段林）作業級である（表 3 - 2 参照）。これらの作業級において，設計された「保続生産システム」が正常に稼働している「森林施業」過程では，設計された「育林プロセス」に時系列化されている単位育林作業が，毎年度，それぞれ指定された林齢の林分（皆伐年伐区，2 伐結合年伐区，3 伐結合年伐区，複層林結合年伐区，伐区列に形成された林分）で施行され，それらの施行林分は「保続生産システム」によって制御された空間位置に展開し，毎年度，移転しながら現出するはずである。

それらの単位育林作業の施行林分のうち，目標年伐量算定の対象となるのは間伐林分と主伐林分である。これらの林分における間伐材積量と主伐材積量は，「育林プロセス」に応じて調製された林分収穫表において，ha 当たりに換算して明示されているはずである。なお，その林分収穫表が，従来型林分収穫表，システム収穫表，林分密度管理図等のどのようなツールによって調製されたかはここでは問わない。

各作業級の目標年伐量は，「育林プロセス」に応ずる林分収穫表で示された間伐材積量／ha と主伐材積量／ha に，単年度ごとの間伐施行面積と主伐施行面積をそれぞれ乗ずることによって算定される。ここで問題となるのは，各作業級内で移転しながら現出する単年度ごとの間伐施行面積と主伐施行面積が，他の単位育林作業（下刈・除伐・枝打等）の施行面積も含めて，法正林のごとく年度間にわたって均等ではなく，現実には，各年度によって少なからず変動する点である。そこで，単年度ごとの間伐と主伐の“基準的施行面積”を求める必要があり，各作業級の生産林分総面積を輪伐期で除した平均齢階（林齢別）面積をもって，その“基準的施行面積”にあてるのが妥当であろう。

前述のようにして算定された各作業級の目標年伐量には，±20％以内のバイアスを付すべきであろう。各作業級の齢階（林齢別）面積は現実には不均等であり，それに伴って各年度の主間伐材積量も変動するのが実状だからである。そのバイアスの大きさは，皆伐年伐区等の設定実態によるのはもちろん，経営トップ層の方針等によって判断されるべきであろう。

この「保続生産システム」が正常に稼働している「森林施業」過程における“目標年伐量”（換言すれば，各作業級の森林組織が“目標状態”に達した以降の“目標年伐量”）に，作業級ごとの「森林誘導」が進展するにつれて，誘導計画期間ごとに算定された“標準年伐量”が徐々に近接してくるであろう。

以上のような“目標年伐量”の算定方法を，先述の 4.1.3 で明らかにしたミズナラ構造材生産を目標とする育林プロセス（図 4－8）と，それに応ずる細胞式舌状皆伐作業法との両者の実用化試験林（図 4－30）の場合を実例として補足説明しておこう。

まず，前述の育林プロセスに応ずる林分収穫表（今田 1976）は表 4－16 に示すように調製されている。この林分収穫表から，間伐材積量／ha は 402 m³（11 回間伐の累計），主伐材積量／ha は 365 m³，総収穫量（主間伐材積量）は 767 m³／ha であることがわかる。

次に，図 4－30 の試験林を 1 作業級と想定すると，この森林細部組織計画図に併示されている総括表から，その総面積は 203.08 ha であるが，この総面積を“目標年伐量”算定の対象としてはならない。その総面積から付帯設備総面積を除外した生産林分総面積は，同じく併示総括表から，85.82 ha に大きく減少する。その生産林分総面積を輪伐期 150 年（図 4－8 参照）で除すると 0.57 ha（各年伐区とも 1 舌状単位伐区で構成）となる。これが平均齢階（林齢別）面積，すなわち“基準的施行面積”である。実際には，図 4－30 から明らかなように，齢階（林齢別）面積に相当する舌状単位伐区面積（保護樹帯を除く）は，0.20 ha（A II_6）から 1.34 ha（A I_6）の範囲で大きく変動している。

したがって，この想定作業級の“目標年伐量”は，11 個の間伐林分の合

表 4－16　九州大学北海道地方演習林ミズナラ林分収穫予想表（平均地位）

林令	残存上層木				間伐上層木					全上層木				総収穫		間伐材積累計の総収穫材積に対する比率
	平均		ha 当り		ha 当り					ha 当り				ha 当り		
	胸高直径	樹高	本数	材積	本数	本数間伐率	材積	材積間伐率	間伐材積累計	本数	材積	連年生長量	平均生長量	材積	平均生長量	
years	cm	m	No.	m³	No.	%	m³	%	m³	No.	m³	m³	m³	m³	m³	%
35	13.0	13.3	1,071	103	250	18.9	20	16.3	20	1,321	123	8.80	3.51	123	3.51	16.3
40	14.8	14.5	860	122	211	19.7	25	17.3	45	1.071	147	8.50	3.68	167	4.18	26.9
46	17.0	15.8	688	142	172	20.0	31	18.0	76	860	173	8.14	3.76	218	4.74	34.9
53	19.5	17.1	552	163	136	19.8	36	18.0	112	688	199	7.75	3.75	275	5.19	40.7
61	22.4	18.5	445	185	107	19.4	40	17.6	152	552	225	7.22	3.69	337	5.52	45.1
70	25.6	19.8	360	207	85	19.1	43	17.0	195	445	250	6.60	3.57	402	5.74	48.5
80	29.2	21.1	294	229	66	18.3	44	16.2	239	360	273	5.91	3.41	468	5.85	51.1
91	33.2	22.4	242	250	52	17.7	44	15.1	283	294	294	5.25	3.23	533	5.86	53.1
103	37.5	23.6	201	270	41	16.9	43	13.7	326	242	313	4.69	3.04	596	5.79	54.7
116	42.2	24.8	170	291	31	15.4	40	12.2	366	201	331	3.93	2.85	657	5.66	55.7
130	47.2	25.9	150	310	20	11.8	36	10.4	402	170	346	2.75	2.66	712	5.48	56.5
150	55.0	27.0	150	365	－	－	－	－	402	150	365		2.43	767	5.11	52.4

注：残存上層木の平均枝下高は，原則として 150 年生まで一定で，7 m である。

計間伐材積量 402 m³／ha，主伐材積量 365 m³／ha に，“基準的施行面積” 0.57 ha をそれぞれ乗じ，両者を合計して，437 m³ と算定される。ただし，実際の齢階（林齢別）面積の変動が大きいことを考慮して±20 %のバイアスを付した場合には，最終的には 437±87 m³（350～525 m³）と算定される。

（今田盛生）

参考文献

Imada, M., Kunisaki, T., Mizoue, N. and Teraoka, Y. (1997) : Optimum planting density for Japanese oak (*Quercus mongolica* var. *grosseserrata*) based on spacing experiment with systematic design, *J. For. Res.*, 2, 89-93.

今田盛生（1976）：九州大学北海道地方演習林ミズナラ林分収穫予想表の調整，九州大学演習林集報，26，31-50 頁。

今田盛生（1986）：森林組織論の本質とその基本体系，日本林学会誌，68，215-225 頁。

今田盛生（1996）：森林総合産業圏形成とそれに果たす森林経理の役割，森林計画学会誌，27，39-42 頁。

上飯坂実・神崎康一（1990）：森林作業システム学，文永堂出版，東京。

南方　康（1991）：機械化・路網・生産システム――低コスト林業確立のために――，日本林業調査会，東京。

林内路網研究会（1992）：林業機械化と新たな路網整備――高性能林業機械作業システムに適した路網整備のあり方――，日本林業調査会，東京。

4.6.2　単木式作業級における算定方法

4.3「生産林分配置」にあるように，単木式作業級が設けられるのは伐採方式として単木択伐が採用され，作業級の全林に対して毎年択伐を行う場合に限られる。したがって，ここでは，その作業級の全林に対して毎年択伐が行われる，単木択伐作業級における目標年伐量の算定についてのべる。

1）収穫規整法

単木，群状にかかわらず択伐作業は収穫規整法の一形態である成長量法と結合している（大金 1981）。成長量法には成長量を収穫規整の基礎因子としている収穫規整法のすべてを含む場合（広義の成長量法）と成長量を持って直ちに標準年伐量とする場合（狭義の成長量法）があるが，ここでは後者の意味で用いている[1)]。成長量法として代表的なのは成長率法と照査法である。

成長率法とは現実蓄積 V に成長率 P をかけたものを連年成長量 Z とし

て，これを目標年伐量とするものである（井上 1974）。すなわち，

$$Z = V \cdot P \qquad (1)$$

ここで，成長率は，標準的な立木の年輪幅を樹幹解析や成長錘を用いて調査し，その結果から立木の枯損率などを差し引くことによって査定される。この方法には非破壊的な成長率の査定が困難であること，単木成長率と林分成長率に大差のあることおよび成長率の採用が恣意的になりやすい点など問題が指摘されている（田中 1996；南雲・岡 2002）。

照査法とは特定の収穫規整法ではなく，「森林の各部分が恒続的に最高の生産力を発揮できるような状態に導かれる集約な施業の方法」をいうものである。照査法における収穫規整の方法では，定期的な森林調査とそこから得られた経験に基づいて，個々の林分の伐採量が算定される。いま，期首の蓄積を V_1，期末の蓄積を V_2，およびその期間内に伐採された立木材積を N とすると，その期間の成長量 Z は次式で表される。

$$Z = V_2 - V_1 + N \qquad (2)$$

この成長量を目標年伐量とする。

従来の収穫規整法が，伐期平均成長量や収穫表などから予想される見込みの成長量をもとに，標準年伐量を算定するのに対して，照査法における収穫規整法では，その林分の過去における成長の実績を重視しており，この点が他の収穫規整法と決定的に異なる点である。

2）択伐規準林

照査法においては，上のように定期的な森林調査に基づいて目標年伐量が算定される。しかしながら，この目標年伐量は単に見込みとして実行者に提示されるもので，実行者は森林状態により適当に収穫量を加減調節して，伐採木を選定する。ただし，実際に伐採木を選定するにあたっては何らかの規準または指標がある方が望ましい。この規準や指標にあたるものとして，択伐林における法正状態を示す択伐規準林を提示する場合がある。Biolley はスイスにおけるトウヒとモミの択伐林の理想的な径級別蓄積比を次のように提示した（井上 1974；南雲・岡 2002）。小径木を 17.5～32.4 cm，中径木を 32.5～52.4 cm，大径木を 52.5 cm 以上とすると，小・中・大径木の各直径階における材積配分は，20 %，30 %，50 %である。

また，択伐規準林の提示の方法としては，直径階別蓄積比ではなく，直径分布を用いることも多い。わが国においても林分の実測データや直径遷移行列モデルを用いて，択伐規準林が直径分布で提示されている（例えば，小寺 1927；山本 1990；梶原ら 1998；佐野 2001）。

3）目標年伐量の算定

以上述べたように，単木式作業級すなわち単木択伐作業級においては，目標年伐量は実測の成長量に基づいて算定され，次いで，現実林の林分構造を択伐基準林のそれに近づけるように伐採木の選定を行う。択伐林における成長量は伐採率と密接に関連している。なぜなら伐採率は光環境の制御などを通して，残存木の成長量と枯損量および進界成長量に影響を与えるからである。したがって，単木式作業級における目標年伐量は，育林プロセスの設計と独立的に算定されるものではない。なお，ここでは択伐－天然更新作業級について主に述べてきたが，多伐－人工植栽作業級における標準年伐量の算定においても，実測の成長量と択伐規準林型を基本とすることには変わりない。

第3章の3.3.1で先述したように，A計画チームは5,000 haの事業区に1,000 haの択伐作業級を設定したと想定した。A計画チームが択伐作業級を単木択伐作業級とした場合には，まず，該当地域に固定試験地が存在すればそのデータを利用して成長量を求め，それに基づいて，標準年伐量を算定する。そのようなデータが手に入らなければ，標準木の樹幹解析等で成長率を算出し，成長率法に基づいて標準年伐量を算出する。必要に応じて，該当地域の林分調査データや既存文献などに基づき択伐規準林を規定する。計画が実行に移された後には，定期的な森林調査を実施し，随時目標年伐量と択伐規準林型の修正を行う。

施業前に規定した目標年伐量と択伐規準林型を実測値に基づいて修正していくことは，仮説の検証と新たな仮説の提唱を常に繰り返していくことであり，施業の実行を単なる「試行錯誤」から「熟慮の上での検証による学習」（鷲谷 1999）へ高めていく行為であると考える。

（西園朋広）

注

1）下北のヒバ択伐林などのように広義の成長量法に包含される法正蓄積法が採用される場合もある（山本 1990）。

参考文献

井上由扶（1974）：森林経理学，地球社，東京。
大金永治（1981）：日本の択伐，日本林業調査会，東京。
梶原規弘・藤本幸司・山本　武・梶原幹弘（1998）：樹冠の空間占有モデルを用いた択伐林の直径分布モデルの誘導，森林計画学会誌，31，1－5 頁。
小寺農夫（1927）：擇伐林の型について，林学会雑誌 9，(4)，8－13 頁。
佐野真琴（2001）：針広混交林の動態に関する基礎的研究，森林総合研究所研究報告，380，1－33 頁。
田中和博（1996）：森林計画学入門，森林計画学出版局，東京。
南雲秀次郎・岡　和夫（2002）：森林経理学，森林計画学出版局，東京。
山本博一（1990）：択伐施業計画のシステム化に関する研究，東京大学農学部演習林報告，83，31-142 頁。
鷲谷いづみ（1999）：生物保全の生態学，共立出版，東京。

4.7　小　括

以上の作業級ごとに策定された森林細部組織計画の結果は，当事業区の経営成果に直結することから，第 2 段階の森林基本組織計画の場合と同様に，当社の経営トップ層の承認を必要とする。A計画チームは，森林細部組織計画途中のいわゆる社長命令による変更措置も含めて，これまでに計画した 4 つの作業級，すなわち群状択伐作業級（1,000 ha）・複層林作業級（1,000 ha）・皆伐人工植栽作業級（1,300 ha）・漸伐天然更新作業級（1,200 ha）ごとの生産林分と付帯設備の空間配置を明示した「森林細部組織計画図」を調製するとともに，各区画の面積・蓄積を計上した「森林細部組織計画総括表」を調製して前述の計画図の余白部分に併示して経営トップ層に提案する必要がある。その「森林細部組織計画図」と「森林細部組織計画総括表」の一例が不完全ながら図 4－30 と表 4－12 である。

なお，各作業級において林道網（幹線林道も包括）を形成する路線上の面積・蓄積については，この森林細部組織計画段階では，計画幅員を一定幅（たとえば 10 m）として差し支えない。その林道密度は作業級によって異なるが，その平均林道密度を 30 m／ha としても，事業区全域が 5,000 ha にも及ぶことから，その林道総延長は 150,000 m（＝30 m×5,000 ha）にも達し，その林道敷総面積は 150 ha（＝150,000 m×10 m）にもなり無視できない結果となる。その蓄積についても同様であるから，林道敷の面積・蓄積は各作業級ごとの「森林細部組織計画総括表」に計上しておく必要がある。

ここまでは，第２段階の森林基本組織計画の場合と同様に，便宜上計画成果は１通りとしてきたが，実際には複数の計画案が各作業級ごとに作成されるのが通例であって，どの計画案を選択するかはA計画チームの計画判断を超えており，この事業区を所有する当社の経営トップ層による高次元の経営判断に委ねられることになる。

（今田盛生）

第5章

現地標示

第2段階の森林基本組織計画において，事業区全域の森林基本組織計画図が調製され，それに基づいて，第3段階の森林細部組織計画において，設定された作業級ごとの森林細部組織計画図が調製される。直接的にはこの森林細部組織計画図上に示されている各設備の空間位置を実際の森林内に適切な方法で標示することにより，当該事業区全域内への森林組織計画結果の現地標示を終了する。これが森林組織計画の第4（最終）段階としての「現地標示」である。

ここでの計画対象である事業区内森林は，国の内外を問わず，過去に経営（あるいは管理）の対象とされたことのない5,000 ha 規模の未開発状態にあるのが基本的前提である。このような広大で，かつ複雑な地形を呈する森林内に，森林細部組織計画図に示されている各設備の空間位置を，当該計画者以外のフォレスター（たとえば施業チーム）が一定の方法で標示するのには多くの困難を伴うことは，これに類する現地標示作業の体験者なら容易に理解できるはずである。したがって，この現地標示までが当該計画策定者自身の責任範囲とすべきである。

これまでの計画過程において，たとえば林班界・林道路線のように，すでに一部伐開，あるいは取りはずし容易なテープ等によって暫定的標示がなされている場合がある。しかし，この現地標示のベースとなる森林細部組織計画図上には，多種多様な設備配置が標示されており，現地標示すべき境界線が実際の事業区内森林で錯綜する事態が予想される。それを避けるためには，マーク・色彩による系統的な標示方法を必要とする。

そこで，森林細部組織計画図に標示されている区画を「基礎区画」・「包括的組織区画」・「単位設備区画」に3大別し，それぞれに応ずるマーク・色彩を用いた系統的な境界線標示方法を明らかにする。

5.1　基 礎 区 画

「基礎区画」は，森林組織計画の基礎となる区画であって，その実質的計画以前の段階における使用目的を考慮しない区画を意味し，林班がこれに属する。さらに，現地標示の側面からは，林班界標示と関連性のある事業区そのものも，変則的ながら対象に含める。

5.1.1　事 業 区 界

事業区は，森林組織計画の与件であって計画考慮の対象外である。しかし，実際には，未開発林状態の森林を取得して事業区を創設する過程において，事業区界の現地標示作業に森林計画担当者が関与することはあり得る。その現地標示の具体的方法については，既刊専門書（藤島 1960；井上 1974）にゆずる。

事業区界は，いずれかの林班の境界線に一致する。したがって，事業区界と林班界の現地標示に整合性をもたせ，事業区界の石標埋設地点の最寄りの境界内立木（ただし，倒木の危険性のない健全な中径木，以下同じ）に赤ペンキで一重の帯状マークを付け，その境界および石標（測点番号標示）の位置が容易に確認できるようにする。

なお，次のような重要と判断される地点には，図５－１に示すように二重の帯状マーク（赤ペンキ）を付け，現地確認の容易かつ的確を期す。もちろん，その地点に標示板も設置されている場合もあるのは周知のとおりである。

①　一般行政区界にあたる地点……市町村界・自治区（行政区）界等

②　森林・林業行政区界にあたる地点……森林計画区界・国立公園界・鳥獣保護区界等

③　事業区経営・管理上の重要地点……生産外地境界地点・林班界合流地点等

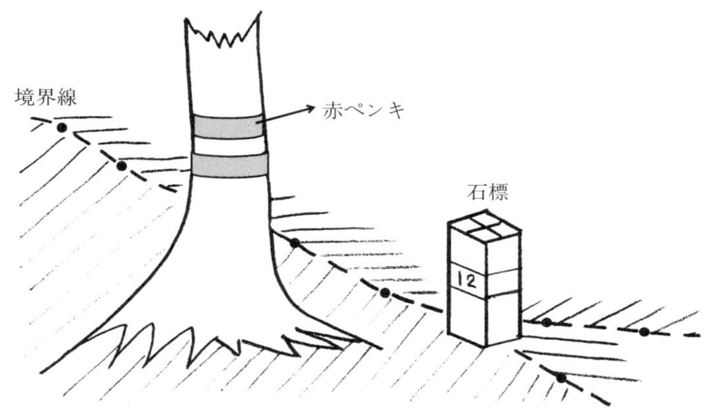

図5－1　事業区界の重要地点の二重帯状マーク（赤ペンキ）

5.1.2　林班界

林班界の一部は，事業区界と重複するのは前述のとおりであり，林班界の石標埋設地点の最寄りの立木に赤ペンキで一重の帯状マークを付け，その境界および石標の位置が容易に確認できるように現地標示する。

なお，すべての石標には，一連の測点番号を付けて，森林施業（森林誘導）・森林管理上の現在位置把握を容易にする。この一連の測点番号を現地標示することによって，負傷者救助，山火事発生等の緊急時連絡が容易かつ的確になる。

5.2　包括的組織区画

前述した基礎区画である林班の現地標示方法を前提として，森林細部組織計画図上に示された各種区画の境界線を現地標示する。その各種区画のなかには，個々の単位設備を考慮せず，それらを包括した森林組織上の区画がある。その区画を現地標示の観点から「包括的組織区画」と称する。

その包括には系統的なレベルがあり，まず，大包括区画に相当するのが生産外地－生産用地である。次いで，前者は法令制限地－貸付契約地－局部的特殊地形，後者は作業級という中包括区画に細分される。さらに，法令制限地は保安林－国立公園－鳥獣保護区等，貸付契約地は農業用貸付地－鉱業用貸付地－工業用貸付地等の小包括区画に細分され，一方の作業級も流域区→流域分区→伐採列区または択伐区等の小包括区画に細分される。この小包括区画のなかに，単位伐区・伐区列等の主要生産設備，林道・山土場・保護樹帯等の付帯設備すなわち単位設備区画が包括されていると考えてよい。

このような包括的組織区画の現地標示は，前述した系統的レベルのうち，どのレベルの区画を対象とすべきか，さらにどのようなマーク・色彩を用いれば混乱しないか，これらの点に主眼をおいて検討すべきである。

5.2.1　生産外地界

事業区は，前述のように生産外地と生産用地という大包括区画に２大別される。その一方の生産外地のうち，法令制限地と貸付契約地の境界線は，外部事情の制約から，通常外部当事者（行政当局・借受者）によって現地標示されることを考慮し，内部事情から生産外地に自発的に編入した局部的特殊地形との混乱回避をも考慮して，生産外地を現地標示する必要がある。

法令制限地と貸付契約地の境界線には，外部当事者によって現地標示（小標示板等設置）されるはずであるが，誤伐等を確実に回避するため，必要に応じて緩衝地帯設置の場合も含めて，その境界線上の中径立木に，黄ペンキで二重の帯状マークを付ける（図５－１参照）。なお，生産外地の現地標示は，実際には保安林－国立公園－鳥獣保護区等，農業用貸付地－鉱業用貸付地－工業用貸付地等の小包括区画ごとに行われるから，これ以上細部に立ち入った検討の必要はない。

他方，内部事情から生産外地に自発的に編入した局部的特殊地形界に対しては，前二者と接近している場合にも混乱が生じないように，ともに生産外地である点を考慮し，その境界線上の中径立木に，黄ペンキで一重の帯状マークを付ける。

5.2.2　伐採列区界・択伐区界

前述のような生産外地界の現地標示によって，一方の生産用地そのものの現地標示は不要であるのは言うまでもないが，生産用地内における中包括区画としての作業級→流域区→流域分区の境界線の現地標示も不要である。それは，生産用地内における小包括区画としての伐採列区界・択伐区界の現地標示によって，森林細部組織計画図上の境界線と対照すれば，流域分区→流域区→作業級の境界線は，現地において明確に把握できるからである。すなわち，系統的な区画細分手法がとられているから，中包括区画のなかでの最小区画である伐採列区界・択伐区界の現地標示によって，この両者の有機的集合体の現地標示は省略できる。

その伐採列区界・択伐区界は，その大部分を林道路線に一致させるのが望ましい。林道路線は，第3章の3.6（幹線林道配置計画）で明らかにした方法で，もちろん支線･分線林道も含め（林道網として），明確に現地標示されている。たとえその計画路線の先行開設進度が小さい場合でも，その現地標示は林道開設が終了するまで保持されるはずである。その明確な現地標示を，伐採列区界・択伐区界に活用しない手はない。もちろん，この措置は，現地標示段階（第4段階）ではなく，主として森林細部組織計画段階（第3段階）においてあらかじめ配慮されるべきものである。

その前段階の配慮によっても，伐採列区界・択伐区界の一部が林道路線に一致しない場合には，白ペンキを用いて，境界線上ないしは最寄りの中径立木に二重の帯状マーク（図5－1参照）を付けて現地標示する。

5.3　単位設備区画界

前述の包括的区画に属する伐採列区または択伐区の内部に，単位設備区画が包括された状態にある。それらの単位設備区画は，第3段階の森林細部組織計画において，「小班」として図面（森林細部組織計画図）上に標示されている。

したがって，現地標示段階における単位設備区画を実際の森林内に現地標示することは，その「小班」を標示する結果となる。その具体的な標示方法を，小班設定との関連性を考慮しながら主要生産設備区画と付帯設備区画とに分けて明らかにする。

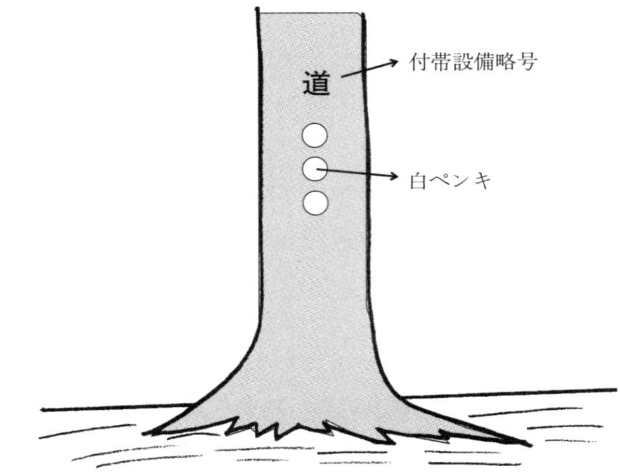

図 5－2　付帯設備区画界の３点小円状マーク（白ペンキ）

5.3.1　生産林分界

伐採列区の内部に包括されている生産林分（主要生産設備）すなわち小班は，多数の単位伐区または伐区列（漸伐－天然更新作業級の場合）であり，択伐区の内部には，森林組織計画技術上の必要性からではなく，主として地形・林道などに着目して細分された相対的に少数の小班が設定されている。

このように伐採列区と択伐区の内部における小班設定状態は異なっているが，両者とも同一標示方法をとるものとし，すべての小班界を白ペンキを用いて，その境界線上ないしは最寄りの中径立木に一重の帯状マークを付すものとする。

5.3.2　付帯設備区画界

付帯設備区画の現地標示は，主要生産設備区画との混同を避けるため，白ペンキは用いるが，帯状マークではなく，図５－２に示すように小円状マークを３個，境界線上ないし最寄りの中径立木に描く方法をとる。なお，林道（路肩）・索道については，片側一方の線上の中径立木にマークし，他の片側のマークは省略する。ただし，林道分岐点では，その地点が明確に判別できるような配慮を必要とする。

前述のような3点小円マークのみでは現地での混乱が危惧される場合には，小円状マークを付した立木に，次のような付帯設備の略号を付記する。

運搬施設：林道→道，索道→索，ヘリポート→ヘリ

貯蔵施設：山土場→土，林内貯木場→貯

保全設備：保護樹帯→帯，渓流工→流，山腹工→腹，排土場→排，防火線→火

原材料設備：移動苗畑→移苗，林内苗畑→苗，採種林→種，採穂園→穂

補助生産設備：移動予備林→（標示不要），固定予備林→予，特用林産園→特

研究設備：適応樹種（品種）試験地→試，植栽密度試験地→試，択伐基準林→試

管理設備：林内仮設格納庫→庫，作業員休憩所→休，ゲート→ゲート

5.4　小　括

以上の基礎区画・包括的組織区画・単位設備区画の現地標示については，その区画境界線が多数に及び，森林現地において複雑に交錯する場合が予想される。したがって，現地での混乱を避けるため，以上の現地標示方法を総括しておくのが得策と判断される。

1．基礎区画

①　事業区界重要地点：赤ペンキ　二重　帯状マーク

②　事業区界・林班界：赤ペンキ　一重　帯状マーク

2．生産外地区画

①　制限地・貸付地界：黄ペンキ　二重　帯状マーク

②　局部的特殊地形界：黄ペンキ　一重　帯状マーク

3．生産用地区画

①　包括的組織区画：白ペンキ　二重　帯状マーク（伐採列区または伐区列）

②　単位設備区画

生産林分：白ペンキ　一重　帯状マーク

付帯設備：白ペンキ　3点　小円状マーク

（今田盛生）

参考文献

井上由扶（1974）：森林経理学，地球社，東京。
藤島信太郎（1960）：森林経理精義，養賢堂，東京。

用語解説

第１章　森林組織計画に関する見解

森林組織：森林経理学に包括されている森林組織化・空間的組織化・基本構造計画に重点をおく分野であり，林業経営の物的組織計画部分を摘出・補完しながら体系化したものであって，工業経営における「工場配置」，農業経営における「耕地（農地）組織」に相当する。その基本的内容は，事業区－作業級－生産林分－付帯設備の基本的な有機的相互関係を考慮しながら，個々の設備（表１－１参照）を合理的に配置計画するものである。

森林誘導：森林経理学に包括されている森林収穫規整・時間的組織化・実施過程計画に重点をおく分野であり，工業経営における「工場建設」，農業経営における「農地整備」に相当する。その基本的内容は，計画対象林を森林組織計画によって示された目標林状態へ長期にわたって誘導するものである。しかし，森林誘導は，森林施業に包括され，独立分化されていないのが現状である（図１－１参照）。

森林施業：森林誘導が進展し，ほぼ正常な生産活動が可能な段階に達した以降の事業区内における単年度単位の総合的生産活動であり，工業経営における「工場操業」に相当する。その総合的生産活動は，育林・伐出・林道・治山・特用林産の各部門を包括し，それらを総合調整した単年度単位の活動である（表１－２参照）。

森林経営：事業区内の総合的生産活動としての森林施業を中核とし，事業区外の調達活動・販売活動，それらの活動に必須の物的技術的組織（物）・管理組織（人）・財務組織（金）の総体を意味しており，実質上「事業区経営」と換言できる。この林業経営における「事業区経営」は，工業経営における「工場経営」，農業経営における「農場経営」に相当し，生産経営における独立した技術的生産単位体を対象とした「部分経営」と呼ばれるものである（図１－２参照）。

生産林分：林業生産本体（主要生産設備：表１－１参照）である木材（主産物）

生産用の林木蓄積を形成する林分を意味し，付帯設備（表１－１参照）に属する保護樹帯・予備林・特用林産園等に生立する林分を除外したもの。

第２章　森林調査

林班調査分区：林班・小班・林道・歩道等の森林調査の手掛かりとなるものが一切既存していない未開発林の森林調査にあたって，林班設定後に，調査が的確に進められ得る程度の面積（たとえば５ha 程度）に，流域に着目して林班を細分した区画。この林班調査分区は，林班を細分したという点では従来の小班（林地使用目的区画）と変わりはないが，未開発林の森林組織計画策定のために必要な「森林調査」段階のみにおける一時的な調査目的区画という性格をもつ（2.1　林班調査分区の設定と森林実態調査簿の調製，参照）。

森林実態調査簿：林班調査分区ごとに，森林実態(地況：標高・傾斜度・土壌型等，林況：樹種・林相・林型・齢級・材積等）を調査した結果を通覧できるように取りまとめた簿冊（データベース化)。この簿冊は，林班調査分区の場合と同様に，未開発林の森林組織計画策定のために必要な「森林調査」段階のみにおける一時的な調査結果簿冊という性格をもち，従来の「森林簿」あるいは「森林調査簿」に記載されている計画要素（小班ごとの育林地・保護樹帯・林道・山土場等）は含まれない（図２－１，２－２参照)。

DGPS：Differential GPS の略。GPS 受信機１台を既知の点に設置し，もう１台を測位したい場所に設置して，２台の受信機の観測結果を基に２台の受信機の相対的な位置関係を求めて測位する方法。主なものとしてトランスロケーション方式（２～10 m 程度の精度）と干渉測位方式（数 cm の精度）がある。海上保安庁（ラジオビーコン使用）や㈱衛星測位情報センター（FM 多重放送使用）が提供する DGPS 用サービスはトランスロケーション方式である。

DAM：判別分析法（Discriminant Analysis Method）の略称である。この方法は，本来，画像を二値化（白黒画像に変換）するために開発された。すなわち，横軸に濃度を，縦軸に画素数をそれぞれ取った濃度ヒストグラム上に，しきい値を決定することで画像を二値化する方法であった。Inoue *et al*.（1998）は，この方法におけるヒストグラムの横軸を樹高階に，縦軸を本数にそれぞれ置き換える，つまり解析の対象を濃度ヒストグラムから樹高ヒストグラムに置き換えることで，階層構造（個体の階層）の解析に応用した。

オルソ化：正射投影変換のこと。一般に，起伏のある地表面を中心投影方式で観測すると写真や画像に歪みが生じる。さらに，斜方視観測可能な衛星の場合，観測角度の大きさに応じて，この歪みの量が変動する。これらを総称して地形歪みという。デジタル情報の場合，通常こうした歪みは地形情報，すなわちDEM（数値標高モデル）を使って補正される。ちなみに，正射投影とは，画像もしくは写真上に存在する地点，地物を投影面に対して垂直に投影することである。

森林 GIS：森林計画図など図面や地図の形式でとりまとめられている森林の位置に関する情報ならびに森林簿など簿冊に記載された情報について，コンピュータを利用して一元的に管理するとともに，それらの情報の検索や分析を行い，その結果を地図（主題図）として出力するために用いられる情報システム。

第3章　森林基本組織計画

森林基本組織計画：森林組織計画の第2段階手順であり，計画対象の事業区全域における物的技術的組織の基本的枠組みの計画であって，生産外地分画→生産目標設定→目標林分設定→育林方式選定→作業級分画→幹線林道配置計画が，相互にフィードバックを繰り返しながら，順次進められる（図1－3参照)。その計画結果は，作業級・幹線林道・生産外地が図示された森林基本組織計画図と，それに応ずる森林基本組織総括表に取りまとめられる。

生産外地：外部的および内部的制約条件から，事実上生産活動の場としては使用できない事業区内の一部の林地。この生産外地には，法令制限地（外部的制約)・貸付契約地（外部的制約)・局部的特殊地形（内部的制約)・レクリエーション適地（内部的制約）等が属する（3.1　生産外地分画，参照)。

育林方式：従来の「森林作業種」に相当するものであり,「個々の作業級内の単位林地を対象とした伐採－更新の有機的結合手法」を意味し，単位林地の伐採－更新という短期的育林局面が対象であり，単位林地の更新から主伐までの長期にわたる全育林過程を対象とする技術的内容は「育林プロセス」と称して区別する（表3－2参照)。

複合育林方式：同一林分において，上層林冠と下層林冠それぞれに皆伐－人工植栽方式を適用し，それらを組み合わせた育林方式をいう。複層林方式・保残木方式等がこれに属する（3.4　育林方式選定，参照)。

森林細部組織計画：森林組織計画の第３段階手順であり，同第２段階手順の森林基本組織計画において，目標林分－育林方式が異なるごとに適当数分画された作業級内部の細部組織計画であって，育林プロセス設計→保続生産システム設計→生産林分・付帯設備配置計画→小班（林地使用目的区画）設定→目標年伐量予測が，相互にフィードバックを繰り返しながら，順次進められる（図１－３参照）。

育林プロセス：製造工業における「製造工程」に相当するものであり，「ある目標林分を育成するのに必要な樹木成長の全過程にわたる個々の育林作業を，相互の有機的一貫性を配慮して，その成長過程の順に調整しながら結合した一系列」を意味する。この育林プロセスは，単位林地の伐採－更新という短期的育林局面を対象とする育林方式とは異なり，個々の作業級内の単位林地における更新から主伐までの長期にわたる全育林過程が対象であって，更新プロセスと保育プロセスという部分プロセスの有機的結合からなっており，前者の更新プロセスの根幹となるのが育林方式である（4.1　育林プロセス設計，参照）。

林分成長モデル：林分材積，平均胸高直径，上層木樹高などの林分構成値，または胸高直径階別本数分布などの頻度分布の時間変化を，数学的手法を用いて予測するモデルのこと。林分構成値のみ扱う「林分レベルの距離独立型モデル」，立木間距離を考慮しない「単木レベルの距離独立型モデル」，立木間距離を考慮した「単木レベルの距離従属型モデル」がある。林分収穫表や林分密度管理図は林分レベルの距離独立型モデルに相当する。

システム収穫表：様々な状態にある育成対象林分について，様々な育林作業が行われる場合に対応して，その将来の成長過程を予測できる林分成長モデルを組み込んだコンピュータプログラムのこと。コンピュータ上で植栽密度（現在の本数密度），地位，間伐方式などの入力値を様々に変えながら予測を繰り返すことができるプログラム。

保続生産システム：従来の「森林作業法」に相当するものであり，「作業級からの保続生産を目指した個々の生産林分配置の時間的・空間的制御システムと，それに即応した必要付帯設備（表１－１参照）の配置方式との統合システム」を意味し，作業級全域を対象とした時・空間システムであって，その内部の単位林地（林分）における伐採－更新の短期的局面を対象とした「育林方式」（従来の森林作業種）とは異なる。この保続生産システムは，作業級内部の単位林地（林分）

を対象とした長期・多年度にわたる「育林プロセス」を，作業級全域を対象とした１年度単位の単位育林作業の空系列に転化するものである（4.2.1　保続生産システム，参照)。

サブ作業級：保続生産の単位となる作業級の内部に，それ自体で保続生産システムが稼働し得る森林組織体が包括されている場合がある。そのような機能を具備する作業級の内部組織体をサブ作業級という（4.2.3(4)　交互区画皆伐作業法，参照)。

単位伐区：皆伐作業級における１年伐区が，当該作業級の面積規模や輪伐期の関係から上限皆伐基準面積（たとえば5 ha）を大幅に超える場合に，その年伐区を上限皆伐基準面積以下の面積に，保護樹帯等で分割した伐区をいう（4.2.3(6)　細胞式舌状皆伐作業法，参照)。

流域区・流域分区：作業級内部の主要流域を，面積規模の均等化を考慮しながら適当数に分割し，それを森林組織上の区画とみなしたものが「流域区」である。さらに，「流域区」内部の山腹斜面あるいは小流域を，流域形成状態に応じて適当数に分割し（左斜面－右斜面－谷頭斜面，上流域－中流域－下流域等)，それを森林組織上の区画とみなしたものが「流域分区」である。両者いずれも，皆伐面（皆伐面と同様な条件下にある残伐面等を含む）分散のための時間的，空間的制御に応じた森林組織区画である（4.3.1　皆伐作業級，参照)。

２伐－人工植栽方式・３伐－人工植栽方式：残伐・漸伐という伐採方式には，天然下種という更新方式がそれぞれに応ずるというのが一般的であるが，残伐を２伐，漸伐を３伐とそれぞれ別称し，同一林分に対して主伐を２回（２伐)，３回（３伐）に分け，それぞれの主伐のたびごとに人工植栽を行う育林方式をさす（4.3.2　残伐作業級，4.3.3　漸伐作業級，参照)。

２伐結合年伐区・３伐結合年伐区：２伐－人工植栽作業級・３伐－人工植栽作業級においては，それぞれの作業級に皆伐方式が採用されたと想定した場合の皆伐年伐区をそれぞれ２個・３個結合し，その結合した区画を単位として森林施業（森林誘導の段階も含む）が進められる（図４－38，４－41参照)。このように想定された皆伐年伐区を結合した区画をそれぞれ２伐結合年伐区・３伐結合年伐区という（4.3.2　残伐作業級，4.3.3　漸伐作業級，参照)。

複層林結合年伐区：皆伐－人工植栽作業級の森林組織をそのままにして複層林方式を適用する場合，各年度における単一年伐区からは年伐量の約１／２しか得られないため，常に２個の皆伐年伐区を一組とした森林施業が必要である。このように年伐区を２個結合した区画を「結合年伐区」と称す。この複層林結合年伐区の標準面積は皆伐年伐区の２倍であり，その設定数は輪伐期年数の１／２個となる。

漸伐伐採列区：択伐方式以外の伐採方式が採用された作業級には，伐採列区が設定される。そのうち，皆伐方式・残伐方式が採用された作業級における伐採列区は，皆伐年伐区・残伐年伐区（残伐－天然更新の場合）・２伐結合年伐区・３伐結合年伐区・複層林結合年伐区（複合育林方式の場合）が構成単位となり，それらの年伐区を単位として伐採－更新の分散配置が考慮される。それに対して，漸伐方式が採用された作業級における伐採列区では，伐区列（必要に応じてサブ伐区列に細分化）が構成単位となり，伐区列内部の伐採－更新面の面積が前者に比較すると大幅に縮小されると同時に，それらの小面積伐採－更新面を単位として規則的な分散配置が図られる。このように漸伐方式が採用され，伐区列・サブ伐区列が設定されて，小面積伐採－更新面の規則的分散配置が図られる伐採列区を「漸伐伐採列区」と称し，皆伐方式･残伐方式が採用された作業級における伐採列区と区別する（4.3.3　漸伐作業級，参照）。

サブ伐区列：漸伐方式が採用された作業級においては漸伐伐採列区が設定され，その内部に伐区列が設定されて，伐採－更新面の縮小と分散が図られる。その伐区列のみの設定では，伐採－更新面の面積が広すぎて（より具体的には伐採－更新面の更新方向への幅が広すぎて）更新の確実が期しがたい場合，あるいは諸事情から伐採－更新面の面積を縮小する必要がある場合には，伐区列を細分化して伐採－更新面の縮小を図る。その伐区列を細分化した区画をサブ伐区列という。このサブ伐区列の設定は，伐採－更新面の分散度をより大きくする結果ともなる（図４‐45，４‐46参照）。

多伐－人工植栽方式：伐採方式として択伐，更新方式として人工造林を採用した育林方式を意味し，択伐を「多伐」と別称したもの。択伐とは，漸伐や残伐と同様に，それに対応した更新方式として天然下種更新方式がその概念に含まれているのが一般的な考え方である。しかし，わが国においては択伐跡地にスギやヒノキの人工植栽を行う育林方式がかなり古くから採用されている（佐藤 1971；大金 1981）。佐藤敬二氏は，多伐－人工植栽方式は択伐－天然更新方式の欠点を回避し，その長所を活かしたわが国特有の育林方式であると述べ，先人達の発想の高さに驚異を表している。

目標年伐量：森林誘導過程において，森林収穫規整法に基づき，誘導計画期間ごとに算定される標準年伐量（計画期間ごとの標準伐採量の年平均）ではなく，森林誘導を経て，各作業級ごとに設計された保続生産システムが正常に稼働し始めた森林施業過程における材積年産能力を目標年伐量という。この目標年伐量算定の対象となるのは，各作業級の総面積から付帯設備総面積を除外した生産設備本体としての生産林分面積のみであり，この面積は森林細部組織計画の最終段階においてはじめて明らかになる。付帯設備の中には，予備林・保護樹帯のような補助生産設備（表 1 - 1 参照）も含まれているが，そこからの伐採量はあくまでも森林施業過程における臨時的措置によって得られるものであって，森林組織過程における計画上の目標年伐量に加算されるべきではない点に注意を要する（4.6 目標年伐量算定，参照）。

第 5 章　現地標示

現地標示：既往において経営（あるいは管理）の対象とされたことのない未開発林に対して，森林組織計画の第 3 段階である森林細部組織計画により，各作業級ごとに森林細部組織計画図が調製される。その図上に示されている各種設備の空間位置を実際の森林内に標示するのが森林組織計画の第 4 段階（最終段階）手順としての現地標示である。その標示にあたっては，広大かつ複雑な地形を呈する現地森林内での錯綜を避けるため，マーク・色彩による系統的な方法がとられる。

基礎区画：現地標示上の区画であって，林地各部分の使用目的を考慮しない区画であり，「林班」と，変則的ながら「事業区」がこれに属する（5.1　基礎区画，参照）。

包括的組織区画：個々の単位設備ではなく，それらを包括した森林組織計画上の区画があるが，その「包括」には系統的なレベルがある。そのうち，現地標示上の包括的組織区画には，生産外地に包括されている「法令制限地」・「貸付契約地」・「局部的特殊地形」，作業級に包括されている「伐採列区」・「択伐区」が属する（5.2　包括的組織区画，参照）。

単位設備区画：現地標示上の包括的組織区画である「伐採列区」・「択伐区」の内部に，種々の単位設備区画（表 1 - 1 参照）が包括されている。これらの単位設備区画は森林細部組織計画図上に，林地各部分の使用目的区画としての「小班」として標示されている。したがって，単位設備区画を現地標示することは，「小班」を実際の森林内に標示する結果となる（5.3　単位設備区画，参照）。

あとがき

森林経理学に包括されている事業区の物的組織計画部分を摘出・補完しながら体系化したのが本書である。しかしながら，その摘出・補完の過程において欠落や不十分な点が生じているかもしれない。それに伴って，それらの体系化の過程においても，不備な点が随所に見られるかもしれない。加えて，11名の分担執筆者が一堂に会し執筆内容等に関して十分な検討を重ねることなしに，それぞれの理解のもとに，いわゆる突貫工事状態で執筆に取りかかったのが実状である。そのため，分担執筆者間に認識のずれや齟齬が見られるかもしれない。以上のような不備な点に対する責任は，すべて突貫工事発注元の編著者にある。

本書には，分担執筆者の森林計画に関する経験に基づいた執筆部分が多分に含まれており，足元を見ながらの執筆内容が主体となっている。しかし，目線を上げ，はるか先を広く見渡すと，国内外で関心が高まりつつある森林認証制度，森－川－海の連関を強調した流域圏構想など，さらに京都議定書の発効，海外での違法伐採を防止するための木材取引合法証明書提示など，森林・林業・林産業を取り巻く諸情勢は騒がしさを増しつつある。“徐かなること山のごとし”は，昔日を偲ぶにすぎない文言かもしれない。これらの国内外にわたる諸情勢への対応には言及しなかったが，それらへの対応に不備な点が多々生じていることも危惧される。それらの不備もまた，すべて編著者の責任であり，その不備に対する読者諸賢からのご叱正を甘んじて受ける覚悟はできている。しかしながら，最近，「グローカリズム」という用語を目にした。「発想は地球規模（グローバル）で，行動は地域（ローカル）で」という意味らしい。この意味するところは，森林問題にも当てはまる。地球規模での森林問題が，地に足を付けながら解決の道を辿るべきであることに変わりはない。

本書は，編著者今田の2003年3月九州大学退官の記念事業の一環として出版されたものである。その記念事業に醵金していただいた多くの有志の方々に，この場をお借りして心からお礼を申し上げたい。この場をお借りしての有志の方々に対するお礼が，同記念事業をとっくにお忘れになった頃にまで遅延した。月日の経つのは早いものだ，では済まされない。この大幅遅延の失礼を深くお詫びせねばならない。

さらに，同記念事業会事務局の方々には，本書の出版に関して多大のご心労をおかけした。週休7日制のいわゆる浪人者相手では，なにかと不便であったことは容易に察しがつく。ご多用中をかいくぐっての同事務局の方々のねばり強いお世話に対して，敬意を表するとともに衷心からお礼を申し上げる。

退官間際になって，まさに突然，突貫工事を発注したにもかかわらず，それを快く受注していただいた10人の分担執筆者各位の労をねぎらうとともに，ここにようやく竣工に至ったことに対して心から謝意を表する。

おわりに，本書の出版をお引き受けいただいた九州大学出版会，とりわけ藤木雅幸編集長及び編集部の佐藤有希さんには大変お世話になった。心から感謝し，お礼を申し上げる次第である。

2005年3月

執筆者代表　今田盛生

編著者紹介

今田盛生（いまだ　もりお）1939年愛知県生

1963年九州大学農学部林学科卒，農学部附属演習林助手，同宮崎地方演習林長，同助教授，農学部助教授，同教授，農学部附属演習林長を経て，現在，九州共立大学教授（工学部）
主な著書：『新しい林業・林産業』（九州大学出版会，1983），『日本の大都市近郊林』（日本林業調査会，1995），『森林資源管理と数理モデル』（森林計画学出版局，2002）
受賞：藤岡光長賞奨励賞（1974），森林計画学会賞（2002）

執筆者一覧（五十音順）

井上昭夫[いのうえあきお]（1972年生）　鳥取大学農学部助手　……2.3.1(2)，(3)

今田盛生[いまだもりお]　……はしがき，第1章，2.1，3.1-3.2.2，3.3-3.7，4.1.1，4.1.3(5)，4.2，4.3.1-4.3.3，4.4-4.6.1，4.7，第5章，用語解説，あとがき

國崎貴嗣[くにさきたかし]（1971年生）　岩手大学農学部講師　……4.1.2，4.1.3(3)

近藤洋史[こんどうひろし]（1963年生）　森林総合研究所関西支所森林資源管理研究グループ　……2.4

寺岡行雄[てらおかゆきお]（1965年生）　鹿児島大学農学部助教授　……2.2.2，4.1.3(1)

西園朋広[にしぞのともひろ]（1975年生）　森林総合研究所東北支所研究員　……4.3.4，4.6.2

溝上展也[みぞうえのぶや]（1968年生）　九州大学大学院農学研究院助教授　……2.3.1(4)，4.3.5

光田　靖[みつだやすし]（1975年生）　日本学術振興会特別研究員　……4.1.3(4)

村上拓彦[むらかみたくひこ]（1972年生）　九州大学大学院農学研究院助手　……2.2.1，2.3.3

山本一清[やまもとかずきよ]（1967年生）　名古屋大学大学院生命農学研究科助教授　……4.1.3(2)

吉田茂二郎[よしだしげじろう]（1953年生）　九州大学大学院農学研究院教授　……2.2.2，2.3.1(1)，2.3.2，3.2.3

しんりん そ しきけいかく
森林組織計画

2005年3月25日　初版発行

編著者　今　田　盛　生

発行者　福　留　久　大

発行所　(財)九州大学出版会
〒812-0053 福岡市東区箱崎7-1-146
九州大学構内
電話　092-641-0515（直通）
振替　01710-6-3677
印刷／九州電算㈱・大同印刷㈱　製本／篠原製本㈱

ISBN 4-87378-858-7